现代信息科学技术基础

算法设计与分析
（第2版）

耿国华　主编

王小凤　王克刚　刘晓宁　卢燕宁　张顺利　编

高等教育出版社·北京

图书在版编目（CIP）数据

算法设计与分析 / 耿国华主编 . -- 2 版 . -- 北京：
高等教育出版社，2020.10
　　ISBN 978 - 7 - 04 - 054689 - 7

　　Ⅰ.①算…　Ⅱ.①耿…　Ⅲ.①计算机算法－算法设计
②计算机算法－算法分析　Ⅳ.①TP301.6

中国版本图书馆 CIP 数据核字(2020)第 126565 号

策划编辑	冯　英	责任编辑	冯　英	封面设计	李卫青	版式设计	杨　树
插图绘制	邓　超	责任校对	胡美萍	责任印制	田　甜

出版发行	高等教育出版社	网　　址	http://www.hep.edu.cn
社　　址	北京市西城区德外大街 4 号		http://www.hep.com.cn
邮政编码	100120	网上订购	http://www.hepmall.com.cn
印　　刷	北京七色印务有限公司		http://www.hepmall.com
开　　本	787 mm×1092 mm　1/16		http://www.hepmall.cn
印　　张	16.25	版　　次	2012 年 1 月第 1 版
字　　数	360 千字		2020 年 10 月第 2 版
购书热线	010－58581118	印　　次	2020 年 10 月第 1 次印刷
咨询电话	400－810－0598	定　　价	69.00 元

第二版前言

计算机算法是计算机科学的基石,过去的几十年计算机科学迅速发展,经典的算法不断推陈出新。计算机算法也是计算机科学的灵魂,新的算法因解决计算的重大问题而成为经典,对计算机技术的广泛应用产生深远影响。本书自 2012 年出版以来,得到了广大读者和同行专家的支持和肯定,多次重印,并荣获陕西省普通高等学校优秀教材一等奖。

随着计算机硬件提供算力的突飞猛进,计算资源从本地方式扩展到云方式,面对计算机处理问题规模的迅速增长,算法复杂性成为利用计算机解决复杂问题的关键要素,处于"灵魂"的核心地位。本书算法求解沿用第 1 版的方式,以 C++语言作为算法的描述手段,在算法描述中给出了较为翔实的注释,帮助读者更好地阅读理解。"强调方法、注重理解""结构简明、内容丰富""提供样例、示范应用"仍是第 2 版坚持的特色。新版修订中,保留了上一版中最主要的内容和特色,修订充实了各章的案例,算法实现更为本质、朴素和简单。读者可以根据实际需求对相关内容进行取舍,突出针对性、应用性。随着大规模计算、高通量数据分析与实时性需求的增加,对算力和算法提出了新的挑战。近年来,以深度学习为代表的人工智能技术在各个领域得到了长足发展和广泛应用,虽然对深度神经网络的理论研究还在不断深入,但相关算法在解决实际问题时所呈现出的效果已非常显著,所以在这次修订过程中增加了深度学习的全新内容。本书修订中重点反映了算法发展的新技术、新趋势、新案例,这也体现了以计算思维方式进行问题求解的强大能力,以适应研究、开发和课程教学的要求。

本书由耿国华教授主编并统稿,长期使用本书的王小凤、王克刚、刘晓宁、卢燕宁、张顺利老师参与修订,其中耿国华、王克刚负责第 1、2、3、8 章,张顺利负责第 4 章及附录,卢燕宁、刘晓宁、王小凤负责第 5、6、7 章,王小凤负责第 9 章,感谢刘阳洋老师以及吉晓瑶、褚彤、姚文敏、徐雪丽、刘杰等研究生参加校对书稿的工作。特别感谢本书第 1 版编写作者周明全教授、张德同副教授。使用过本书的很多教师和读者对本书的修改提出了宝贵意见,在此一并表示诚挚的谢意。我们将以本书内容为基础,形成适应线上线下混合式教学资源,为学习者服务,敬请关注。

　　由于本书涉及面较广,同时因为作者水平有限,书中难免还存在一些缺点和错误,殷切希望广大读者批评指正,不胜感激!

耿国华

2020 年 6 月 1 日

第一版前言

计算机科学是一门创造性很强的学科，其教学必须面向设计。算法理论是计算机科学的核心之一，"算法设计与分析"正是一门面向设计且处于计算机学科核心地位的研究型课程。学习者可通过对计算机算法的系统学习与研究，掌握算法设计的主要方法和经典策略，培养和提高算法复杂性分析能力，为进一步解决具体应用问题设计优秀算法、评价分析算法性能奠定坚实的基础。

本书内容分四部分，涉及主要的经典算法设计与分析技术，给出了算法解决应用问题的大量范例。

第一部分（第1章）为算法概述，介绍了算法的基本概念及算法分析的相关基础知识，包括算法分析准则、算法分析数学基础、算法复杂性分析方法。第二部分（第2—7章）为经典算法设计与分析技术，介绍了递归与分治、动态规划、贪婪算法、回溯法、分支限界法、随机算法六类算法的思想、实现方法及应用。以典型算法设计策略为知识单元，采用算法基本思想、算法描述、算法分析的模式展开，从算法设计和算法分析的理论入手，根据各类算法的基本技术原理，给出算法的分析与证明方法，并将经典算法与应用问题相结合，提供多类别应用的范例。第三部分（第8章）为NP完全性理论，从计算本质角度讨论计算模型的意义与作用，介绍图灵机模型、随机存取模型、随机存取存储程序机模型等计算模型及其计算，给出NP完全性理论基础及NP完全问题求解的基本技术及分析方法。第四部分（第9章）为神经网络智能算法，这些算法反映了模拟自然过程的神经网络、反向传播模型等智能算法的共同特点，引导学习者了解近年来智能算法的基本结构和思想。

本书采用目前流行的C++语言作为算法描述手段，算法描述中加上必要的注释以便于阅读与交流，书中所列算法均已上机调试通过。本书融入作者多年开发"算法设计与分析"课程的理论与实践经验，具有如下特色：

（1）强调方法，注重理解。本书取材注重贯穿算法思想与算法策略的理解，重点进行算法思路与算法性能的分析，范例突出算法步骤的实现技术过程。

（2）结构简明，内容丰富。本书参考了算法设计与分析的经典之作，内容包括基础、技术、理论和发展四个方面，涉及六大经典算法设计与分析技术的基本内容，以简洁的方式描述核心方法，提供了用算法解决问题的范例与途径。

（3）提供样例，示范应用。书中每类算法均编排应用问题示例，示范算法设计、分析步骤与技术实现过程；每章均附有大量的习题，有利于引导读者加深对内容的理解和应用；附录中编排适量试题，并附有参考答案，以示范解题步骤与分析证明过程。

本书由耿国华主编，冯筠副主编。具体编写分工如下：第 1、2、3、8 章及附录由耿国华、周明全编写，第 4—7 章由冯筠、刘晓宁、张德同、王克刚共同编写，第 9 章由王小凤编写。贺洁琼、刘倩、赵露露、张婧等研究生参加校对书稿、算法实验、课件制作、试题演算等工作，在此一并向他们表示感谢！本书附有电子教案，可从高等教育出版社学术出版网站下载。

由于作者水平有限，疏漏之处在所难免，敬请广大读者批评指正，以期得以改进与提高。

耿国华

2011 年 9 月

目　　录

第1章 算法概述

算法是计算机学科中最具有方法性质的核心概念,是计算机科学的基石之一,被誉为计算学科的灵魂。算法设计的优劣决定软件系统的性能,对算法进行研究能使我们深刻理解问题的本质及可能的求解技术。解决某个问题存在多种方法,寻求最优算法将使得问题的解决更为方便和高效。所以我们不仅要为所解决的问题设计有效算法,还需对算法进行分析,以追求算法性能的最优化。计算机算法涉及算法设计和算法分析两个阶段,算法设计的任务是为解决某一给定问题设计有效方法,算法分析的任务是在比较解决特定问题多种方法优劣的基础上寻求最优方法。算法设计和分析正是分析问题和解决问题的结合。

本章将对算法的基本概念、特性及算法设计与分析的任务等进行概述,给出算法设计的基本过程和分析算法的准则,作为算法复杂度分析的基础,归结了算法分析中常用的数学基础知识,详细介绍了渐进时间复杂度函数阶的定义,以及低阶(O)、高阶(Ω)、同阶(θ)3 种渐进状态关系定义和分析方法。

1.1 算法的概念

古希腊数学家欧几里得在《几何原本》第七卷中阐述了著名的欧几里得算法:给定两个正整数 m 和 n,求解其最大公约数,即求解能同时整除 m 和 n 的最大正整数。

算法步骤如下:

(1) 以 n 除 m,并令所得余数为 r(r 必小于 n)。

(2) 若 $r=0$,算法结束,输出结果 n;否则,继续步骤(3)。

(3) 将 n 置换为 m,r 置换为 n,并返回步骤(1)继续进行。

其算法可表示为例 1.1 的形式。

例 1.1 求两个正整数 m、n 的最大公约数。

```
int gcd (int m ,int n)
        / * 计算两个正整数 m、n 的最大公约数
        输入:非负整数 m,n,其中 m,n 不同时为零
        输出:m、n 的最大公约数 * /
```

```
{ while(n!=0)
  {r=m%n;
   m=n;
   n=r;}
  return m;
}
```

1.1.1　算法的定义和特性

1. 算法的定义

算法的非形式化定义：算法是规则的有限集合，是为解决特定问题而规定的一系列操作。

算法的形式化定义[1]：算法是一个四元组，即(Q,I,Ω,F)，其中：

（1）Q 是一个包含子集 I 和 Ω 的集合，表示计算状态。

（2）I 表示计算的输入集合。

（3）Ω 表示计算的输出集合。

（4）F 表示计算的规则，是一个由 Q 到它自身的函数，具有自反性，即对于任何一个元素 $q\in Q$，有 $F(q)\in Q$。

一个算法是对于所有的输入元素 x 都能在有穷步骤内终止的一个计算方法。在算法的形式化定义中，对于任何一个元素 $x\in I$，x 均满足以下性质：

$$x_0=x,\quad x_{k+1}=F(x_k),\quad k\geqslant 0$$

该性质表示：任何一个输入元素 x 均可得到一个序列，即 $x_0,x_1,x_2,\cdots,x_k$。对任何输入元素 x，该序列表示算法在第 k 步结束。

2. 算法的特性

（1）有限性。一个算法必须保证执行有限步之后结束。例如，在欧几里得算法中，由于 m 和 n 均为正整数，在步骤（1）之后，r 必小于 n，若 r 不等于 0，下一次执行步骤（1）时，n 值已经减小，而正整数的递降序列最后必然要终止。因此，无论给定 m 和 n 的原始值有多大，步骤（1）的执行都是有穷次的。

（2）确定性。算法的每一步骤必须有确切的定义，不能有歧义。例如，在欧几里得算法中，步骤（1）中明确规定"以 n 除 m"，而不能有类似"以 n 除 m 或以 m 除 n"这类有两种可能做法的规定。

（3）可行性。算法原则上能精确地运行，在现有条件下是可以实现的。

（4）输入。一个算法有 0 个或多个输入，以刻画运算对象的初始状态。例如，在欧几里得算法中，有 m 和 n 两个输入。

（5）输出。一个算法有一个或多个输出，以反映对输入数据加工后的结果。由于算法需要给出解决特定问题的结果,没有输出结果的算法是毫无意义的。注意,这里所指的是广义输出,包括提供处理结果的多种形式。例如,在欧几里得算法中只有一个输出,即步骤(2)中的 n。

其中,前 3 个特性较为集中地表现处理步骤,后两个特性主要涉及输入/输出接口。

算法可用图 1.1 来描述。

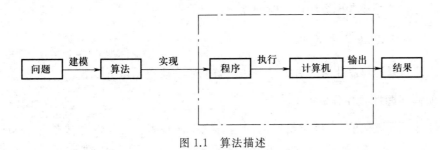

图 1.1　算法描述

3. 算法与程序的区别

算法描述了问题处理的方式或步骤,程序则是采用具体语言规则实现算法的功能,算法要依靠程序来完成功能,算法是程序的灵魂。算法可用语言、文字、框图来描写,可用计算机、纸笔人工模拟执行。程序不一定满足有穷性,可直接在机器环境下运行。

4. 算法描述方式

算法的描述可以采用不同的方式,主要有以下 4 种:

1) 自然语言

日常生活中使用自然语言(如汉语、英语或数学语言)描述算法,通俗易懂,容易掌握,但是不够严谨,容易有二义性。所以,自然语言通常用于介绍算法的概要思路。前面关于欧几里得算法的描述使用的就是自然语言方式。

2) 框图

框图(也称流程图)是描述算法的常用工具,是采用美国国家标准化协会规定的一组图形符号及文字说明来描述计算过程的图形。框图直观地表示算法的整个结构,着重处理流程的描述,便于检查修改,但不方便表达数据处理流程。

3) 高级语言

高级语言就是用计算机程序设计语言直接表达算法,是可以在计算机上直接运行的源程序。高级语言描述算法具有严谨、准确的优点,但用于描述算法,也有语言细节过多的弱点。

4) 类语言

类语言接近于高级语言但又不是严格意义上的高级语言,是一种介于自然语言与计算机语言之间的算法描述方式。类语言具有高级语言的一般语句结构，忽略语言中的细节，以便把注意力主要集中在算法处理步骤本身的描述上。类语言结构性较强，比较容易书写和理解，不拘泥于具体语言的语法结构，以灵活的形式表现被描述对象，例如类PASCAL语言、类 C 语言。

我们在学习和研究算法时往往使用类语言形式，不仅直观、方便、有利于交流，而且在设计算法时能较好地考虑算法执行时的动态性。

1.1.2　求解问题的基本过程

算法是问题的程序化解决方案。算法求解问题一般遵循以下步骤。

1. 明确问题性质并分析需求

在设计一个算法前，应该对给定的问题有完全的理解。常见的方法是仔细阅读问题的描述，提出疑问，尝试手工处理一些小规模的实例，考虑一下特殊情况，等等。可以将问题简单地分为数值型问题和非数值型问题，对于不同类型的问题可以有针对性地采用不同的方法进行处理。

2. 建立问题的描述模型

对于数值型问题可以建立数学模型，通过数学模型来描述问题；对于非数值型问题，一般可以建立一个过程模型，通过过程模型来描述问题。

3. 选择解决方法

模型确定之后，可以针对不同的模型采用适当的处理方法。

4. 设计处理算法

对于数值型问题，可采用数值分析现成的经典算法，也可以根据问题的实际情况专门设计算法。

对于非数值型问题，可通过构建数据结构或算法分析设计进行处理，也可选择一些成熟的穷举法、分治法、回溯法等典型方法应用于处理过程。

5. 程序化

将设计好的算法用特定的程序设计语言实现，并在具体的计算机上运行。在编写程序时可能出现错误或者运行效率低下的情况，因此需要反复修改程序，以达到预期的目标。

6. 算法分析

根据评价标准研究各种算法特性的优劣，对算法的改进起到积极的作用。

1.1.3　算法设计示例——计算最大公约数

解决同一个问题可能有许多方法,具体方法的可行性、空间消耗、运行效率等都不相同,需要我们进行算法设计与分析。下面以计算最大公约数的 3 种算法为例,说明算法设计与分析的意义。

1. 计算最大公约数的欧几里得算法

(1) 以 n 除 m,并令所得余数为 r(r 必小于 n)。

(2) 若 $r=0$,算法结束,输出结果 n;否则,继续步骤(3)。

(3) 将 n 置换为 m,r 置换为 n,并返回步骤(1)继续进行。

上述算法基于的方法是重复应用等式 $\gcd(m,n)=\gcd(n,m \bmod n)$,直到 $m \bmod n$ 等于 0。因为 $\gcd(m,0)=m$,m 的最后取值就是 m 和 n 的最大公约数。

2. 计算最大公约数的连续整数检测法

(1) 将 $\min\{m,n\}$ 赋值给 t。

(2) m 除以 t,如果余数为 0,进入步骤(3);否则,进入步骤(4)。

(3) n 除以 t,如果余数为 0,则 t 为最大公约数,返回 t 的值;否则,进入步骤(4)。

(4) 把 t 的值减 1,返回步骤(2)。

3. 计算最大公约数的质因数分解法

(1) 找出 m 的所有质因数。

(2) 找出 n 的所有质因数。

(3) 从步骤(1)求得的 m 的质因数分解式和步骤(2)求得的 n 的质因数分解式中,找出所有相同的公因数。

(4) 将步骤(3)找到的公因数相乘,结果为所求的 $\gcd(m,n)$。

上述 3 个不同的算法,都可以计算出正整数 m 和 n 的最大公约数,但各有特点:第 1 个算法的计算效率高,但算法理解较另两个算法难一些。第 2 个算法的原理很简单,采用的是对可能值按由大到小测试查找的办法,但当 $\min\{m,n\}$ 较大时,可能要测试的步骤太多。第 3 个算法容易理解,是根据最大公约数概念设计的算法,具体实现起来,步骤复杂。

1.2　算法设计与分析任务

在算法设计阶段,主要是如何设计解决给定问题的有效算法,也就是构造问题的解。算法设计的任务是对各类具体的问题设计高质量的算法,以及研究设计算法的一般规律和方法。常用的算法设计方法主要有分治法、动态规划、贪婪算法和回溯法等。算法设计是一个构造专用工具的过程,永远不会存在一种能解决所有问题的万能方法;算法设计是一个复杂的、创造性劳动,要求设计者能运用已有知识和抽象思维,逐步形成算法的基本思想,构造出算法的具体步骤,以正确解决问题。

在算法分析阶段,主要涉及分析判断某一算法质量的准则和技术,对算法进行有效性评价。对于设计出的每一个具体的算法,算法分析的主要任务是利用数学工具讨论它的各种复杂度。复杂度分析的结果可以作为评价算法质量的标准之一,也可为改进算法提供参考。分析算法的复杂度需要较强的数学基础与技巧,针对不同的算法,需要采用不同的分析方法。

算法的好坏对计算机解决问题的能力,如速度和规模,有十分重要的作用。如果我们把算法设计比喻为创作一部电视剧,算法分析则是观赏与对电视剧的评论。

算法设计与分析具有密切的联系,它们相互影响。算法需要进行检验和评价,反过来,算法评价的结果也可影响算法设计,以便改进算法的性能。

1.3   算法分析准则

算法分析是对一个算法的计算时间和存储空间所做的定量分析。需要一定的准则和方法来评价算法的优劣,主要考虑算法的正确性、可读性、健壮性、高效率和低存储量这 4 个方面。

1. 正确性

算法的正确性最为重要。一个正确的算法应当对所有合法的输入数据都能得到应该得到的结果。对于那些简单的算法,可以通过调试验证其正确与否。要精心挑选那些具有“代表性的”,甚至有点“刁钻”的数据进行调试,以保证算法对“所有”的数据都是正确的。一般来说,调试并不能保证算法对所有的数据都正确,只能保证对部分数据正确,调试只能验证算法有错,不能验证算法无错。要保证算法的正确性,通常要用数学归纳法证明。

算法的正确性是指假设给定有意义的输入,算法经有限时间计算,可产生正确答案。先建立精确命题,证明给出某些输入后,算法将产生结果;然后证明这个命题。一个算法的正确性有两方面的含义:解决问题的方法选取是正确的,也就是数学上的正确性;实现这个方法的一系列指令是正确的。在算法分析中我们更看重的是前者。

正确性的 4 个层次[2]:程序不含语法错误;程序对几组输入数据能得出满足规格要求的结果;对典型的、苛刻的、带有刁难性的几组输入有正确的结果;对一切合法的输入数据都能产生满足规格要求的结果。

例 1.2   求 n 个数的最大值问题。

核心处理的示意算法如下:

```
max=0;
```

```
for (i=1 ;i<= n ;i++)
  { scanf("%f", &x);
    if (x>max) max=x;
  }
```

分析：如上求最大值的算法无语法错误。当输入的 n 个数全为正数时，结果是正确的。如果输入的 n 个数全为负数时，求得的最大值为 0，显然这个结果不对。

这个简单的例子说明了算法正确性的内涵。

思考：上面求最大值的算法应当为算法正确性的第几层次？是否为正确的算法？

2. 可读性

算法的重要作用之一是便于阅读和交流，可读性有助于我们对算法的理解、调试和修改。

3. 健壮性

健壮性也称鲁棒性，它是指程序对于规范要求以外输入情况的处理能力。所谓健壮的系统，是指对于规范要求以外的输入能够判断出该输入不符合规范要求，并具有合理处理方式的系统。

4. 高效率和低存储量

评价算法的主要技术指标有算法运行的时间复杂度和空间复杂度两个方面。算法的效率通常是指算法的执行时间。对于一个具体问题的解决通常可以有多个算法，执行时间短的算法其运行效率就高。所谓的存储量需求，是指算法在执行过程中所需要的最大存储空间，这两者都与问题的规模有关。

在以上 4 种准则中，算法设计的最主要要求是算法的正确性和运行效率。

1.4 算法分析基础

要对算法进行性能分析，计算机基础知识与数学相关知识是必不可少的。本节将简要介绍与算法分析相关的数学符号、背景知识和基本方法。

1.4.1 常用数学术语

1. 计量单位

按照 IEEE 规定的表示法标准，位用"b"表示，字节用"B"表示，千字节用"KB"表示，兆字节用"MB"表示，毫秒用"ms"表示。它们之间的关系如下：1 MB 等于 2^{10} KB，1 KB 等于 2^{10} B，即 1024 B；1 ms 等于 1/1000 s。

2. 阶乘函数

任何自然数 n 的阶乘表示为 $n! = 1 \times 2 \times 3 \times \cdots \times n$，阶乘函数随着 n 的增大迅速增大。由于直接计算阶乘函数非常耗时，所以有时使用一个公式来作为近似计算式是非常有用的，即关于阶乘的斯特林公式为

$$n! \approx \sqrt{2\pi n} \left(\frac{n}{\mathrm{e}} \right)^n$$

该公式常用来计算与阶乘有关的各种极限。

3. 排列组合

排列组合是组合学最基本的概念。所谓排列，就是指从给定个数的元素中取出指定个数的元素进行排序。组合则是指从给定个数的元素中仅仅取出指定个数的元素，不考虑排序。排列组合的核心问题是研究给定要求的排列和组合可能出现的情况总数。

从 n 个不同元素中取 r 个元素的排列数是

$$P_n^r = n(n-1)\cdots(n-r+1) = \frac{n!}{(n-r)!}$$

从 n 个不同元素中取 r 个元素的组合数是

$$C_n^r = \frac{n!}{(n-r)!\ r!} = \frac{n(n-1)\cdots(n-r+1)}{r!}$$

4. 布尔型变量

布尔型变量是有两种逻辑状态的变量，其包含两个值——真和假（True 和 False）。如果在表达式中使用了布尔型变量，那么将根据变量值的真假而赋予整型值 1 或 0。

5. 上下取整

上下取整符号为 $\lceil\ \rceil$、$\lfloor\ \rfloor$。$\lceil x \rceil$ 是不小于 x 的最小整数，$\lfloor x \rfloor$ 是不大于 x 的最大整数。
取整函数的性质如下：
(1) $x - 1 < \lfloor x \rfloor \leqslant x \leqslant \lceil x \rceil \leqslant x + 1$。
(2) $\lfloor n/2 \rfloor + \lceil n/2 \rceil = n$。
对于 $n \geqslant 0, a, b > 0$，有如下性质：
(1) $\lceil \lceil n/a \rceil / b \rceil = \lceil n/ab \rceil$。
(2) $\lfloor \lfloor n/a \rfloor / b \rfloor = \lfloor n/ab \rfloor$。
(3) $\lceil a/b \rceil \leqslant (a + (b-1))/b$。
(4) $\lfloor a/b \rfloor \geqslant (a - (b-1))/b$。

6. 取模操作符

取模函数返回整除后的余数，有时在数学表达式中用 $n \bmod m$ 表示，"模"是"mod"的

音译,在 C 语言中模的运算符号为%。

1.4.2 对数与指数

以 b 为底,y 的对数可以表示为

$$\log_b y = x \Leftrightarrow b^x = y \Leftrightarrow b^{\log_b y} = y$$

编程分析经常用到对数,它有两个典型的用途。第一,许多程序需要对一些对象进行编码,如在对象编码中 n 个编码至少需要 $\lceil \log_2 n \rceil$ 位。第二,对数普遍用于需要把一个问题分解为更小子问题的算法分析中。如折半查找的查找次数小于等于 $\log_2 n = \dfrac{\ln n}{\ln 2}$,其中,$\ln n = \log_e n$。

对任意函数 m、n、r,任意正整数 a、b、c,对数运算具有下列性质:

(1) $\log_2(n \cdot m) = \log_2 n + \log_2 m$。

(2) $\log_2\left(\dfrac{n}{m}\right) = \log_2 n - \log_2 m$。

(3) $r = n^{\log_n r}$。

(4) $\log_c n^r = r \log_c n$。

(5) $\log_a n = \log_b n / \log_b a$。

性质(5)表明对于变量 n 和任意两个正整数变量 a 和 b,$\log_a n$ 与 $\log_b n$ 只相差常数因子,与 n 无关。在算法分析中,大多数代价分析都忽略了常数因子。性质(5)表明这种分析与对数的底数无关,因为它们对整体开销只是改变了一个常数因子。

对于正整数 m、n 和实数 $a > 0$,指数运算具有下列性质:

(1) $(a^m)^n = a^{mn} = (a^n)^m$。

(2) $a > 1 \Rightarrow a^n$ 为单调递增函数。

(3) $a > 1 \Rightarrow \lim\limits_{n \to \infty} \dfrac{n^b}{a^n} = 0 \Rightarrow n^b = O(a^n)$。

(4) $e^x = 1 + x + \dfrac{x^2}{2!} + \dfrac{x^3}{3!} + \cdots = \sum\limits_{i=0}^{\infty} \dfrac{x^i}{i!}$。

(5) $\lim\limits_{n \to \infty}\left(1 + \dfrac{x}{n}\right)^n = e^x$。

1.4.3 数学证明法

1. 反证法

反证法是"间接证明法"的一类,是从反面角度进行证明的方法,即:肯定题设而否定结论,从而得出矛盾。步骤为先假设所要证明的结论不成立,找出由假设导致逻辑上矛盾,从而证明假设错误,结论正确[3]。

例 1.3　证明希尔排序的稳定性 。

证明：假设希尔排序是稳定的排序算法，而对于如图 1.2 所示的例子可知排序结果中 1 与 1 的顺序发生了变化，故希尔排序是不稳定的排序算法。

图 1.2

2. 数学归纳法

数学归纳法是在数学上证明与自然数有关命题的一种特殊方法，主要用来研究与正整数有关的数学问题。此方法的证明步骤为：归纳奠基、归纳推导。

例 1.4　证明前 n 个奇数的和为 n^2，即求证 $\displaystyle\sum_{i=1}^{n}(2i-1)=n^2$。

证明：

（1）当 $i=1$ 时，有 $1=1^2$。

（2）设 $i=n-1$ 时，有

$$\sum_{i=1}^{n-1}(2i-1)=(n-1)^2$$

（3）当 $i=n$ 时，有

$$\sum_{i=1}^{n}(2i-1)=\sum_{i=1}^{n-1}(2i-1)+2n-1=(n-1)^2+2n-1=n^2$$

故命题成立。

例 1.5　用强归纳法证明所有大于 1 的整数都能被某个素数整除。

证明：

（1）$n=2,2$ 可被 2 整除。

（2）归纳假设，对值 a，当 $2 \leqslant a < n$ 时，n 可被某个素数整除，定理成立。

（3）为证明对 n 成立，分两种情况讨论，若 n 是一个素数，n 只被自己整除。若 n 不是素数，则 $n=a \times b,1<a,b<n$。又因为步骤（2）中假设 a 可被某个素数整除，所以 n 可被这个素数整除。

例 1.6　证明几何定理：n 条直线形成的区域可实现"着双色"。

证明：

（1）当 $n=1$ 时，空间区域为 2 个，可实现"着双色"。

（2）假设当 $n=k-1$ 时，空间区域可实现"着双色"。

（3）当 $n=k$ 时，先考虑删除任意一条直线，由 $k-1$ 条直线所形成的区域集，从归纳假设知可以实现"着双色"。先把第 k 条直线放进来，它把平面分为两个半平面，每一个都实现了合法的"着双色"。但是，被第 n 条直线分割的区域却违反了"着双色"的规则。因此,我们把在第 n 条直线一侧的所有区域的颜色都取反,现在被第 n 条直线分割的区域也符合"着双色"的规则了。

故命题成立。

1.5 算法复杂性分析方法

评价算法性能主要从算法执行时间与存储空间两方面考虑,即用算法执行所需的时间 T 和存储空间 S 来判断一个算法的优劣。算法时间复杂度是指算法中有关操作次数的多少,用 $T(n)$ 表示,T 为英文单词 Time 的首字母,算法的空间复杂度是指算法在执行过程中所占存储空间的大小,用 $S(n)$ 表示,S 为英文单词 Space 的首字母。

性能评价是对问题规模与该算法在运行时所占存储空间与所耗费时间给出一个数量关系的评价。

数量关系评价体现在时间上,即算法编程后在机器中运行所耗费的时间。

数量关系评价体现在空间上,即算法编程后在机器中运行所占的存储量。

算法性能与问题规模相关。问题规模 N 是问题大小的本质表示,对不同的问题其表现形式不同,算法求解问题的输入量称为问题的规模,一般用一个整数表示。一个问题的规模,对图论可以是图中的顶点数或边数,对矩阵可是矩阵的阶数,对多项式运算是多项式项数,对集合运算是集合中的元素个数,可以说算法效率数量关系应是问题规模的函数。

1.5.1 复杂度函数

算法分析是对一种算法所消耗资源的估算,我们可据此对解决同一问题的多种算法的代价加以比较。算法的复杂度就是算法所需的计算机资源。所需的资源越多,我们就说该算法的复杂度越高;反之,所需的资源越低,则该算法的复杂度就越低。它是算法效率的度量,是评价算法优劣的重要依据。下面重点分析时间复杂度,空间复杂度类同可自行分析。

1. 复杂函数公式

算法的复杂函数公式为 $C = F(N, I, A)$。其中,N 为问题的规模,I 指的是输入,A 为算法本身,故在具体计算复杂度时忽略 A。

2. 算法的时间复杂度

1)算法耗费的时间

一个算法的执行时间=算法中所有语句执行时间的总和。

每条语句的执行时间=该条语句的执行次数×执行一次所需实际时间。

在非递归算法中,时间的计算如下:

for/while 循环:循环体内计算时间×循环次数。

嵌套循环:循环体内计算时间×所有循环次数。

顺序语句:各语句计算时间相加。

if—else 语句:if 语句计算时间和 else 语句计算时间之中的较大者。

2) 算法耗费时间的计算公式

设一台抽象的计算机所提供的元运算有 k 种,分别记为 $O_1,O_2,\cdots,O_k$,设每执行一次这些元运算所需要的时间分别为 $t_1,t_2,\cdots,t_k$,对于给定的算法 A,设经统计,用到元运算 O_i 的次数为 $e_i,i=1,2,\cdots,k$。

对于每一个 $i,1\leqslant i\leqslant k,e_i$ 是 N 和 I 的函数,即 $e_i=e_i(N,I)$。因此有

$$T(N,I)=\sum_{i=1}^{k}t_i e_i(N,I)$$

其中:t_i 为第 i 种运算所需的时间,e_i 为第 i 种运算的次数,i 为第 i 种运算,N 为问题规模。

3) 语句频度

由于语句的执行要由源程序经编译程序翻译成目标代码,目标代码经装配后再执行,语句执行一次实际所需的具体时间是与机器的软、硬件环境(机器速度、编译程序质量、输入数据量等)密切相关,难以精确估计。故度量一个算法的效率应当抛弃具体机器条件,仅仅考虑算法本身的效率高低。算法时间分析度量的标准并不是针对实际执行时间精确算出算法执行的具体时间,而是根据算法中语句的执行次数做出估计,从中得到算法执行时间的信息。

语句频度指该语句在一个算法中重复执行的次数。因此,一个算法的时间耗费就是该算法中所有语句频度之和。

在进行算法时间复杂度分析时,一般情况下不考虑常数,主要注重复杂度公式中的最高次项。

例 1.7 求两个 n 阶方阵的乘积 $c=a\times b$。

```
       ♯define n 100                        /* n 可根据需要定义,这里假定为 100 */
       void MatrixMulti(int a[n][n],int b [n][n],int c[n][n])
       {                                    /* 该算法每一语句的语句频度为 */
(1)        for(i=0;i< n;i++)                /* n+1 */
(2)         for (j=0;j<n;j++)               /* n(n+1) */
(3)         { c[i][j]=0;                     /* n² */
(4)           for (k=0;k< n; k++)           /* n²(n+1) */
(5)             c[i][j]=c[i][j]+a[i][k] * b[k][j];   /* n³ */
            }
       }
```

分析:语句(1)的循环控制变量 i 从 0 增加到 n,测试到 $i=n$ 成立才会终止,故它的语

句频度是 $n+1$,但是它的循环体却只能执行 n 次。语句(2)作为语句(1)循环体内的语句应该执行 n 次,但语句(2)本身要执行 $n+1$ 次,所以语句(2)的频度是 $n(n+1)$。同理可得,语句(3)、(4)和(5)的频度分别是 n^2、$n^2(n+1)$ 和 n^3。

该算法中所有语句的频度之和(即算法的时间耗费)为 $f(n)=2n^3+3n^2+2n+1$。

该矩阵乘积算法的问题规模是矩阵的阶数 n,时间耗费是矩阵阶数 n 的函数。

例 1.8 新机器的运算速度是旧机器的 10 倍,新机器的处理速度是否比旧机器快 10 倍?

解:新机器的运算速度不一定比旧机器快 10 倍。根据算法的复杂度可分 3 种情况:

(1) 若算法复杂度为常数级别,那么算法的时间耗费不依赖于问题的规模,因此两种机器均可求解任意规模的问题。

(2) 若算法复杂度为一阶线性函数,不妨记作 n,则在时间 t 内,新机器求解问题的规模为 $\frac{n}{t} \times 10 \times t = 10n$,即新机器可以求解规模为 $10n$ 的问题。

(3) 若算法复杂度为一阶以上函数,则新机器将无法在时间 t 内处理规模为 $10n$ 的问题,例如,某算法为 $f(n)=n^2$,它在新机器上的复杂度将为 $f(n) \times 10 = n^2 \times 10 = (\sqrt{10}\,n)^2$,即同等时间内只能求解规模为 $\sqrt{10}\,n$ 的问题。

此题的严格证明留给读者自行完成。

1.5.2 最好、最坏和平均情况

对于某些算法,即使问题规模相同,如果输入的数据不同则其开销也不同。例如,现在要从一个 n 元的一维数组中找出一个给定的 k。顺序查找法将从第一个元素开始,依次检查每一个元素,直到找到 k 为止。这样,根据 k 在数组中的不同位置,顺序查找法的时间开销会在很大的一个范围浮动。若 k 在第一个位置,则查找一次即可,这称为最好情况。若这个数组的最后一个元素是 k,则要查找 n 次,这称为最坏情况。对于顺序查找法,经过数次实验发现平均查找到一半就能找到 k,也就是说这种算法平均要查找 $n/2$ 个元素,我们称之为算法时间代价的平均情况。

时间复杂度可分为最好时间复杂度、最坏时间复杂度和平均时间复杂度。最好时间复杂度就是解决同类问题的最小耗费,是解决这类问题的下界。最坏时间复杂度就是解决同类问题的最大耗费,即解决这类问题的上界。平均时间复杂度即为耗费的平均值。

1. 平均时间复杂度

平均时间复杂度的公式为

$$A(n) = \sum_{I \in D_n}^{n+l} P(I)f(I)$$

式中,D_n 表示多规模输入集,$P(I)$ 表示概率,$f(I)$ 表示操作时间。

例 1.9　设待查找值为 x,待查找表有 n 项,求平均时间复杂度。

解:设 x 在表中出现的概率为 q,则 x 不在表中的概率为 $1-q$,即 $P(I_{n+1})=1-q$。

当 x 在表中时,设查找表中任一项的可能性均相同,即为 $\dfrac{q}{n}$,那么有

$$A(n)=\frac{q}{n}\times(1+2+\cdots+n)=q\times\frac{n+1}{2}+(1-q)n$$

若 x 在表中,则

$$q=1,A(n)=\frac{n+1}{2}$$

若 x 有一半的概率不在表中,则

$$q=\frac{1}{2},A(n)=\frac{n+1}{4}+\frac{n}{2}\approx\frac{3}{4}n$$

2. 最坏时间复杂度

最坏时间复杂度的公式为 $w(n)=\max\limits_{i\in D_n}t(i)=\max\{t(i)\},1\leqslant i\leqslant n+1$,即为问题消耗的上界。

3. 最好时间复杂度

最好时间复杂度也就是问题的最佳性,最佳性是解决同类问题的最小消耗,即为解决此问题的下界。

问题下界(最小消耗)的证明方法如下:

(1) 设计算法 A,找出一个函数 $W(n)$,A 至多是 $W(n)$ 的上界。

(2) 对于某个函数 F,问题规模输入 n,使算法至少运行 $F(n)$ 次运算。

(3) 若 W 和 F 是相等的,则 A 是最优的;若 W 和 F 不相等,则可能存在更好的算法或下界。

例 1.10　证明求 n 个数中最大值算法的最好时间复杂度为 $W(n)=n-1$。

证明:

(1) 确定下界。

设表中元素不同,$\lfloor L\rfloor=n$,有 $n-1$ 项不是最大,对于输入某个元素,确定下界。因为每次比较会产生一个数,需 $n-1$ 次比较进而产生 $n-1$ 个数,所以 $W(n)=n-1$。

(2) 证明下界。

假设比较次数小于 $n-1$,最多做 $n-2$ 次比较,那么有两项没有进行比较,则不能确定所余两项数据谁大谁小,所余两项需要再做一次比较,从而总的比较次数为 $(n-2)+1=n-1$,这与假设矛盾。

所以 $F(n)=n-1$,即比较次数只能为 $n-1$ 次。

当分析一个算法时,应研究最好、最坏,还是平均情况? 一般来说,最好情况没有多大

意义,因为它发生的概率太小,而且对于条件的考虑过于乐观。也就是最好情况并不能作为算法性能的代表。只有当最好情况出现概率较大的时候,最好情况分析才是有用的。

分析最坏情况能确定算法在最坏情况下所需要的最大时间。这一点在算法分析中尤其重要。

在另外的一些情况下,特别是程序要对许多不同的输入进行多次运行时,最坏情况分析就不适合去衡量一种算法的性能了。通常我们希望知道平均情况的时间代价,也就是说,当问题规模为 n 时算法的"典型"表现。

总之,在实时系统中,我们比较关注最坏情况分析,在其他情况下,通常考虑平均情况,只需知道计算平均情况时输入数据的分布。

1.5.3 渐进分析

算法的渐进分析是指当问题规模很大,且趋于无穷时对算法性能的分析,其渐进时间复杂度可表示为 $\lim\limits_{n\to\infty} T(n)$。当我们估算一种算法的时间或者其他开销时,经常忽略其系数。这样能够简化算法分析,并且使得我们的注意力集中于最重要的增长率,这称为渐进分析。根据渐进复杂度分析方法,提供了可对解决同一问题的两种及多种算法性能进行比较的手段,已被广泛运用到算法分析比较中。

渐进分析是对算法资源开销的一种不精确的估算方法,为大规模问题的算法资源开销评估提供了一种简化的分析方法,但不适用问题规模较小的情况。

1. 函数阶渐进形态的 3 种表示法

设 f 和 g 是定义在 N 上的函数,则 f 和 g 之间的函数阶可用 3 种渐近形态来表示,即 O(低阶)、Ω(高阶)和 θ(等阶)。

1) 低阶 O(上界)

定义:若存在一个正常数 C 和 n_0,对所有的 $n > n_0$,都有 $f(n) \leqslant Cg(n)$,则记作 $f = O(g)$,即 f 的阶不高于 g 的阶。

例 1.11 证明 $3n^2$ 与 $25n$ 的阶关系。

证明:

(1) 当 $n = 8$ 时,$3n^2 = 192,25n = 200$。

(2) 当 $n > 8$ 时,设 $n = 9$,则 $3n^2 = 243,25n = 225,3n^2 > 25n$,即 $25n$ 的阶不高于 $3n^2$ 的阶。

2) 高阶 Ω(下界)

定义:若存在正常数 C 和 n_0($C \neq 0$),使得 $\forall n \geqslant n_0,f(n) \geqslant Cg(n)$,记作 $f(n) = \Omega(g(n))$,即 f 的阶高于 g 的阶。

3) 等阶 θ

定义:当且仅当 $f(n) = O(g(n))$ 且 $f(n) = \Omega(g(n))$ 时,$f(n)$ 与 $g(n)$ 同阶。

例 1.12　证明 $\left(\dfrac{n}{2}\right)^2$ 与 $307n^2$ 的函数阶关系。

证明：因为 $\left(\dfrac{n}{2}\right)^2 = O(307n^2)$ 且 $(307n^2) = \Omega\left(\dfrac{n}{2}\right)^2$，所以 $\left(\dfrac{n}{2}\right)^2 = \theta(307n^2)$。

注意：相差常数因子是不影响阶的。

2. 渐进阶分析简化规则

(1) 若 $f(n)$ 在 $O(g(n))$ 中且 $g(n)$ 在 $O(h(n))$ 中，则 $f(n)$ 在 $O(h(n))$ 中。

如果 $g(n)$ 是算法代价函数的一个上界，则 $g(n)$ 的任意上界也是该算法代价的上界。该规则说明函数阶满足传递性。

(2) 若 $f(n)$ 在 $O(kg(n))$ 中对任意常数 $k \geqslant 0$ 成立，则 $f(n)$ 在 $O(g(n))$ 中。可忽略 O 中的常数因子。

该规则的说明在于可忽略大 O 表示法中的常数因子。

(3) 若 $f_1(n)$ 在 $O(g_1(n))$ 中，且 $f_2(n)$ 在 $O(g_2(n))$ 中，则 $f_1(n) + f_2(n)$ 在 $O(\max(g_1(n), g_2(n)))$ 中。

该规则说明，顺序给出一个程序的两个部分或多个部分，只需要考虑其中开销较大的部分。

(4) 若 $f_1(n)$ 在 $O(g_1(n))$ 中，且 $f_2(n)$ 在 $O(g_2(n))$ 中，则 $f_1(n)f_2(n)$ 在 $O(g_1(n)g_2(n))$ 中。

该规则用于分析程序中的循环，如有限次重复某种操作，每次重复开销相等，则总开销为每次开销与重复次数之积。

以上 4 条简化规则不仅适用于大 O 表示法，也同样适用于 Ω 与 θ 表示法。

例 1.13　分析如下程序的时间开销。

```
for (i=1;i<=n;i++)
    for(j=1;j<=n;j++)
        {p1,p2,p3,p4};              /* p1,p2,p3,p4 为单一赋值语句 */
```

分析：内循环体只需 $O(1)$ 的时间，所以内循环共需 $\sum\limits_{j=1}^{i} O(1) = O\left(\sum\limits_{j=1}^{i} 1\right) = O(i)$；外循环共需 $\sum\limits_{i=1}^{n} O(i) = O\left(\sum\limits_{i=1}^{n} i\right) = O\left(\dfrac{n(n+1)}{2}\right) = O(n^2)$。

综合考虑前 3 条规则，我们在考虑任何算法开销的近似增长率时，忽略所有的常数和低次项。

1.5.4　阶的证明方法

1. 反证法，常用于否定的论述

例 1.14　对于 n^3 和 n^2，证明 n^3 不是 $O(n^2)$。

证明：假设 n^3 是 $O(n^2)$，因为据低阶定义，$n^3 \leqslant Cn^2$；但对 $\forall n \geqslant n_0, n \leqslant C$ 不成立，所以 $n^3 \neq O(n^2)$。

2. 极限法，利用极限描述

$$\lim_{n \to \infty} \frac{f(n)}{g(n)} = C \begin{cases} \text{若 } C \neq 0; \text{则 } f \text{ 和 } g \text{ 同阶}, f = \theta(g) \\ \text{若 } C = 0; \text{则 } f \text{ 和 } g \text{ 不同阶}, f = O(g), \text{但 } g \text{ 不是 } \theta(f) \\ \text{若 } C = \infty; \text{则 } f = \Omega(g), f \text{ 是 } g \text{ 的高阶} \end{cases}$$

洛必达（L'Hopital）法则常用于求极限，若 $\lim\limits_{n \to \infty} f(n) = \lim\limits_{n \to \infty} g(n) = \infty$，则 $\lim\limits_{n \to \infty} \dfrac{f(n)}{g(n)} = \lim\limits_{n \to \infty} \dfrac{f'(n)}{g'(n)}$。

例 1.15　证明 $\log_2 n$ 是 $O(n)$，但不是 $\theta(n)$。

证明： 因为

$$\lim_{n \to \infty} \frac{\log_2 n}{n} = \lim_{n \to \infty} \frac{\frac{\ln n}{\ln 2}}{n} = \lim_{n \to \infty} \frac{\frac{1}{n \ln 2}}{1} = 0$$

所以 $\log_2 n = O(n)$，但不是 $\theta(n)$。

例 1.16　用极限法证明 n 与 $\log_2 n$ 的函数阶关系。

证明：

$$\lim_{n \to \infty} \frac{f(n)}{g(n)} = \lim_{n \to \infty} \frac{n}{\log_2 n} = \lim_{n \to \infty} \frac{1}{\frac{1}{n} \frac{1}{\ln 2}} = n \ln 2 = \infty$$

所以 $f = \Omega(g), n = \Omega(\log_2 n), n$ 的阶高于 $\log_2 n$ 的阶。

例 1.17　用极限法证明 $\dfrac{n^2}{2}$ 与 $307 n^2$ 的函数阶关系。

证明： 因为 $\lim\limits_{n \to \infty} \dfrac{n^2/2}{307 n^2} = \dfrac{1}{614} \neq 0$，则 $n^2/2$ 与 $307 n^2$ 同阶。

小　　结

算法是规则的有限集合，是为解决特定问题而规定的一系列操作。算法设计的优劣决定着软件系统的性能，对算法进行研究可以更深刻地理解问题的本质以及可能的求解技术。评价算法性能的标准主要从算法执行时间和存储空间两方面考虑，即算法执行所需的时间 T 和存储空间 S 来判断一个算法的优劣，它们都与问题规模有关，可以说算法效率是问题规模的函数。

算法分析是对一种算法所消耗资源的估算。我们可据此对解决同一问题的多种算法的代价加以比较。算法的复杂性就是算法所需的计算机资源，常用到复杂度函数表示算法的复杂性。使用渐进分析法对算法复杂性进行分析，在渐进形态中有高阶、低阶、等阶之分。

在分析算法复杂性时，函数阶的证明方法主要有反证法和极限法。

习　　题

1. 简述算法设计与分析的任务。

2. 求下列函数的阶渐进形态。

(1) $3n^2 + 10n$。

(2) $n^2/10 + 2^n$。

(3) $21 + 1/n$。

(4) $\log_2 n^3$。

(5) $10\log_2 3^n$。

3. 对于下列各组函数 $f(n)$ 和 $g(n)$，确定 $f(n) = O(g(n))$ 或 $f(n) = \Omega(g(n))$ 或 $f(n) = \theta(g(n))$，并简述理由。

(1) $f(n) = \log_2 n^2, g(n) = \log_2(n+5)$。

(2) $f(n) = \log_2 n^2, g(n) = \sqrt{n}$。

(3) $f(n) = n, g(n) = \log_2 n$。

(4) $f(n) = n\log_2 n + n, g(n) = \log_2 n$。

(5) $f(n) = 2^n, g(n) = 100n^2$。

(6) $f(n) = 2^n, g(n) = 3^n$。

4. 用数学归纳法证明，当 $n \geqslant 1$ 时，$\displaystyle\sum_{i=1}^{n} \frac{1}{2^i} = 1 - \frac{1}{2^n}$。

5. 编写算法，求一元多项式 $P_n(x) = a_0 + a_1 x + a_2 x^2 + \cdots + a_n x^n$ 的值 $P_n(x_0)$，并确定算法中每一语句的执行次数和整个算法的时间复杂度，要求时间复杂度尽可能小，规定算法中不能使用幂函数。

6. 试证明如果一个算法在平均情况下的计算时间复杂性为 $\theta(f(n))$，则该算法在最坏情况下所需的计算时间为 $\Omega(f(n))$。

第 2 章　递归与分治策略

递归与迭代是计算机科学中重要的数学理论方法,也是程序设计的本质技术。

当计算机求解的问题规模较大,直接求解困难甚至根本没办法直接求解时,往往会考虑能否将该问题划分为若干子问题,对这些子问题进行求解。如果被划分后得到的子问题规模仍然不够小,则可以将每个子问题继续划分为更小的子问题,以此类推,直到划分得到的问题规模足够小,能够较容易求出解为止。根据上述分治法的指导思想,反复应用分治手段,可以使子问题与原问题类型一致而其规模却不断缩小,最终使子问题缩小到容易求解。由于分治法产生的子问题往往是原问题的较小模式,子问题与原问题的类型一致,因此,在分治法中经常使用递归技术求解问题,递归与分治是相辅相成的。

2.1　递归的概念

递归是计算机科学的一个重要概念,是程序设计中的一种有效的方法,在程序设计语言中被广泛应用。它是指函数、过程、子程序在运行过程中直接或间接调用自身而产生的重入现象。采用递归编写程序能使程序变得简洁清晰,使人容易理解。

递归算法描述简捷,结构清晰,算法的正确性比较容易证明。但是,递归算法的执行效率低,空间消耗多,有时还会受到一些软、硬件环境条件限制,不能使用递归技术,因此,在某些时候,还需要将递归算法转换为非递归算法。

2.2　具有递归特性的问题

现实中,许多问题具有固有的递归特性。

1. 递归定义的数学函数

例 2.1　递归定义的阿克曼(Ackermann)函数。

$$Ack(m,n) = \begin{cases} n+1; & m=0 \\ Ack(m-1,1); & m \neq 0, n=0 \\ Ack(m-1, Ack(m,n-1)); & m \neq 0, n \neq 0 \end{cases}$$

解：上述 Ackermann 函数的算法描述如下。

```
int ack(m,n)
    {
    if (m==0)
         return n+1;
    else if (n==0)
         return ack(m-1,1);
    else return ack(m-1,ack(m,n-1));
    }
```

例 2.2 递归定义的斐波那契(Fibonacci)数列。

解：斐波那契数列 $1,1,2,3,5,8,13,21,34,\cdots$ 的递归形式可定义为

$$F(n)=\begin{cases}1; & n=0 \\ 1; & n=1 \\ F(n-1)+F(n-2); & n>1\end{cases}$$

根据函数的递归定义，可以直接设计算法，求解斐波那契数列第 n 项的过程 $F(n)$ 如下，当 $n=6$ 时的递归结构如图 2.1 所示。

```
long F(n)
    {
    if (n≤1)
      return 1
    else
      return F(n-1)+F(n-2)
    }
```

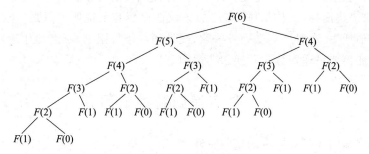

图 2.1 斐波那契算法的递归结构($n=6$)

2. 递归定义的数据结构

在数据结构中，如广义表、二叉树、树等结构，其本身均具有固有的递归特性，可以自然地采用递归法进行处理。

3. 递归求解方法

许多问题的求解过程可以用递归分解的方法描述,例如,计算两非负整数最大公约数的欧几里得算法和著名的汉诺塔(Hanoi)问题。

例 2.3　用欧几里得算法计算两个非负整数的最大公约数。

分析:欧几里得算法也称为辗转相除法。对于非负整数 a 和 b,不妨设 $a \geqslant b \geqslant 0$。若 $b=0$,则 a 和 b 的最大公约数等于 a;若 $b>0$,则 a 和 b 的最大公约数等于 b 和用 b 除 a 的余数的最大公约数。例如,当 $a=22, b=8$ 时,递归结构如图 2.2 所示。

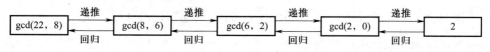

图 2.2　求最大公约数的递归结构

用欧几里得算法求解两个数 a、b 的最大公约数的递归函数如下:

```
int gcd(a,b)              /* 约定 a>b */
  {
    if (b==0) then
      return a
    else
      return gcd(b,a mod b)
  }
```

例 2.4　汉诺塔问题。

现有 3 根柱子,标号为 X、Y、Z,X 柱上从下到上按金字塔状叠放着 n 个不同大小的圆盘,要求把 X 柱子所有盘子移动到 Z 柱上,可借助 Y 柱进行移动。每次移动时,大盘子不能出现在小圆盘上方,问:至少需要多少次移动[设移动次数为 $H(n)$]?

分析:汉诺塔问题具有递归子结构性质。当 n 很大时这个问题不好解决,我们可以使用递归技术来解决该问题。

当 $n=1$ 时,将编号为 1 的圆盘从 X 柱直接移到 Z 柱上。

当 $n>1$ 时,需要利用 Y 柱作为辅助柱子,设法将 $n-1$ 个较小的圆盘按规则移到 Y 柱,然后将编号为 n 的圆盘从 X 柱移到 Z 柱上,最后将 $n-1$ 个 Y 柱上较小的圆盘移到 Z 柱上,而 $n-1$ 个圆盘与规模为 n 的原问题具有相同属性,只是规模减小了,可递归求解。

例 2.5　用递归解决规模为 n 的汉诺塔问题。

```
void HANOI(n,X,Y,Z)
/* 将 X 柱从上到下编号为 1~n 且按直径由小到大叠放的圆盘,按规则搬到 Z 柱上,Y 柱作
  辅助柱 */
  {
```

```
if (n==1)
        MOVE(X,1,Z)                    /*将编号为 1 的圆盘从 X 柱移动到 Z 柱*/
else {
    HANOI(n-1,X,Z,Y)                   /*将 X 柱上编号为 1~n-1 的圆盘移动到 Y 柱,Z 柱
                                           作辅助柱*/
    MOVE(X,n,Z)                        /*将编号为 n 的圆盘从 X 柱移到 Z 柱*/
    HANOI(n-1,Y,X,Z)                   /*将 Y 柱上编号为 1~n-1 的圆盘移到 Z 柱,X 作辅
                                           助柱*/
    }
}
```

下面给出 3 个盘子搬动时 HANOI($3,A,B,C$)的递归调用过程,如图 2.3 所示。

```
HANOI(3,A,B,C)
        HANOI(2,A,C,B):
                HANOI(1,A,B,C)
                        MOVE(A->C)                    /*1 号搬到 C*/
                MOVE(A->B)                            /*2 号搬到 B*/
                HANOI(1,C,A,B)
                        MOVE(C->B)                    /*1 号搬回到 B*/
        MOVE(A->C)                                    /*3 号搬到 C*/
        HANOI(2,B,A,C):
                HANOI(1,B,C,A)
                        MOVE(B->A)                    /*1 号搬到 A*/
                MOVE(B->C)                            /*2 号搬到 C*/
                HANOI(1,A,B,C)
                        MOVE(A->C)                    /*1 号搬到 C*/
```

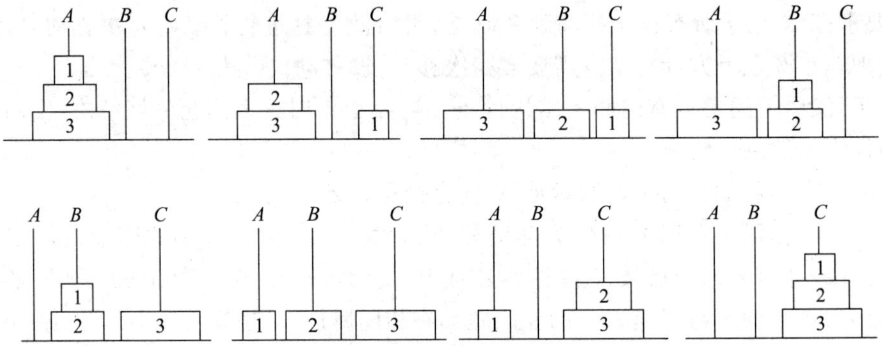

图 2.3 汉诺塔的执行过程($n=3$)

2.3 递归过程的设计与实现

递归算法的主要表现形式为过程或函数在定义自身的同时对自身进行调用。在采用递归策略时,算法中必须有一个明确的递归边界,即递归出口。一般从两个主要方面进行递归算法的设计:一是寻找对问题进行分解的方法;二是寻找所分解问题的出口,即设计递归出口。递归算法的执行过程中包括两个阶段,第一阶段是自上而下的递归进层阶段(递推阶段),第二阶段是自下而上的递归出层阶段(回归阶段)。

在算法的递归调用过程中,进行递归进层($i \rightarrow i+1$ 层),系统需要完成如下工作:

(1) 保留本层参数与返回地址。

(2) 为被调用函数的局部变量分配存储区,给下层参数赋值。

(3) 将程序转移到被调函数的入口。

从被调用函数返回调用函数之前,进行递归出层($i \leftarrow i+1$ 层),系统应完成如下工作:

(1) 保存被调函数的计算结果。

(2) 释放被调函数的数据区,恢复上层参数。

(3) 依照被调函数保存的返回地址,将控制转移回调用函数。

当递归函数调用时,应按照"后调用先返回"的原则处理调用过程,因此上述函数之间的信息传递和控制转移必须通过栈来实现。系统将整个程序运行时所需的数据空间安排在一个栈中,每当调用一个函数时,就为它在栈顶分配一个存储区;而每当从一个函数退出时,就释放它的存储区。显然,当前正在运行的函数的数据区必在栈顶。

一个递归函数的运行过程调用函数和被调用函数是同一个函数,因此,与每次调用时相关的一个重要的概念是递归函数运行的"层次"。假设调用该递归函数的主函数为第 0 层,则从主函数调用递归函数为进入第 1 层;从第 i 层递归调用本函数为进入"下一层",即第 $i+1$ 层。反之,退出第 i 层递归应返回至"上一层",即第 $i-1$ 层。为保证递归函数正确执行,系统需设立一个递归工作栈作为整个递归函数运行期间使用的数据存储区。每层递归所需信息构成一个工作记录,其中包括所有的参数、所有的局部变量和上一层的返回地址。每进入一层递归,就产生一个新的工作记录压入栈顶。每退出一层递归,就从栈顶弹出一个工作记录。因此,当前执行层的工作记录必为递归工作栈栈顶的工作记录,这个记录称为活动记录,指示活动记录的栈顶指针称为当前环境指针。由于递归工作栈是由系统来管理的,所以用递归法编制程序非常方便。

例 2.6 列出 n 阶乘的递归算法和递归调用过程。

$$n! = \begin{cases} 1; & n=0 \quad\quad\ (0\ \text{为最小规模}) \\ n \times (n-1)!; & n>0 \quad\quad [(n-1)\ \text{比}\ n\ \text{的规模更小}] \end{cases}$$

解:递归算法如下。

```
int f(int n)                             / * 设 n≥=0 * /
{
    if (n==0) return (1);
    else return(n * f(n-1));
}
```

图 2.4 给出了 $f(3)$ 递归调用的示意图。

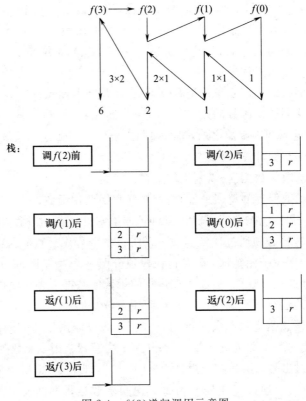

图 2.4 $f(3)$ 递归调用示意图

递归进层需做 3 件事,即保存本层参数、返回地址;分配局部数据空间,传递参数;转第一条指令。

递归出层需做 3 件事,即恢复上层、传递结果、转断点执行。

为便于理解递归运行机制,$f(3)$ 递归调用流程变化如图 2.5 所示。

可以看出,整个计算包括两个阶段:自上而下递归调用(进层),自下而上返回结果(出层)。计算结果在第二阶段,先计算 $f(0),f(1),\cdots,f(n)$,所有递归调用直接或间接地依赖 $f(0)$。

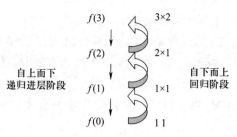

自上而下
递归进层阶段

$f(3)$ 3×2

$f(2)$ 2×1

$f(1)$ 1×1

$f(0)$ $1\ 1$

自下而上
回归阶段

图 2.5 $f(3)$ 递归调用流程变化示意图

2.4   递归算法分析

当一个算法包含对自身的递归调用过程时,该算法的运行时间复杂度可用递归方程进行描述,求解该递归方程,可得到对该算法时间复杂度的函数度量。求解递归方程一般可采用 3 种方法,即替换法、递归树法和主方法。

2.4.1   替换法

替换法的最简单方式为:根据递归规律,将递归公式通过方程展开、反复代换子问题的规模变量,通过多项式整理,以此类推,从而得到递归方程的解。

例 2.7   汉诺塔算法(见例 2.5)的时间复杂度分析。

分析:根据汉诺塔算法,当 $n>1$,n 个圆盘移动问题可分解为 2 个 $n-1$ 个圆盘的移动和 1 个大圆盘的移动操作。

假设汉诺塔算法的时间复杂度为 $T(n)$,例 2.4 算法的递归方程如下:

$$T(n)=\begin{cases}1; & n=1 \\ 2T(n-1)+1; & n>1\end{cases}$$

利用替换法求解该方程,可得

$$
\begin{aligned}
T(n) &= 2T(n-1)+1 \\
&= 2(2T(n-2)+1)+1 \\
&= 2^2 T(n-2)+2+1 \\
&= 2^2(2T(n-3)+1)+2+1 \\
&\cdots\cdots\cdots\cdots \\
&= 2^{k-1}(2T(n-k)+1)+2^{k-2}+\cdots+2+1 \\
&\cdots\cdots\cdots\cdots \\
&= 2^{n-2}(2T(1)+1)+2^{n-3}+\cdots+2+1 \\
&= 2^{n-1}+\cdots+2+1 \\
&= 2^n-1
\end{aligned}
$$

故得到该算法的时间复杂度 $T(n)=O(2^n)$。

例 2.8　2-路归并排序的递归算法分析。

假设初始序列含有 n 个记录,首先将这 n 个记录看成 n 个有序的子序列,每个子序列的长度为 1,然后两两归并,得到$\lceil n/2 \rceil$个长度为 2(n 为奇数时,最后一个序列的长度为 1)的有序子序列;在此基础上,再对长度为 2 的有序子序列进行两两归并,得到若干个长度为 4 的有序子序列;如此重复,直至得到一个长度为 n 的有序序列为止。这种方法被称为2-路归并排序。

1. 将两个有序子序列合并为一个有序序列

2-路归并排序法的基本操作是将待排序列中相邻的两个有序子序列合并成一个有序序列,算法如下:

```
void Merge(RecordType r1[],int low,int mid,int high,RecordType r2[])
/*已知 r1[low..mid]和 r1[mid+1..high]分别按关键字有序排列,将它们合并成一个有序序
    列,存放在 r2[low..high]*/
{
  i=low;j=mid+1;k=low;
  while((i<=mid)&&(j<=high))
      {
        if(r1[i].key<=r1[j].key)
          {
            r2[k]=r1[i];++i;
                      }
        else
          {
            r2[k]=r1[j];++j;
                      }
          ++k;
      }
    while(i<=mid)
        {r2[k]=r1[i];k++,i++;}
    while(j<=high);
        {r2[k]=r1[j];k++;j++;}
}
```

在合并过程中,两个有序的子表被遍历了一遍,表中的每一项均被复制了一次。因此,合并的代价与两个有序子表的长度之和成正比,该算法的时间复杂度为 $O(n)$。

2. 2-路归并排序的递归分治方法

算法思想:将 $r_1[]$中的记录用归并法排序后放到 $r_3[]$中,可以分为如下 3 个步骤。

(1) 将 $r_1[]$前半段的记录用归并法排序后放到 $r_2[]$的前半段中。

(2) 将 $r_1[]$后半段的记录用归并法排序后放到 $r_2[]$的后半段中。

（3）将 $r_2[]$ 的前半段和后半段合并到 $r_3[]$ 中。

2-路归并排序的完整算法：

```
void MSort(RecordType r1[],int low,int high,RecordType r3[])
/*   r1[low....high]排序后放在 r3[low....high]中,r2[low....high]为辅助空间 */
{RecordType * r2;
  r2=(RecordType * )malloc(sizeof(RecordType) * (hight－low+1));
  if (low==high)r3[low]=r1[low];
    else{
        mid=(low+high)/2;
        MSort (r1,low,mid,r2);
        MSort (r1,mid+1,high,r2);
        Merge (r2,low,mid,high,r3);
      }
    free (r2);
}
```

2-路归并排序算法的递归方程为

$$T(n)=\begin{cases} C_1; & n=1,二次归并 \\ 2T\left(\dfrac{n}{2}\right)+C_2 n; & n>1 \end{cases}$$

利用替换法求解递归方程，当 $n>1$ 时，可得

$$
\begin{aligned}
T(n) &= 2T\left(\frac{n}{2}\right)+C_2 n \\
&= 2\left[2T\left(\frac{n}{2^2}\right)+C_2\left(\frac{n}{2}\right)\right]+C_2 n \\
&= 2^2 T\left(\frac{n}{2^2}\right)+2C_2 n \\
&= 2^2\left(2T\left(\frac{n}{2^3}\right)+C_2\left(\frac{n}{2^2}\right)\right)+2C_2 n \\
&= 2^3\left(\frac{n}{2^3}\right)+3C_2 n \\
&\cdots\cdots\cdots\cdots \\
&= 2^k T\left(\frac{n}{2^k}\right)+kC_2 n
\end{aligned}
$$

$\forall n,2^i\leqslant n\leqslant 2^{i+1}$，取 $n=2^k$，$T(n)\leqslant C_1 n+C_2 n\cdot\log_2 n\Big($当 n 为奇数，即 $n=2^k-1$ 时，

替换展开时可用 $T\left(\dfrac{n+1}{2}\right)+T\left(\dfrac{n-1}{2}\right)$ 替代 $2T\left(\dfrac{n}{2}\right)\Big)$。从而，$T(n)=2^k T\left(\dfrac{n}{2^k}\right)+kC_2 n=$

$O(n\log_2 n)$，即二次归并排序的算法时间复杂度为 $T(n)=O(n\log_2 n)$。

可将上述递归方程推广至一般形式，可记为

$$\begin{cases} T(1) = 1; & n = 1 \\ T(n) = aT\left(\dfrac{n}{b}\right) + d(n); & n > 1 \end{cases}$$

对该方程通过替换法求解

$$\begin{aligned}
T(n) &= aT\left(\frac{n}{b}\right) + d(n) \\
&= a\left[aT\left(\frac{n}{b^2}\right) + d\left(\frac{n}{b}\right)\right] + d(n) \\
&= a^2\left[aT\left(\frac{n}{b^3}\right) + d\left(\frac{n}{b^2}\right)\right] + ad\left[\frac{n}{b}\right] + d(n) \\
&= a^3 T\left(\frac{n}{b^3}\right) + a^2 d\left(\frac{n}{b^2}\right) + ad\left(\frac{n}{b}\right) + d(n) \\
&\quad\cdots\cdots\cdots\cdots \\
&= a^i T\left(\frac{n}{b^i}\right) + \sum_{j=0}^{i-1} a^j d\left(\frac{n}{b^j}\right)
\end{aligned}$$

若 $n = b^k$ 可得到 $T(n)$ 解的一般形式

$$T(n) = a^k T(1) + \sum_{j=0}^{k-1} a^j d(b^{k-j})$$

若 $n \neq b^k$，那么存在整数 k，使 $k < \lceil \log_b n \rceil$，有

$$T(n) \leqslant a^{\lceil \log_b n \rceil} T(1) + \sum_{j=0}^{\lceil \log_b n \rceil - 1} a^j d(b^{\lceil \log_b n \rceil - j})$$

当 $d(n)$ 为常数时，有

$$T(n) = a^k + c\sum_{i=0}^{k-1} a^i = \begin{cases} O(a^k) = O(n^{\log_b a}); & a \neq 1 \\ O(\log_b a); & a = 1 \end{cases}$$

当 $d(n) = cn$，c 为常数时，有

$$\sum_{i=0}^{k-1} a^i d(n/b^i) = \sum_{i=0}^{k-1} a^i (cn/b^i) = cn\sum_{i=0}^{k-1} (a/b)^i$$

即该递归方程的解为

$$T(n) = a^k T(1) + cn\sum_{i=0}^{\log_b n} r^i$$

其中，$r = \dfrac{a}{b}$。

根据该一般递归方程的解，可以得到推论

$$T(n) = \begin{cases} O(n); & a < b \\ O(n\log_b n); & a = b \\ O(n^{\log_b a}); & a > b \end{cases}$$

证明：

(1) 当 $a < b$ 时，$r < 1$，$\sum_{i=0}^{\infty} r^i$ 收敛，$cn \sum_{i=0}^{k-1} r^i = O(n)$，$T(n) = n^{\log_b a} + O(n) = O(n)$。

(2) 当 $a = b$ 时，有 $r = 1$，$cn \sum_{i=0}^{k-1} r^i = cnk = cn\log_b n$，所以，$T(n) = n^{\log_b a} + cn\log_b n = O(n\log_b n)$。

(3) 当 $a > b$ 时，则 $cn \sum_{i=0}^{k-1} r^i = cn \dfrac{(a/b)^k}{a/b-1} = c\dfrac{a^k - b^k}{a/b-1} = O(a^k) = O(a^{\log_b n}) = O(n^{\log_b a})$，所以，$T(n) = n^{\log_b a} + O(n^{\log_b a}) = O(n^{\log_b a})$。

在上述 2-路归并排序的递归方程中，有 $a = b = 2$，利用推论公式(2)可直接得到算法的时间复杂度为 $T(n) = O(n\log_2 n)$。

替换法求解递归方程还可以通过如下步骤进行：

(1) 猜测界限函数。

(2) 对猜测进行证明，并寻找到猜测中常量 c 的范围。

例 2.9 求解递归方程 $T(n) = 2T(n/2) + n$。

解：假设上界为 $O(n\log_2 n)$，对于 $T(n/2)$ 成立，即存在常数 c，有 $T(n/2) \leqslant c(n/2)\log_2(n/2)$。现在需要证明 $T(n) \leqslant cn\log_2 n$。

根据假设，有

$$
\begin{aligned}
T(n) &= 2T(n/2) + n \leqslant 2[c(n/2)\log_2(n/2)] + n \\
&= cn\log_2(n/2) + n \\
&= cn\log_2 n - cn\log_2 2 + n \\
&= cn\log_2 n - cn + n \\
&= cn\log_2 n - (c-1)n \\
&\leqslant cn\log_2 n
\end{aligned}
$$

当 $c \geqslant 1$ 时，上述结果成立。

下面证明猜测对于边界条件成立，即证明对于选择的常数 c，$T(n) \leqslant cn\log_2 n$ 对于边界条件成立。

假设 $T(1) = 1$ 是递归方程的唯一边界条件，那么对于 $n = 1$，$T(1) \leqslant c \times 1 \times \log_2 1 = 0$ 与 $T(1) = 1$ 发生矛盾，所以 $T(1) = 1$ 不能作为递归边界条件。

由递归方程 $T(2) = T(3) = 2T(1) + n$ 得 $T(2)$ 和 $T(3)$ 均依赖 $T(1)$，选择 $T(2)$ 和 $T(3)$ 作为归纳证明中的边界条件。由递归方程可得 $T(2) = 4$ 和 $T(3) = 5$。

算法复杂度的渐近表示法只要求对 $n \geqslant n_0$，$T(n) \leqslant cn\log_2 n$ 成立即可，因此可设 $n_0 = 2$，当 $n \geqslant 2$ 时，$T(n) \leqslant cn\log_2 n$ 成立。再选择 $c \geqslant 2$，就会使得 $T(2) \leqslant c \times 2 \times \log_2 2$ 和 $T(3) \leqslant c \times 3 \times \log_2 3$ 成立，以下对此进行证明。对于

$$T(n) = 2T(n/2) + n$$

$$= 2(2T(n/2^2) + (n/2)) + n$$
$$= 2^2 T(n/2^2) + 2n$$
$$\cdots\cdots\cdots\cdots$$
$$= 2^k T(n/2^k) + kn$$

当 $n = 2^k$ 时，上式可写为 $T(n) = nT(1) + n\log_2 n$；若 $n = 2^k - 1$，则上式展开时用 $T((n+1)/2) + T((n-1)/2)$ 替代 $2T(n/2)$，用 $(n+1)/2 + (n-1)/2$ 代替 n，同样可得到 $T(n) = nT(1) + n\log_2 n$。

由递归公式，$T(1) = 1$，则 $T(n) = n + n\log_2 n = n\log_2 2 + n\log_2 n = n\log_2 2n$。

当 $n \geq 2$ 时，要使得 $T(n) = n\log_2 2n \leq cn\log_2 n$，则需 $c \geq \log_2 2n / \log_2 n$。

当 $n = 2$ 时，由上式 $c \geq 2$ 即可。

当 $n = 3$ 时，因 $\log_2 2n / \log_2 n = \log_2 6 / \log_2 3 < 2$，此时取 $c \geq 2$ 满足条件。

当 $n > 3$ 时，$\lim\limits_{n \to +\infty} \dfrac{\log_2 2n}{\log_2 n} = 1$，此时取 $c \geq 2$ 满足条件。

由以上证明，当 $n \geq 2$，$c \geq 2$ 时，$T(n) \leq cn\log_2 n$ 成立。

2.4.2　递归树法

在求解递归方程时，构造递归树可以使我们更好地猜测方程的解，并用替换法证明这个猜测。

例 2.10　求解递归方程 $T(n) = 3T(n/4) + cn^2$。

解：

(1) 构造递归树。假设 n 为 4 的幂，根据方程的递归关系，递归分解的 3 个子问题解合并需要的时间为 cn^2，所以可构造如图 2.6 所示的递归树。

(2) 递归树分析。深度为 i 的结点，其子问题的规模为 $n/4^i$，当 $n/4^i = 1$ 时，子问题规模为 1，这时位于树的最后一层（即 $i = \log_4 n$）。在图 2.6 的递归树中，层数从 0 开始算起，第一层的层数为 0，最后一层的层数为 $\log_4 n$，共有 $\log_4 n + 1$ 层。深度对应层数，第一层深度为 0，最后一层深度为 $\log_4 n$，深度一共为 $\log_4 n + 1$。高度则是深度减 1，为 $\log_4 n$。

第 i 层的结点数为 3^i（每一层的结点数是上一层结点数的 3 倍）。

层数为 $i(i = 0, 1, \cdots, \log_4 n - 1)$ 的每个结点的开销为 $c(n/4^i)^2$（每一层子问题规模为上一层的 1/4）。

层数为 i 的结点的总开销为 $3^i c(n/4^i)^2 = (3/16)^i cn^2$，$i = 0, 1, \cdots, \log_4 n - 1$。

层数为 $\log_4 n$ 的最后一层有 $3^{\log_4 n} = n^{\log_4 3}$ 个结点，每个结点的开销为 $T(1)$，该层总开销为 $n^{\log_4 3} T(1)$，即 $\theta(n^{\log_4 3})$。

将所有层的开销相加得到整棵树的开销

$$T(n) = cn^2 + \frac{3}{16}cn^2 + \left(\frac{3}{16}\right)^2 cn^2 + \cdots + \left(\frac{3}{16}\right)^{\log_4 n - 1} cn^2 + \theta(n^{\log_4 3})$$

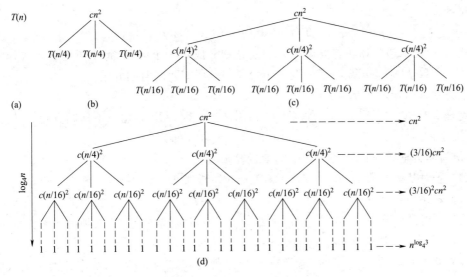

图 2.6 递归树的构造过程

$$= \sum_{i=0}^{\log_4 n - 1} \left(\frac{3}{16}\right)^i cn^2 + \theta(n^{\log_4 3})$$

$$\leqslant \sum_{i=0}^{\infty} \left(\frac{3}{16}\right)^i cn^2 + \theta(n^{\log_4 3})$$

$$= \frac{1}{1 - 3/16} cn^2 + \theta(n^{\log_4 3})$$

$$= \frac{16}{13} cn^2 + \theta(n^{\log_4 3})$$

$$= O(n^2)$$

（3）证明猜测解。现在利用替换法证明我们的猜测是正确的。假设这个界限对于 $T(n/4)$ 成立，即存在某个常数 d，$T(n/4) \leqslant d(n/4)^2$ 成立。代入递归方程可得

$$T(n) = 3T(n/4) + cn^2$$
$$\leqslant 3d(n/4)^2 + cn^2$$
$$= (3/16)dn^2 + cn^2 \tag{2.1}$$

根据式（2.1），当 $c \leqslant (13/16)d$ 时，有

$$T(n) \leqslant (3/16)dn^2 + (13/16)dn^2 = dn^2$$

从而证明根据递归树所猜测的解是正确的。

2.4.3 主方法

主方法提供解如式（2.2）形式递归方程的一般方法，其中 $a \geqslant 1, b > 1$ 为常数，$f(n)$ 是

渐近正函数。

$$T(n) = aT(n/b) + f(n) \tag{2.2}$$

式(2.2)表示递归算法将规模为 n 的问题划分成 a 个子问题,每个子问题的规模大小为 n/b。函数 $f(n)$ 表示划分子问题与组合子问题所需要的时间开销。

主方法通过定理 2.1[4] 给出。

定理 2.1 设 $a \geq 1, b > 1$ 为常数,$f(n)$ 为一个函数。$T(n)$ 由以下递归方程定义

$$T(n) = aT(n/b) + f(n)$$

其中,n 为非负整数,则 $T(n)$ 有如下的渐近界限。

(1) 若对某些常数 $\varepsilon > 0$,有 $f(n) = O(n^{\log_b a - \varepsilon})$,那么 $T(n) = \theta(n^{\log_b a})$。

(2) 若 $f(n) = \theta(n^{\log_b a})$,那么 $T(n) = \theta(n^{\log_b a} \log_2 n)$。

(3) 若对某些常数 $\varepsilon > 0$,有 $f(n) = \Omega(n^{\log_b a + \varepsilon})$,且对常数 $c < 1$ 与所有足够大的 n,有 $af(n/b) \leq cf(n)$,那么 $T(n) = \theta(f(n))$。

在定理 2.1 中,将函数 $f(n)$ 与函数 $n^{\log_b a}$ 进行比较,递归方程的解由这两个函数中较大的一个决定。

(1) 第 1 种情形中,函数 $n^{\log_b a}$ 比函数 $f(n)$ 更大,则解为

$$T(n) = \theta(n^{\log_b a})$$

(2) 第 2 种情形中,这两个函数一样大,乘以对数因子,则解为

$$T(n) = \theta(n^{\log_b a} \log_2 n) = \theta(f(n) \log_2 n)$$

(3) 第 3 种情形中,$f(n)$ 是较大的函数,则解为

$$T(n) = \theta(f(n))$$

对定理 2.1 的理解还可以通过构造递归树进行,如图 2.7 所示。

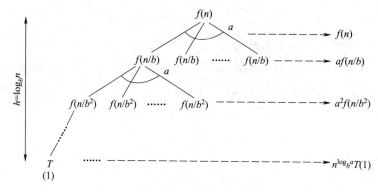

图 2.7 主定理的图示

图 2.7 所示树中叶结点数为 $a^h = a^{\log_b n} = n^{\log_b a}$。

(1) 第 1 种情形,从根到叶结点开销的权重呈几何级数增加。

$T(n) = f(n) + af(n/b) + a^2 f(n/b^2) + \cdots + n^{\log_b a} T(1) = \theta(n^{\log_b a})$,叶结点占有整个

权重的恒定比例。

（2）第 2 种情形，每一层的权重大致相同。

$$T(n) = f(n) + af(n/b) + a^2 f(n/b^2) + \cdots + n^{\log_b a} T(1) = \theta(n^{\log_b a} \log_2 n)$$

（3）第 3 种情形，从根到叶结点开销的权重呈几何级数减小。

$$T(n) = f(n) + af(n/b) + a^2 f(n/b^2) + \cdots + n^{\log_b a} T(1) = \theta(f(n))$$

对定理 2.1 的严格数学证明可参考文献[4]。

例 2.11 求解递归方程 $T(n) = 4T(n/2) + n$。

解：由递归方程可得，$a = 4, b = 2$ 且 $f(n) = n$。因此，$n^{\log_b a - \varepsilon} = n^{\log_2 4 - \varepsilon} = n^{2 - \varepsilon}$。选取 $0 < \varepsilon < 1$，则

$$f(n) = O(n^{2 - \varepsilon}) = O(n^{\log_b a - \varepsilon})$$

递归方程满足主方法定理的第（1）种情形，因此

$$T(n) = \theta(n^{\log_b a}) = \theta(n^{\log_2 4}) = \theta(n^2)$$

例 2.12 求解递归方程 $T(n) = 4T(n/2) + n^2$。

解：由递归方程可得，$a = 4, b = 2$，且 $f(n) = n^2$。因此

$$n^{\log_b a} = n^{\log_2 4} = n^2$$

$$f(n) = \theta(n^2) = \theta(n^{\log_b a})$$

递归方程满足主方法定理的第（2）种情形，因此

$$T(n) = \theta(n^{\log_b a} \log_2 n) = \theta(n^{\log_2 4} \log_2 n) = \theta(n^2 \log_2 n)$$

例 2.13 求解递归方程 $T(n) = 4T(n/2) + n^3$。

解：由递归方程可得，$a = 4, b = 2$，且 $f(n) = n^3$。因此，$n^{\log_b a + \varepsilon} = n^{\log_2 4 + \varepsilon} = n^{2 + \varepsilon}$。选取 $0 < \varepsilon < 1$，则

$$f(n) = \Omega(n^{2 + \varepsilon}) = \Omega(n^{\log_b a + \varepsilon})$$

递归方程满足主方法定理的第（3）种情形。还需证明 $af(n/b) \leqslant cf(n)$。当选择 $c \geqslant \frac{1}{2}$ 时，$(1/2)n^3 \leqslant cn^3$ 成立，即 $4(n/2)^3 \leqslant cn^3$ 成立，也即 $4f(n/2) \leqslant cf(n)$ 成立，因此选择 c，满足 $1/2 < c < 1$，则 $T(n) = \theta(f(n)) = \theta(n^3)$。

2.5 分治法的基本思想

任何一个可以用计算机求解的问题所需的计算时间都与其规模有关。问题的规模越小，越容易直接求解，解题所需的计算时间也越少。当问题规模较大时，问题就不那么容易处理了。要想直接解决一个规模较大的问题，有时相当困难。分治法的设计思想是将一个难以直接解决的大问题，分割成一些规模较小的相同问题，以便分而治之。

分治法将一个大规模问题分解为若干子问题（子问题是原问题的小模式，而且相互之间独立），将子问题的解合并后就可以得到原问题的解，具体可以使用递归技术来完成。

分治有两个特点:一是子问题相互独立且与原问题形式相同;二是反复分治,使划分得到的小问题小到不可再分时,直接对其求解。

如果原问题可分割成 k 个子问题,$1<k \leqslant n$,且这些子问题都可解,并可利用这些子问题的解求出原问题的解,那么分治法就是可行的。由分治法产生的子问题往往是原问题的较小模式,这就为使用递归技术提供了可能。在这种情况下,反复应用分治手段,可以使子问题与原问题类型一致而其规模却不断缩小,最终使子问题缩小到很容易直接求出其解。这自然导致递归过程的产生。分治与递归像一对孪生兄弟,经常同时应用在算法设计之中,并由此产生许多高效算法。

2.6   分治法的适用条件

分治法所能解决的问题一般具有以下特征:

(1) 该问题的规模缩小到一定的程度就可以容易地解决。

(2) 该问题可以分解为若干个规模较小的相同问题,即该问题具有最优子结构性质。

(3) 利用该问题分解出的子问题的解可以合并为该问题的解。

(4) 该问题所分解出的各个子问题最好是相互独立的,即子问题之间不包含公共的子问题。

上述的第一条特征是绝大多数问题都可以满足的,因为问题的计算复杂性一般是随着问题规模的增加而增加;第二条特征是应用分治法的前提,它也是大多数问题可以满足的,此特征反映了递归思想的应用;第三条特征是关键,能否利用分治法完全取决于问题是否具有第三条特征,如果具备了第一条和第二条特征,而不具备第三条特征,则可以考虑使用贪心法或动态规划法。第四条特征涉及分治法的效率,如果各子问题是不独立的,则分治法要做许多不必要的工作,重复地解公共的子问题,此时虽然可用分治法,但通常使用动态规划法会更好。

2.7   分治法的基本步骤

分治法在每一层递归上都有如下 3 个步骤:

(1) 分解。将原问题分解为若干个规模较小、相互独立、与原问题形式相同的子问题。

(2) 求解。若子问题规模较小而容易被解决则直接解,否则递归地解各个子问题。

(3) 合并。将各个子问题的解合并为原问题的解。

根据分治法的分割原则,原问题应该分为多少个子问题才适宜?各个子问题的规模应该怎样才适当?这些问题很难予以肯定地回答。但人们从大量实践中发现,在用分治法设计算法时,最好使子问题的规模大致相同。换句话说,将一个问题分成大小相等的 k 个子问题的处理方法是行之有效的。许多问题可以取 $k=2$。这种使子问题规模大致相等的做法是出自一种平衡子问题的思想,它几乎总是比子问题规模不等的做法要好。

分治法的合并步骤是算法的关键所在。有些问题的合并方法比较明显,有些问题合并方法比较复杂,究竟应该怎样合并,没有统一的模式,需要具体问题具体分析。

分治法的一般算法框架如下:

```
divide-and-conquer(P)
{
    if(|P|<=n0)adhoc(P);                    /＊解决小规模的问题＊/
    divide P into smaller subinstances P1,P2,…,Pk;  /＊分解问题＊/
    for(i=1,i<=k,i++)
        yi=divide-and-conquer(Pi);          /＊递归的解各子问题＊/
    return merge(y1,…,yk);                  /＊将各子问题的解合并为原问题的解＊/
}
```

在分析采用分治法思想设计的算法时,可用递归方程描述算法的运行时间 $T(n)$。

$$T(n) = \begin{cases} \theta(1); & n \leqslant c \\ kT(n/m) + D(n) + C(n); & n > c \end{cases}$$

在该递归方程中,如果问题的规模足够小($n \leqslant c$),可以直接求解,则 $T(n) = O(1)$。如果问题规模 $n > c$,还需被分解为 k 个规模大小为 n/m 的子问题,且分解问题与合并问题解的时间分别为 $D(n)$ 和 $C(n)$,则 $T(n) = kT(n/m) + C_1(n) + C_2(n)$。

对于该方程,不妨设 n 为 m 的幂,记 $D(n) = C_1(n) + C_2(n)$,则该递归方程的解为

$$T(n) = n^{\log_m k} + \sum_{i=0}^{\log_m n - 1} k^i D(n/m^i)$$

2.8 分治法典型示例

下面列出分治法应用的典型例子(包括 n 个数中求出最大/最小值、快速排序、大整数乘法、折半查找和矩阵乘法),通过这些举例给出了分析问题的方法,给出了递归算法分析的步骤。

2.8.1 n 个数中求出最大/最小值

问题描述:从给定的 n 个数中,设计算法在最坏情况下最多进行 $\lfloor \frac{3n}{2} - 2 \rfloor$ 次比较,可找出给定 n 个数的最大和最小值。

问题分析:

方法一:从 n 个数中找最大/最小值可以通过如下过程进行。第一步,通过 $n-1$ 次比较找出最大值;第二步,从其余的 $n-1$ 个数中通过 $n-2$ 次比较找出最小值。这种常规的方法一共要进行 $2n-3$ 次$[(n-1) + (n-2)]$比较。

　　方法二：题目设计要求，可通过分治思想进行算法设计。设 n 个数的集合为 S，将其平分为元素个数为 $n/2$ 的两个集合 S_1 和 S_2。

　　首先，分别在 S_1、S_2 中找出最大、最小值，分别记作 $\mathrm{Max}S_1$、$\mathrm{Min}S_1$、$\mathrm{Max}S_2$、$\mathrm{Max}S_2$，之后通过两次比较，从所找到的该 4 个数中找出 S 中的最大、最小值。从 S_1，S_2 中分别找出最大、最小值的方法可以按以上思想递归进行。

　　根据上述分析，采用分治递归思想设计的算法如下：

```
Void Search MaxMin(S)
{if (|S|==2) return (max (a,b),min (a,b))
    else{                                          /* S分解成S1,S2 */
        (max1,min1)=Search MaxMin (S1)             /* 找出 S1 中最大、最小值 */
        (max2,min2)=Search MaxMin (S2)             /* 找出 S2 中最大、最小值 */
        return (max (max1,max2),min (min1,min2))   /* 找出 S 中的最大、最小值 */
    }
}
```

下面对该递归算法进行分析。

（1）列出算法的递归方程。

$$T(n)=\begin{cases}O(1); & n=2 \\ 2T\left(\dfrac{n}{2}\right)+2; & n>2\end{cases}$$

　　大小为 $n/2$ 的两个集合分别递归比较即 $[2T(n/2)]$，所得分属两个集合的最大和最小值之间需再进行 1 次比较（即 2 次）。

（2）求解递归方程。

当 $n>2$ 时，

$$T(n)=2T\left(\frac{n}{2}\right)+2=2\left[2T\left(\frac{n}{2^2}\right)+2\right]+2=2^{k-1}T\left(\frac{n}{2^{k-1}}\right)+2^k-2$$

令 $n=2^k$，则

$$T(2^k)=2T(2^{k-1})+2=2\left[2T(2^{k-2})+2\right]+2=2^{k-1}T(2)+2^k-2$$

因为 $T(2)=1$，所以有

$$T(2^k)=2^{k-1}+2^k-2=\frac{3}{2}\times 2^k-2$$

从而 $T(n)=\dfrac{3}{2}n-2$。

（3）用数学归纳法证明 $\dfrac{3}{2}n-2$ 是递归方程的解。

当 $n=2$ 时，有

$$T(2)=1=\frac{3}{2}\times 2-2$$

当 $n=2^k$ 时，$T(n)$ 满足

$$T(2^k) = \frac{3}{2} \times 2^k - 2$$

当 $n=2^{k+1}$ 时，有

$$T(2^{k+1}) = 2T(2^k) + 2 = 2\left(\frac{3}{2} \times 2^k - 2\right) + 2 = 3 \times 2^k - 2 = \frac{3}{2} \times 2^{k+1} - 2$$

命题得证。

由上例总结递归算法分析的 3 个步骤：首先根据给出的递归算法列出递归方程；然后推导求解递归方程；最后证明所得到的解就是该递归方程的解。

2.8.2 快速排序

问题描述：对给定的 n 个记录 $A[p..r]$ 进行排序。

问题分析：基于分治法设计的思想，从待排序记录序列中选取一个记录（通常选取第一个记录）为枢轴，其关键字设为 K_1，然后将其余关键字小于 K_1 的记录移到前面，而将关键字大于 K_1 的记录移到后面，结果将待排序记录序列分成两个子表，最后将关键字为 K_1 的记录插到其分界线的位置处。我们将这个过程称为一趟快速排序。通过一次划分后，就以关键字为 K_1 的记录为界，将待排序序列分成两个子表，且前面子表中所有记录的关键字均不大于 K_1，而后面子表中的所有记录的关键字均不小于 K_1。对分割后的子表继续按上述原则进行分割，直到所有子表的表长不超过 1 为止，此时待排序记录序列就变成了一个有序表。具体的排序过程如下：

（1）划分。将数组 $A[p..r]$ 划分成两个子数组，即 $A[p..q-1]$ 和 $A[q+1..r]$（其中之一可能为空），满足数组 $A[p..q-1]$ 中的每个元素值不超过数组 $A[q+1..r]$ 中的每个元素。计算下标 q 作为划分过程的一部分。

（2）解决。递归调用快速排序算法，对两个子数组 $A[p..q-1]$ 和 $A[q+1..r]$ 进行排序。

（3）合并。由于子数组中元素已被排序，无须合并操作，整个数组 $A[p..r]$ 有序。

在该排序过程中，记录的比较和交换是从数组两端向中间进行的，关键字较大的记录一次就能交换到后面单元，关键字较小的记录一次就能交换到前面单元，记录每次移动的距离较大，因而总的比较和移动次数较少。

根据上述思想设计的算法如下：

```
void QuickSort(Type A[],int p,int r)
{
    if p<r
    { q← PARTITION(A,p,r);              /* 将数组 A 进行划分 */
      QuickSort(A,p,q-1);               /* 对左半段排序 */
      QuickSort(A,q+1,r);               /* 对右半段排序 */
```

```
                    }
            }
            PARTITION(A, p, r)
            {
            1        x←A[r]                                        /＊最右端(right)元素作为枢轴元素＊/
            2        i←p−1
            3        for j←p to r−1
            4                do if A[j]≤x
            5                        then i←i+1
            6                                exchange A[i]        A[j]
            7            exchange A[i+1]        A[r]
            8        return i+1
            }
```

　　假设待划分序列为 $A[\text{left}], A[\text{left}+1], \cdots, A[\text{right}]$，具体实现上述划分过程时，可以设两个指针 i 和 j，它们的初值分别为 left 和 right。首先将基准记录 $A[\text{left}]$ 移至变量 x 中，使 $A[\text{left}]$，即 $A[i]$ 相当于空单元，然后反复进行如下两个扫描过程，直到 i 和 j 相遇。

　　(1) j 从右向左扫描，直到 $A[j].\text{key} < x.\text{key}$ 时，将 $A[j]$ 移至空单元 $A[i]$，此时 $A[j]$ 相当于空单元。

　　(2) i 从左向右扫描，直到 $A[i].\text{key} > x.\text{key}$ 时，将 $A[i]$ 移至空单元 $A[j]$，此时 $A[i]$ 相当于空单元。

　　当 $i \geqslant j$ 相遇时，$A[i]$（或 $A[j]$）相当于空单元，且 $A[i]$ 左边所有记录的关键字均不大于基准记录的关键字，而 $A[i]$ 右边所有记录的关键字均不小于基准记录的关键字。最后将基准记录移至 $A[i]$ 中，就完成了一次划分过程。对于 $A[i]$ 左边的子表和 $A[i]$ 右边的子表可采用同样的方法进行进一步划分。

　　图 2.8 给出了一个表示第一次划分过程的实例。

1. 快速排序最坏情况分析

　　当划分过程产生的两个子问题规模分别为 $n-1$ 和 1 时，快速排序出现最坏的情况。由于划分的时间复杂度为 $O(n)$，假设每次递归调用时产生这种不平衡的情况。

　　(1) 列出该算法最坏情况下的递归方程，即

$$T(n) = \begin{cases} 1; & n \leqslant 1 \\ T(n-1) + cn; & n > 1 \end{cases}$$

　　(2) 求解递归方程。

　　当 $n > 1$ 时，有

$$\begin{aligned} T(n) &= T(n-1) + cn \\ &= T(n-2) + c(n-1) + cn \\ &= c(1 + 2 + \cdots + (n-1) + n) \end{aligned}$$

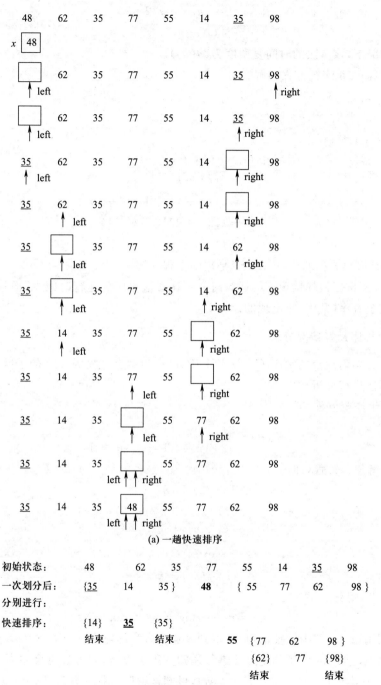

(a) 一趟快速排序

| 初始状态： | 48 | 62 | 35 | 77 | 55 | 14 | 35 | 98 |

一次划分后： {35 14 35 } 48 { 55 77 62 98 }

分别进行：

快速排序： {14} 35 {35}

结束   结束   55 { 77 62 98 }

{62} 77 {98}

结束   结束

(b) 快速排序全过程

图 2.8 快速排序过程示例

$$= c(n^2 + n)/2$$
$$= O(n^2)$$

即在最坏情况下,该算法的时间复杂度为 $O(n^2)$。

(3) 证明 n^2 是递归方程的解。

当 $n=1$ 时,$T(1)=1$。

假设当 $n=k$ 时,$T(k)=c(k^2+k)/2$。

当 $n=k+1$ 时,有

$$
\begin{aligned}
T(k+1) &= T(k) + (k+1) \\
&= c(k^2+k)/2 + c(k+1) \\
&= c(k^2+2k+1+k+1)/2 \\
&= c[(k+1)^2 + (k+1)]/2 \\
&= O((k+1)^2)
\end{aligned}
$$

即 $(k+1)^2$ 是递归方程的解,所以,n^2 是递归方程的解。

因此,快速排序最坏情况下的运行时间不比冒泡排序的运行时间少,而最坏情况是在输入已经完全有序(升序)时出现的。

2. 快速排序最好情况分析

在大多数均匀划分的情况下,PARTITION 产生两个规模为 $n/2$ 的子问题,以下对该情况下的算法进行分析。

(1) 列出递归方程,即

$$
T(n) = \begin{cases} 1; & n \leqslant 1 \\ 2T(n/2) + cn; & n > 1 \end{cases}
$$

(2) 求解递归方程,即

$$
\begin{aligned}
T(n) &= 2T(n/2) + cn \\
&= 2(2T(n/2^2) + c(n/2)) + cn \\
&= 2^2 T(n/2^2) + 2cn \\
&\quad \cdots\cdots\cdots\cdots \\
&= 2^k T(n/2^k) + kcn
\end{aligned}
$$

设 $n=2^k$,则有

$$T(n) = n + cn\log_2 n = O(n\log_2 n)$$

直接利用第 2.4 节中的推论,也可得到该递归方程的解为 $T(n)=O(n\log_2 n)$。

也可以通过第 2.4 节中的主方法进行递归方程求解,递归方程符合主方法定理的第 2 种情形,即 $a=2, b=2, n^{\log_b a} = \theta(n) = f(n)$,可知该递归方程的解为 $T(n)=O(n\log_2 n)$。

(3) 证明 $n\log_2 n$ 是递归方程的解。

当 $n=1$ 时,$T(1)=1+1 \cdot \log_2 1 = 1$。

假设 $n=m$ 时，$T(m)=m+cm\log_2 m=O(m\log_2 m)$ 成立，则当 $n>m$ 时，不妨 $n=2^m$，有

$$
\begin{aligned}
T(2^m) &= 2(T(2^m/2))+c \cdot 2^m \\
&= 2T(2^{m-1})+c \cdot 2^m \\
&= 2(2^{m-1}+c \cdot 2^{m-1}\log_2 2^{m-1})+c \cdot 2^m \\
&= 2^m+c(m-1) \cdot 2^m+c \cdot 2^m \\
&= 2^m+c \cdot m \cdot 2^m \\
&= 2^m+c \cdot 2^m \log_2 2^m \\
&= O(2^m \log_2 2^m)
\end{aligned}
$$

所以，$n\log_2 n$ 为递归方程的解。

上述折半查找递归算法分析结果表明，如果划分在算法的每一层递归上产生两个相同规模的问题，则为快速排序算法的最佳情况。

2.8.3　大整数乘法

问题描述：设有两个 n 位二进制数 X 和 Y，计算它们的乘积 $X \times Y$。

问题分析：大整数乘法中两个 n 位二进制整数相乘，根据计算规则，两个数中每位数都需要对应做乘法运算，因此，按照一般方法计算这两个数乘法所需要的算法复杂度是 $O(n^2)$。

现采用分治思想进行处理，以降低算法复杂度。设有两个二进制数 X、Y，位数为 n，X、Y 进行如图 2.9 所示的分段表示。则 $X=A \mid B=A \cdot 2^{\frac{n}{2}}+B$；$Y=C \mid D=C \cdot 2^{\frac{n}{2}}+D$，其中 A、B、C、D 均为 $\frac{n}{2}$ 位，则有

$$
\begin{aligned}
X \times Y &= (A \cdot 2^{\frac{n}{2}}+B)(C \cdot 2^{\frac{n}{2}}+D) \\
&= AC \cdot 2^n+(AD+BC) \cdot 2^{\frac{n}{2}}+BD
\end{aligned}
$$

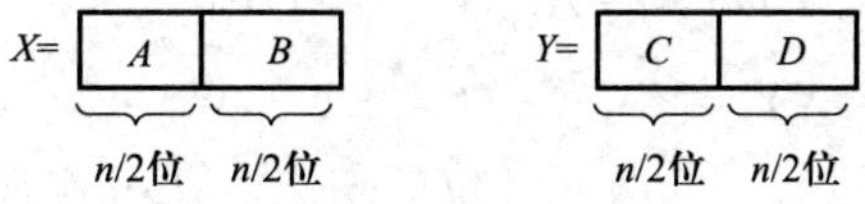

$$X=\boxed{\begin{array}{c|c} A & B \end{array}} \qquad Y=\boxed{\begin{array}{c|c} C & D \end{array}}$$

$$\underbrace{\quad}_{n/2位} \underbrace{\quad}_{n/2位} \qquad \underbrace{\quad}_{n/2位} \underbrace{\quad}_{n/2位}$$

图 2.9　大整数的分段

（1）列出上述过程的递归方程，即

$$
T(n)=\begin{cases}
1; & n=1 \text{ 时} \\
4T\left(\dfrac{n}{2}\right)+cn; & n>1 \text{ 时}
\end{cases}
$$

（2）求解递归方程。

当 $n>1$ 时,有

$$T(n)=4T(n/2)+cn$$
$$=4(4T(n/2^2)+c(n/2))+cn$$
$$=4^2T(n/2^2)+2cn+cn$$
$$\cdots\cdots\cdots\cdots$$
$$=4^kT(n/2^k)+cn\sum_{i=0}^{k-1}2^i$$

设 $n=2^k$,则

$$k=\log_2 n$$

$$T(n)=4^{\log_2 n}+cn\sum_{i=0}^{k-1}2^k=n^{\log_2 4}+cn(2^k-1)=n^2+cn(n-1)=(c+1)n^2-cn$$

即 $T(n)=O(n^2)$ 。

(3) 证明 n^2 是该递归方程的解。

当 $n=1$ 时, $T(1)=1$ 。

假设 $n=m$ 时, $T(m)=(c+1)m^2-cm$ 成立,则当 $n>m$ 时,不妨 $n=2^m$,有

$$T(n)=T(2^m)=4T(2^m/2)+c\cdot 2^m$$
$$=4T(2^{m-1})+c\cdot 2^m$$
$$=4((c+1)\cdot(2^{m-1})^2-c\cdot 2^{m-1})+c\cdot 2^m$$
$$=(c+1)\cdot 2^{2m}-2\cdot c\cdot 2^m+c\cdot 2^m$$
$$=(c+1)\cdot(2^m)^2-c\cdot 2^m$$
$$=O((2^m)^2)$$

从而, $T(n)=O(n^2)$ 得证。

在该算法中,通过分治法进行了 4 次 $n/2$ 位的乘法运算,但根据算法分析结果可知,并没有改进算法的性能,算法时间复杂度仍为 $O(n^2)$ 。

该算法性能的提升需要减少乘法运算次数,可以通过以下方式进行。

先计算 $U=(A+B)(C+D)$, $V=AC$, $W=BD$,则

$$Z=XY=V\cdot 2^n+(U-V-W)\cdot 2^{\frac{n}{2}}+W$$

那么,在计算过程中,一共进行了 3 次 $n/2$ 位的乘法运算,6 次加减法和 2 次移位。

按上述改进,得到大整数乘法的完整算法如下:

```
long MULT(X,Y,n)
  {
  long s=SIGN(X) * SIGN(Y);              / * 计算结果符合 * /
  x=abs(X);
  y=abs(Y);
  if(n==1)
      {
```

```
    if(X==0||Y==0)
          return 0;
    else
          return s;
            }
  e lse
    {
    A=X 的左边 n/2 位;
    B=X 的右边 n/2 位;
    C=Y 的左边 n/2 位;
    D=Y 的右边 n/2 位;
    m1=MULT(A,C,n/2);
    m2=MULT(A-B,D-C,n/2);
    m3=MULT(B,D,n/2);
    s=s*(m1*2ⁿ+(m1+m2+m3)*2^(n/2)+m3)
    return s;
    }
      }
```

（1）列出算法的递归方程，即

$$T(n) = \begin{cases} 1; & n=1 \\ 3T(n/2)+cn; & n>1 \end{cases}$$

（2）求解递归方程。

当 $n>1$ 时，设 $n=2^k$，则 $k=\log_2 n$

$$T(n) = 3T\left(\frac{n}{2}\right)+cn$$

$$= 3\left(3T\left(\frac{n}{2^2}\right)+c\left(\frac{n}{2}\right)\right)+cn$$

$$= 3^2 T\left(\frac{n}{2^2}\right)+c\left(\frac{3n}{2}\right)+cn$$

$$\cdots\cdots\cdots\cdots$$

$$= 3^k T\left(\frac{n}{2^k}\right)+cn\left(\left(\frac{3}{2}\right)^{k-1}+\cdots+\left(\frac{3}{2}\right)^2+\frac{3}{2}+1\right)$$

$$= 3^{\log_2 n}+cn\left|\frac{\left(\frac{3}{2}\right)^k-1}{\left(\frac{3}{2}\right)-1}\right|$$

$$= n^{\log_2 3}+2cn\left(\frac{3}{2}\right)^{\log_2 n}-2cn$$

$$= n^{\log_2 3}+2cn^{\log_2 3}-2cn$$

$$=O(n^{\log_2 3})$$
$$=O(n^{1.59})$$

即 $T(n)=O(n^{1.59})$。

也可以通过 2.4 节中的主方法求解该递归方程。

根据定理 2.1,该递归方程中 $a=3,b=2,f(n)=O(n)$,因为 $f(n)=O(n)=O(n^{\log_b a-\varepsilon})=O(n^{\log_2 3-\varepsilon})$,满足主方法中的第 1 种情况,结果表明,我们通过降低计算过程中的乘法运算的次数,降低了该算法的复杂度,使其更优。

(3) 证明上述求解结果。

当 $n=1$ 时,$T(1)=1$。

假设 $n=m$ 时,$T(m)=O(m^{\log_2 3})$ 成立,则当 $n>m$ 时,不妨设 $n=2^m$,有

$$T(n)=T(2^m)=3T(2^m/2)+c \cdot 2^m$$
$$=3T(2^{m-1})+c \cdot 2^m$$
$$=(1+2c)(2^m)^{\log_2 3}-2c(2^m)$$
$$=O((2^m)^{\log_2 3})$$

从而 $T(n)=O(n^{\log_2 3})$ 得证。

例如,$x=3141,y=5927$,要求计算 $x \cdot y$,分析:

$a=31,b=41,c=59,d=27$。

$$U=(31+41)\times(59+27)=72\times86=6\ 192$$
$$V=31\times59=1\ 829$$
$$W=41\times27=1\ 107$$
$$Z=1\ 829\times10^4+(6\ 129-1\ 829-1\ 107)\times10^2+1\ 107=18\ 616\ 707$$

2.8.4　折半查找

问题描述:给定已按升序排好的 n 个元素 $a[0:n-1]$,现要在这 n 个元素中找出一特定元素 x。

问题分析:采用分治法的思想,充分利用元素之间已存在的次序关系,将排好序的数组 $a[0:n-1]$ 划分成两个个数相同的左、右两部分,取 $a[n/2]$ 与 x 进行比较,如果 $x=a[n/2]$,则找到 x,算法结束;如果 $x>a[n/2]$,则在数组 a 划分得到的右半部继续查找;如果 $x<a[n/2]$,则在数组 a 划分得到的左半部继续查找。在数组 a 左半部或右半部分继续查找 x 的过程采用同样的分治法。

按照上述思想,折半查找算法如下:

```
ITERATIVE BINARY SEARCH(A,v,low,high)
1        while low≤high
2            do mid←(low+high)/2
3                if v=A[mid]
```

```
4                          then return mid
5                    else if v>A[mid]
6                            then low←mid+1
7                            else high←mid-1
8          return NULL
```

（1）列出该算法的递归方程。

$$T(n)=\begin{cases}1; & n=1 \\ T(n/2)+1; & n>1\end{cases}$$

（2）利用替换法求解该递归方程。

$$T(n)=T(n/2)+1$$

当 $n>1$ 时，有

$$
\begin{aligned}
T(n)&=T(n/2)+1 \\
&=T(n/2^2)+1+1 \\
&=T(n/2^2)+2 \\
&\cdots\cdots\cdots\cdots \\
&=T(n/2^k)+k
\end{aligned}
$$

设 $n=2^k$，即 $k=\log_2 n$。由此得到该递归方程的解为 $T(n)=1+\log_2 n=O(\log_2 n)$，即该算法的时间复杂度为 $O(\log_2 n)$。

对于该算法，我们也可以对语句执行频度进行分析。可看出，该算法中每执行一次 while 循环，待搜索数组的大小减少一半。因此，在最坏情况下，while 循环被执行了 $O(\log_2 n)$ 次。循环体内运算需要 $O(1)$ 时间，因此整个算法在最坏情况下的计算时间复杂度为 $O(\log_2 n)$。

（3）证明 $\log_2 n$ 是递归方程的解。

当 $n=1$ 时，$T(n)=1$。

假设当 $n=m$ 时，$T(m)=1+\log_2 m=O(\log_2 m)$ 成立。

当 $n>m$ 时，设 $n=2^m$，有

$$
\begin{aligned}
T(n)=T(2^m)&=T(2^m/2)+1 \\
&=T(2^{m-1})+1 \\
&=1+\log_2 2^{m-1}+1 \\
&=1+m-1+1 \\
&=1+m \\
&=1+\log_2 2^m \\
&=O(\log_2 2^m)
\end{aligned}
$$

从而证明了 $\log_2 n$ 是该递归方程的解。

2.8.5 矩阵乘法

问题描述：设计算法，完成矩阵运算 $C = A \times B$，其中 A、B 为 $n \times n$ 矩阵。

问题分析：矩阵乘法是线性代数中最基本的运算之一，它在数值计算中被广泛应用。根据矩阵乘法的定义，A 和 B 的乘积矩阵 C 中的元素 C_{ij} 为

$$C_{ij} = \sum_{k=1}^{n} A_{ik} B_{kj}$$

根据该规则，两个 n 阶矩阵相乘时，算法需要完成 3 重次数为 n 的循环，算法的时间复杂度为 $O(n^3)$，下面利用分治法对算法进行改进。

不妨设 $n = 2^k$，则 $C = A \times B$ 可划分为如下形式：

$$\begin{bmatrix} C_{11} & C_{12} \\ C_{21} & C_{22} \end{bmatrix} = \begin{bmatrix} A_{11} & A_{12} \\ A_{21} & A_{22} \end{bmatrix} \begin{bmatrix} B_{11} & B_{12} \\ B_{21} & B_{22} \end{bmatrix}$$

即

$$C_{11} = A_{11}B_{11} + A_{12}B_{21}$$
$$C_{12} = A_{11}B_{12} + A_{12}B_{22}$$
$$C_{21} = A_{21}B_{11} + A_{22}B_{21}$$
$$C_{22} = A_{21}B_{12} + A_{22}B_{22}$$

当 $n = 2$ 时，直接求 A_{ij}、B_{ij}、C_{ij}。

当 $n > 2$ 时，求子阵乘积，要做 8 次 $n/2$ 子阵乘法运算，4 次 $n/2$ 子阵加法运算，后者的时间复杂度为 $O(n^2)$。

（1）列出以上分治法的递归方程。

$$T(n) = \begin{cases} 1; & n = 2 \\ 8T\left(\dfrac{n}{2}\right) + cn^2; & n > 2 \end{cases}$$

（2）求解递归方程。

$$\begin{aligned} T(n) &= 8T\left(\frac{n}{2}\right) + cn^2 \\ &= 8(8T(n/4) + cn^2/4) + cn^2 \\ &= 8^2 T(n/4) + 2cn^2 + cn^2 \\ &= 8^3 T(n/2^3) + (2^2 + 2 + 1)cn^2 \\ &\quad \cdots\cdots\cdots\cdots \\ &= 8^{k-1} T(n/2^{k-1}) + (2^{k-1} - 1)cn^2 \end{aligned}$$

令 $n = 2^k$，则 $k = \log_2 n$，则有

$$T(n) = 8^{(-1+\log_2 n)} + \left(\frac{n}{2} - 1\right)cn^2$$

$$= \left(\frac{n}{2}\right)^3 + \left(\frac{n}{2} - 1\right)cn^2$$

$$= O(n^3)$$

根据 2.4 节的主方法也可容易地得到该递归方程的解。该递归方程符合主方法定理的第一种情形,其解为 $T(n) = O(n^{\log_2 8}) = O(n^3)$。

(3) 证明 n^3 是递归方程的解。

当 $n = 2$ 时,有 $T(1) = 1$。

假设当 $n = k$ 时成立,k^3 是该方程的解,即 $T(k) = O(k^3)$。

当 $n > k$ 时,不妨 $n = 2^k$,$k = \log_2 n$,即有

$$T(n) = T(2^k) = 8T(2^k/2) + cn^2$$

$$= \left(\frac{2^k}{2}\right)^3 + \frac{c}{2}(2^k)^3 - c(2^k)^2$$

$$= O((2^k)^3)$$

从而,证明了 n^3 是该方程的解。

通过上述分析,可见直接的分治策略并没有降低矩阵乘法的计算复杂度。1969 年 Strassen 经过对问题的分析,提出了一种新的算法来计算二阶方阵的乘积。这种算法只用了 7 次乘法运算,但增加了加、减法的运算次数,使得整个矩阵乘法的运行效率大为提升,被称为 Strassen 矩阵乘法。算法中的 7 次乘法

$$M_1 = A_{11}(B_{12} - B_{22})$$

$$M_2 = (A_{11} + A_{12})B_{22}$$

$$M_3 = (A_{21} + A_{22})B_{11}$$

$$M_4 = A_{22}(B_{21} - B_{11})$$

$$M_5 = (A_{11} + A_{22})(B_{11} + B_{22})$$

$$M_6 = (A_{12} - A_{22})(B_{21} + B_{22})$$

$$M_7 = (A_{11} - A_{21})(B_{11} + B_{12})$$

完成这 7 次乘法后,再进行 5 次加法,3 次减法运算就可以得到结果矩阵 $\boldsymbol{C}$,即

$$C_{11} = M_5 + M_4 - M_2 + M_6$$

$$C_{12} = M_1 + M_2$$

$$C_{21} = M_3 + M_4$$

$$C_{22} = M_5 + M_1 - M_3 - M_7$$

采用这样的分治降阶策略,只需完成 7 次 $n/2$ 子阵乘法运算、8 次 $n/2$ 子阵的加、减法运算。采用该分治方法解决大矩阵相乘问题算法:

```
void STRASSEN(n,A,B,C)
{
  if(n=2)
```

```
      MATRIX_MULTIPLY(A,B,C);
else
{
/＊将矩阵 A 和 B 分别分成 2×2 的方阵块 ＊/
STRASSEN(n/2,A 11,B 12－B 22,M1);
STRASSEN(n/2,A 11＋A 12,B 22,M2);
STRASSEN(n/2,A 21＋A 22,B 11,M3);
STRASSEN(n/2,A 22,B 21－B 11,M4);
STRASSEN(n/2,A 11＋A 22,B 11＋B 22,M5);
STRASSEN(n/2,A 12－A 22,B 21＋B 22,M6);
STRASSEN(n/2,A 11－A 21,B 11＋B 12,M7);
C 11＝M5＋M4－M2＋M6;
C 12＝M1＋M2;
C 21＝M3＋M4;
C 22＝M5＋M1－M3－M7;
}
}
```

（1）列出算法递归方程。

$$T(n)=\begin{cases}1; & n=2\\7T(n/2)+cn^2; & n>2\end{cases}$$

（2）求解递归方程。

设 $n=2^k$，有 $k=\log_2 n$，则

$$T(2^k)=7T(2^{k-1})+cn^2$$

$$=7^2 T(2^{k-2})+\frac{7}{4}cn^2+cn^2$$

$$=7^3 T(2^{k-3})+\left(\frac{7}{4}\right)^2 cn^2+\left(\frac{7}{4}\right)cn^2+cn^2$$

$$=7^{k-1}T(2)+\left[\left(\frac{7}{4}\right)^{k-2}+\left(\frac{7}{4}\right)^{k-3}+\cdots+\left(\frac{7}{4}\right)+1\right]cn^2$$

$$=cn^2\left(1+\frac{7}{4}+\left(\frac{7}{4}\right)^2+\cdots+\left(\frac{7}{4}\right)^{k-2}\right)+7^{k-1}$$

$$=cn^2\left(\frac{16}{21}(n)^{\log_2 7}-\frac{4}{3}\right)+\frac{7^{\log_2 n}}{7}$$

$$=cn^2\left(\frac{16}{21}(n)^{\log_2(7/4)}-\frac{4}{3}\right)+\frac{n^{\log_2 7}}{7}$$

$$=\left(\frac{16c}{21}+\frac{1}{7}\right)n^{\log_2 7}-\frac{4}{3}cn^2$$

$$=O(n^{\log_2 7})$$

$$=O(n^{2.81})$$

利用 2.4 节中主方法求解递归方程定理的第 1 种情形，得到该递归方程的解为

$$T(n)=O(n^{\log_2 7})=O(n^{2.81})$$

（3）证明 $n^{2.81}$ 是递归方程的解。

当 $n=2$ 时，有 $T(1)=1$。

假设当 $n=k$ 时成立，$k^{2.81}$ 是该方程的解，即 $T(k)=O(k^{2.81})$。

当 $n>k$ 时，不妨设 $n=2^k$，$k=\log_2 n$，则有

$$
\begin{aligned}
T(2^k) &= 7T(2^{k-1})+cn^2 \\
&= \left(\frac{16c}{21}+\frac{1}{7}\right)(2^k)^{\log_2 7}-\frac{4}{3}c(2^k)^2 \\
&= O((2^k)^{\log_2 7}) \\
&= O((2^k)^{2.81})
\end{aligned}
$$

从而证明了 $n^{2.81}$ 是递归方程的解。

通过对上述递归方程的求解分析，Strassen 矩阵乘法在分治策略的基础上，通过数学技巧减少分块子矩阵之间乘法的运算次数，使 n 阶矩阵相乘的计算复杂度从 $O(n^3)$ 降到了 $O(n^{2.81})$，算法效率有了大的提升。

小　　结

本章对递归和分治的基本思想进行了介绍，并结合实例，对递归算法的设计、实现过程以及时间复杂度分析的三种主要技术：替换法、递归树法和主方法进行了较详细的说明。从算法的设计过程和复杂度计算两个方面，对采用分治法进行问题求解的典型实例进行详细分析。

递归算法是指直接或间接地对自身进行调用的算法。对于规模较大，直接解决困难甚至根本无法直接求解的问题，往往采用分治思想进行处理。分治法一般通过分解、解决、合并 3 个步骤进行。分治法所产生的子问题往往是原问题的较小模式，并且与原问题的类型相一致，所设计的算法经常涉及递归技术的使用，递归与分治之间是相辅相成的。

通过本章理论基础与典型实例的学习，可以深刻理解分治思想，掌握递归分治技术。在对一些规模较大的问题求解时，反复使用分治法，可将原问题分解为若干个规模缩小而与原问题类型一致的子问题。当子问题的规模缩小到一定程度时，就可以较容易地直接求出其解。这个过程也就自然形成了一个问题求解的递归过程。分治和递归经常同时应用于算法设计中，并由此产生了许多高效的算法。

在本章的学习过程中，应理解递归概念与递归执行过程，理解分治法的基本思想，掌握递归算法的设计与实现，并掌握递归算法复杂度分析求解的 3 种方法，其中重点掌握用替换法进行递归算法的分析求解。

习　题

1. 解递归方程 $T(n)=2T(\sqrt{n})+1$。

2. 设计递归算法,计算两个非负整数的最大公约数和最小公倍数。

3. 设有 $n=2^k$ 个运动员要进行网球循环赛。要设计满足以下要求的比赛日程表。

(1) 每个选手必须与其他 $n-1$ 个选手各赛一次。

(2) 每个选手一天只能参赛一次。

(3) 循环赛在 $n-1$ 天内结束。请按此要求将比赛日程表设计成有 n 行和 $n-1$ 列的一个表。在表中的第 i 行、第 j 列处填入第 i 个选手在第 j 天所遇到的选手,其中 $1\leqslant i\leqslant n,1\leqslant j\leqslant n-1$。

4. n 个元素的集合 $\{1,2,\cdots,n\}$ 可以划分为若干个非空子集。例如,当 $n=4$ 时,集合 $\{1,2,3,4\}$ 可以划分为 15 个不同的非空子集:

$\{\{1\},\{2\},\{3\},\{4\}\};\{\{1,2\},\{3\},\{4\}\};\{\{1,3\},\{2\},\{4\}\};\{\{1,4\},\{2\},\{3\}\};$
$\{\{2,3\},\{1\},\{4\}\};\{\{2,4\},\{1\},\{3\}\};\{\{3,4\},\{1\},\{2\}\};\{\{1,2\},\{3,4\}\};\{\{1,3\},\{2,4\}\};$
$\{\{1,4\},\{2,3\}\};\{\{1,2,3\},\{4\}\};\{\{1,2,4\},\{3\}\};\{\{1,3,4\},\{2\}\};\{\{2,3,4\},\{1\}\};\{\{1,2,3,4\}\}$

给定正整数 n 和 m,计算出 n 个元素的集合 $\{1,2,\cdots,n\}$ 可以划分为多少个不同的由 m 个非空子集组成的集合。

5. 大于 1 的正整数 n 可以分解为 $n=x_1\times x_2\times \cdots \times x_m$。

例如,当 $n=12$ 时,共有 8 种不同的分解式:

$12=12;12=6\times 2;12=4\times 3;12=3\times 4;12=3\times 2\times 2;12=2\times 6;12=2\times 3\times 2;12=2\times 2\times 3$

对于给定的正整数 $n(1\leqslant n\leqslant 2\ 000\ 000\ 000)$,编程计算 n 共有多少种不同的分解式。

6. 给定含有 n 个元素的多重集合 S,每个元素在 S 中出现的次数称为该元素的重数。多重集合 S 中重数最大的元素称为众数。

例如,$S=\{1,2,2,2,3,5\}$。多重集合 S 的众数是 2,其重数为 3。

对于给定的由 n 个自然数组成的多重集合 S,计算 S 的众数及其重数。

7. 有重复元素的排列问题。

问题描述:设 $R=\{r_1,r_2,\cdots,r_n\}$ 是要进行排列的 n 个元素,其中 $r_1,r_2,\cdots,r_n$ 可能相同。试设计一个算法,列出 R 的所有不同排列。

8. 算法分析在用分治法求两个 n 位大整数 u 和 v 的乘积时,将 u 和 v 都分割为长度为 $n/3$ 位的 3 段。证明可以用 5 次 $n/3$ 位整数的乘法求得 u、v 的值。按此思想设计一个求两个大整数乘积的分治算法,并分析算法的计算复杂性。

9. 试说明如何修改快速排序算法,使它在最坏情况下的计算时间复杂度为 $O(n\log n)$。

10. 设 $X[0:n-1]$ 和 $Y[0:n-1]$ 为两个数组,每个数组中含有 n 个已排好序的数。试

设计一个 $O(\log n)$ 时间算法，找出 X 和 Y 的 $2n$ 个数的中位数。

11. 问题描述：n 个元素 $\{1,2,\cdots,n\}$ 有 $n!$ 个不同的排列。将这 $n!$ 个排列按字典顺序排列，并编号为 $0,1,\cdots,n!-1$。每个排列的编号为其字典序值。例如，当 $n=3$ 时，6 个不同排列的字典序值：

字典序值	0	1	2	3	4	5
排列	123	132	213	231	312	321

算法设计：给定 n 以及 n 个元素 $\{1,2,\cdots,n\}$ 的一个排列，计算出这个排列的字典序值，以及按字典序排列的下一个排列。

12. 在一个划分成网格的操场上，n 个士兵散乱地站在网格点上。网格点用整数坐标 (x,y) 表示。士兵们可以沿网格边往上、下、左、右移动一步，但在同一时刻任一网格点上只能有一名士兵。按照军官的命令，士兵们要整齐地列成一个水平队列，即排列成 (x,y)，$(x+1,y),\cdots,(x+n-1,y)$。问：如何选择 x 和 y 的值才能使士兵们以最少的总移动步数排成一行？编程计算使所有士兵排成一行需要的最少移动步数。

第3章 动态规划

第2章介绍了分治法,采用自顶向下的方法将大问题分解成若干独立子问题,对子问题递归求解,再层层合并子问题求得原问题的解。分治法在问题规模 n 较小的情况下一般可在多项式时间内求解。但在问题较大且互不独立的情况下,由于分解得到的子问题数太多,各递归子问题被重复计算多次,求解过程呈幂次增长,其时间复杂度为 n 的指数时间。与分治法不同,动态规划方法采用自底向上的递推方式求解,将原问题分解为互不独立的小规模子问题,根据子问题的相关性,在每步列出可能的局部解中选出能产生最佳解的部分,并将计算过程填表,只要某个子问题被解决,将不会被多次计算,从而减少了算法的时间复杂度。动态规划算法常用于最优(最大/最小)问题的求解过程,将这些问题在多项式时间内求解出来。本章在介绍动态规划的基础上,针对线性动态规划、区域动态规划、背包动态规划、树形动态规划四类具体实例给出问题求解的技术方法。

3.1 动态规划基础

求解问题时,每次决策依赖于当前状态,又随即引起状态的转移,决策序列在变化的状态中逐步产生,这种用多阶段最优化决策方式解决问题的过程称为动态规划[5]。动态规划也可以用递归程序实现,递推关系是实现由分解后的子问题向最终问题求解转化的纽带,递推可充分利用前面保存的子问题的解来减少重复计算,因此当求解规模较大的问题时,有分治法不可比拟的优势,这也是动态规划算法的核心之处。

3.1.1 动态规划的基本思想

动态规划建立在最优原则的基础上,在每一决策步上列出各种可能局部解,按某些条件舍弃不能得到最优解的局部解,通过逐步筛选,减少计算量。依据最优性原理,寻找最优判断序列,不论初始状态和递归策略如何,下一次决策必须相对前一次决策产生的新状态构成最优序列。每一步都经过筛选,以每一步的最优性来保证全局的最优性。具体来说,动态规划算法仍然是将待求解的问题分成若干子问题,采用列表技术,将从小到大的各个子问题的计算答案存储于一张表中,由于将原问题分解后的各子问题可能存在重复性,所以当重复遇到该子问题时,只需查表继续问题的求解,而不需要重复计算。因此,动态规划算法的基本思想是记录子问题并不断填表。

3.1.2 动态规划的基本要素

通常一个可以用动态规划算法求解的问题应具有 3 个要素:最优子结构、无后效性和子问题重叠性。

1. 最优子结构

动态规划方法关键在于正确地写出基本的递推关系式和恰当的边界条件。要做到这一点,就必须将原问题分解为几个相互联系的阶段,恰当地选取状态变量和决策变量及定义最优值函数,从而把一个大问题转化成一组同类的子问题,然后逐个求解。即从边界条件开始,逐阶段递推寻优,在每一个子问题的求解中,均利用它前面子问题的最优化结果,依次进行,最后一个子问题所得的最优解就是整个问题的最优解,即动态规划方法具有最优子结构的性质。

证明问题具有最优子结构性质常常采用反证法。首先假设由问题的最优解导出的子问题的解不是最优的,然后再设法证明在这个假设下可以构造出比原问题最优解更好的解,导致矛盾[6]。说明假设不成立,从而证明该问题具有最优子结构性质。

2. 无后效性(马尔可夫性)

将各阶段按照一定的次序排好之后,一旦某阶段状态已经确定,它以前各阶段的状态无法直接影响未来的决策,且当前的状态只是对以往决策的总结。若将动态规划问题进行抽象,用结点表示状态,用边表示状态之间的关系,由无后效性可知,这样的图必将是一个有向无环图,即各状态之间有着严格的递推关系,除初始状态外,每个状态都可以由它前面的状态推出,从而保证有向无环图中各结点的拓扑关系。

3. 子问题重叠性

动态规划算法用递归方式来计算最优值时,每次计算所产生的子问题并不总是新问题,有些子问题被重复计算多次,根据这种子问题的重叠性,对每个子问题都只解一次,而后将其解保存在一个表格中,当再次需要解此问题时,只是简单地查看表格结果,从而得到较高的解题效率。动态规划可以将原来具有指数级复杂度的搜索算法改进成具有多项式时间复杂度的算法,关键在于解决了冗余计算,这是动态规划算法的根本目的。

3.1.3 动态规划的基本步骤

求解动态规划问题的基本步骤:

(1) 找出最优解的性质,并刻画其结构特征。

(2) 递归地定义最优值。

(3) 用自底向上的方式计算出最优值。

（4）根据计算最优值时得到的信息，构造最优解。

如果该问题只需求出最优值，则可省去步骤（4）；若要进一步求出问题的最优解，则必须执行步骤（4），此时需要记录更多算法执行过程中的中间数据，以便根据这些数据构造出最优解。

例 3.1 对斐波那契数列 $F(n)$，用动态规划算法求出它的第 n 项。

（1）分析最优子结构。

用 $F(n)$ 表示在斐波那契数列中第 n 个数的值，由于 $F(n)=F(n-1)+F(n-2)$，计算 $F(n-1)$，需要 $F(n-2)$ 和 $F(n-3)$ 的值，这样整个问题的求解会导致很多重复的计算量，为避免重复，应该将计算过的值记录下来，下次用到的时候直接读出即可。即将原问题自底向上分解为若干个子问题，从斐波那契数列的第一项开始，依次递推计算前 $n-1$ 项的值并存储在一个数组中，第 n 项的值即可用与其相邻前两项的值相加得到，从而保证每个子问题用最优的方法求解，故原问题具有最优子结构的性质。

（2）建立递归方程。

$$F(n)=\begin{cases}1; & n=0 \text{ 或 } 1\\ F(n-1)+F(n-2); & n>1\end{cases}$$

（3）以自底向上的方法计算最优解，斐波那契数列计算动态规划表见表 3.1。

表 3.1 斐波那契数列计算动态规划表

n	0	1	2	3	4	5	6	7	...
$F(n)$	1	1	2	3	5	8	13	21	...

（4）构造问题解的具体算法：

```
const int N=100;
 int Fib(int n)
{ int F[N]={1,1};
   for (int i=2;i<=n;i++)
     F[i]=F[i-1]+F[i-2];
   return F[n-1]
}
```

3.1.4 动态规划示例——组合数问题

动态规划问题要从多个决策序列中找局部最优解，而包含非局部最优的序列不予考虑。下面将以组合数计算为例说明动态规划算法求解问题的基本特征，以及用动态规划算法解决问题的基本步骤。该例中，其子问题明显具有重叠性，更适合用动态规划算法来解决。

例 3.2 分别用递归和动态规划算法求解组合数 C_n^m，并进行比较。

(1) 递归——重复求解子问题，计算时间复杂度为 $O(2^n)$，如算法 3.1。

算法 3.1 用递归求解组合问题。

```
int ComB(int n,int m)        /* 功能:求解 Cₙᵐ;输入:正整数 n,m;输出:Cₙᵐ 的结果 */
{   if(m==0 || n==m)
        return(1);
    else
        return(ComB(n-1,m-1)+ComB(n-1,m));
}
```

(2) 动态规划——记录子问题。

步骤 1:分析最优子结构。

计算组合数 C_n^m，可以将原问题分解为求解两个子问题 C_{n-1}^{m-1}、C_{n-1}^m，而子问题的求解又具有重叠性，因此要采用自底向上的方法，先计算出 $C_i^1 (i=1,\cdots,n)$，然后用公式 $C_{i+1}^2 = C_i^1 + C_i^2 (i=1,\cdots,n$，初值 $C_1^2 = 0)\cdots\cdots$ 依次计算出其他各项的值并填表，当各个子问题的解被求出时，原问题得解。由于采用了填表技术，某个子问题被求解后就不用重复计算，实现了子问题最优求解的目的，即组合数问题具有最优子结构的性质。

步骤 2:建立递归关系。

根据公式

$$\begin{cases} C_n^m = C_{n-1}^m + C_{n-1}^{m-1}; & n > m > 0 \\ C_n^m = 1; & m = 0 \text{ 或 } m = n \end{cases}$$

可以用 $C[i][j] (i=1,\cdots,n, j=1,\cdots,m)$ 来记录 C_i^j，即用一张表来记录重复子问题的结果。

步骤 3:计算最优值。

如求解 $C_5^3 (n=5, m=3)$，通过动态规划算法来记录 C_i^j(其中:$i=1,\cdots,5; j=1,\cdots,3$)，结果见表 3.2,如计算表中阴影部分第 4 行第 2 列的值 C_4^2，可以用第 3 行第 1 列的 C_3^1 与第 3 行第 2 列的 C_3^2 求和得到，即 $C_4^2 = C_3^1 + C_3^2 = 6$。

表 3.2 组合数计算动态规划表

i	$j=1$	$j=2$	$j=3$
1	1	0	0
2	2	1	0
3	3	3	1
4	4	6	4
5	5	10	10

步骤 4:算法描述及分析。

算法 3.2　用动态规划求解组合问题。

```
int ComB(int n,int m )              /* 功能:求解 Cₙᵐ;输入:正整数 n,m;输出:输出 Cₙᵐ 的结果 */
{  int C[n+1][m+1],i,j;             /* 为更加简洁,本例数组下标从 1 开始 */
   for(j=1;j<=m;j++)  C[j][j]=1;                           /* Cⱼʲ=1 */
   for(i=1;i<=n; i++)  C[i][1]=i;                          /* Cᵢ¹=i */
   for(i=2;i<=n;i++)
       for(j=2 ;j<=m; j++)
           if(i<j)  C[i][j]=0;                             /* Cᵢʲ=0(j>i) */
           else    C[i][j]=C[i-1][j-1]+C[i-1][j];          /* Cᵢʲ=Cᵢ₋₁ʲ⁻¹+Cᵢ₋₁ʲ */
   return(C[n][m]);
}
```

相对递归算法 $O(2^n)$ 的时间复杂度,动态规划算法解决该组合数问题时,时间复杂度减少为 $O(n^2)$。同时,递归可能要重复计算子问题,而动态规划用填表技术避免重复计算,在表中第 i 行数据的值只取决于第 $i-1$ 行的数据。

3.2　线性动态规划——合唱队形问题

建立在线性结构或图结构基础之上的线性动态规划算法,可解决的问题具有线性递推的特点,通常以某一结点为状态,向两个方向,即由前向后或者由后向前,线性遍历每个状态,从中找出具有最优值的状态,求得原问题的解。在此过程中,我们可以用一个表来记录所有已解决的子问题答案,不管该子问题以后是否被用到,只要它被计算过,就将其结果填入表中,不再计算,以减少计算量,这就是动态规划的列表技术。在某些情况下,采用动态规划列表技术是一种有效的方法,但动态规划不是一种万能方法,它只是一种设计方法。下面我们就用合唱队形问题来解决线性动态规划问题。

N 位同学站成一排,音乐老师要请其中的 $(N-K)$ 位同学出列,而不改变其他同学的位置,使得剩下的 K 位同学排成合唱队形。合唱队形要求:设 K 位同学从左到右依次编号为 $1,2,\cdots,K$,他们的身高分别为 $T_1,T_2,\cdots,T_K$,则他们的身高满足 $T_1<\cdots<T_i$ 且 $T_i>T_{i+1}>\cdots>T_K(1\leqslant i\leqslant K)$。当给定队员人数 N 和每个学生的身高 T_i 时,计算需要多少学生出列才可以得到最长的合唱队形,如图 3.1 所示。

1.分析最优子结构

假设第 i 位同学身高最高,则对其左边序列求最长递增序列长度,对其右边序列求最长递减序列长度,然后两者相加再减 1(因为第 i 位同学被重复计算了一次)即可得到整个合唱队形的长度。设 $f_1(i)(1\leqslant i\leqslant n)$ 为前 i 个同学组成的最大上升子序列的长度,计算 $f_1(i)$ 的值时,必须先求得 $f_1(1),f_1(2),\cdots,f_1(i-1)$,从中选择一个最大的 $f_1(j)(j<$

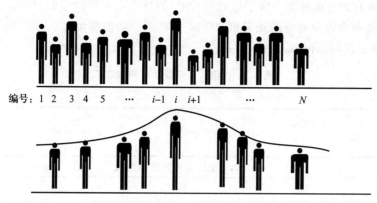

图 3.1 合唱队形示意

$i)$，则 $f_1(j)+1=f_1(i)$。同理，设 $f_2(i)(1 \leqslant i \leqslant n)$ 为从第 n 个学生起依次由后向前计算 $n-i+1$ 个学生排列组成的最大下降子序列的长度，依次计算出 $f_2(n)$，$f_2(n-1)$，…，$f_2(n-i+1)$，从中选出最大的 $f_2(j)(i \leqslant j \leqslant n)$，则 $f_2(j)+1=f_2(i)$，由此可见，原问题的解即最长的合唱队形取决于最大上升和最大下降子序列的长度，具有最优子结构的性质。由于在某一时刻，它是单向地从一个状态线性递推到下一个状态，属于线性动态规划问题。

2. 建立递归关系

当组成最大上升子序列时，得到方程

$$\begin{cases} f_1(i)=\max\{f_1(j)+1\}; & (1 < j < i \leqslant n) \\ f_1(1)=1; & \text{递归出口} \end{cases}$$

设 $f_2(i)$ 为后面 $N-i+1$ 位排列的最大下降子序列长度，用同样的方法可以得到

$$\begin{cases} f_2(i)=\max\{f_2(j)+1\}; & (1 \leqslant i < j < n) \\ f_2(N)=1; & \text{递归出口} \end{cases}$$

3. 计算最优值

首先用数组 a 保存所有人的身高，第一遍正向扫描，从左到右求最大上升子序列的长度，然后反向扫描，从右到左求最大下降子序列的长度，然后依次枚举由前 i 个学生组成的最大上升子序列的长度和由后 $N-i+1$ 个学生组成的最大下降子序列的和，则 N 次枚举后得到 N 个合唱队形的长度，取其中的最大值，然后用学生总数 N 减去该最大值即可得到原问题的解。

例 3.3 已知 8 个学生的身高（单位：cm）为：176、163、150、180、170、130、167、160。计算他们所组成的最长合唱队形的长度。

先从左到右求最大上升子序列的长度，通过比较 8 个同学的身高，得到 f_1，见表

3.3(a)，然后从右到左求最大下降子序列的长度，通过比较 8 个同学的身高，得到 f_2，见表 3.3(b)，最后将两个表中对应的元素相加后减 1（两表中的值相加，第 i 位同学被重复计算了一次），得到最终问题的解见表 3.3(c)。

表 3.3　合唱队形问题动态规划表

(a) 最大上升子序列的长度表

	$i=1$	$i=2$	$i=3$	$i=4$	$i=5$	$i=6$	$i=7$	$i=8$
$f_1[i]$	1	1	1	2	2	1	2	2

(b) 最大下降子序列的长度表

	$i=1$	$i=2$	$i=3$	$i=4$	$i=5$	$i=6$	$i=7$	$i=8$
$f_2[i]$	4	3	2	4	3	1	2	1

(c) 最终结果表

	$i=1$	$i=2$	$i=3$	$i=4$	$i=5$	$i=6$	$i=7$	$i=8$
ans	4	3	2	5	4	1	3	2

由表 3.3(c)可见，当 i 取 4，即以身高为 180cm 的同学为中心位置，所形成的合唱队形的长度最长为 5，需要 $8-5=3$ 个人出列，最终形成的合唱队形（cm）为：176、180、170、167、160。

算法 3.3　用动态规划求解合唱队形问题。

```
int ChorusRank(int n,int a[100])
{
/ *
功能:从 n 个同学中取出 k 个,求他们所组成的合唱队形
输入:队员人数 n 和每个学生身高 a[i]
输出:最长合唱队形的长度 ans * /
for(int i=1; i<=n; i++)
  {
  int f1 [maxn];
  int f2 [maxn];
  f1[i]=1;
  for(int j=1; j<i; j++)
  if( a[j]<a[i] && f1[i]<f1[j]+1 ) f1[i]=f1[j]+1;      / * 从左到右求最大上升子序列 * /
  }
  for(int i=n; i >=1; i--)
  {
   f2[i]=1;
   for(int j=i+1; j<=n; j++)
   {
```

```
        if( a[j]<a[i] && f2[i]<f2[j]+1 ) f2[i]=f2[j]+1;    /*从右到左求最大下降子序列*/
      }
    }
    int max=0; int ans[100];
    for(int i=1; i<=n; i++)
      if(max<f1[i]+f2[i]-1 )
      ans[i]=f1[i]+f2[i]-1;              /*枚举中间最高值*/
return max;                              /*返回最长合唱队形的长度*/
    }
```

4. 算法分析

由于解决该问题时使用了两次动态规划方法来求解，即第一次求最大上升子序列的长度，第二次求最大下降子序列的长度，再枚举中间最高的一个人所在队形的长度。算法实现所需的时间复杂度为 $O(n^2)$，空间复杂度为 $O(n)$。

3.3　区域动态规划——矩阵连乘问题（最佳次序）

可用区域动态规划法解决的问题的特点是：对整个问题设置最优值，枚举划分（合并）点，将问题分解为左右两部分，合并两部分的最优值得到原问题的最优值，有点类似分治算法的解题思想。如图 3.2 所示，要求从 i 到 j 的最优值，需枚举划分（合并）点，将(i,j)分成左右两个区间，分别求左右两边的最优值，然后将其合并即可得到解。

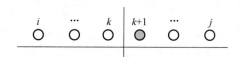

图 3.2　区域动态规划示意

递归方程一般为 $F(i,j)=\max\{F(i,k)+F(k+1,j)\}$，其中 k 为划分点。

下面就以矩阵连乘和多边形的最优三角剖分这两个例子来说明如何运用区域动态规划算法求解问题。

对于任意两个矩阵 $A_{p\times q}$ 和 $B_{q\times r}$，它们相乘得到矩阵 $C_{p\times r}$，即 $A_{p\times q}\times B_{q\times r}=C_{p\times r}$。由于计算 $C_{p\times r}$ 的标准算法中，主要计算量在三重循环，具体值为 $p\times q\times r$。矩阵相乘的先后次序不同，将对运算总数有影响。例如，当计算 3 个矩阵的连乘积 $M_1\times M_2\times M_3$，假设 M_1 是个 10×100 的矩阵，M_2 是个 100×5 的矩阵，M_3 是个 5×50 的矩阵，可知

$$\begin{cases}(M_1M_2)M_3\text{ 计算量}=10\times100\times5+10\times5\times50=7\,500\\ M_1(M_2M_3)\text{ 计算量}=100\times5\times50+10\times100\times50=75\,000\end{cases}$$

由此可见，通过为矩阵乘法加括号，不同的计算次序所产生的计算量是不同的，如何

找到计算量的最小值呢？应该从不同计算量中找出最少计算量，从而确定最优计算次序，即寻找矩阵连乘问题的最优完全加括号方式。

1. 解决方法——穷举法

列出矩阵连乘问题的所有计算次序，设 $P(n)$ 为 n 个矩阵连乘积可能的运算顺序的数目，则有如下递推关系

$$P(n)=\begin{cases}1; & n=1\\ \sum\limits_{k=1}^{n-1}P(k)P(n-k); & n>1\end{cases}$$

该关系为著名的 Catalan 数，即

$$P(n)=C(n-1)$$

$$C(n)=\frac{1}{n+1}\binom{2n}{n}=\Omega(4^n/n^{3/2}\sqrt{\pi})$$

由此可见，穷举法的时间复杂度为 n 的指数函数。

例 3.4 求 4 个矩阵连乘的组合数目。

$$P(4)=\sum_{k=1}^{3}P(k)P(4-k)=P(1)P(3)+P(2)P(2)+P(3)P(1)$$

$$P(3)=\sum_{k=1}^{2}P(k)P(3-k)=P(1)P(2)+P(2)P(1)$$

$$P(2)=P(1)P(1)=1\times1=1$$

从而

$$P(3)=P(1)P(2)+P(2)P(1)=1\times1+1\times1=2$$

$$P(4)=P(1)P(3)+P(2)P(2)+P(3)P(1)=1\times2+1\times1+2\times1=5$$

由此说明 3 个矩阵连乘有 2 种组合，即 $((M_1M_2)M_3)$ 与 $(M_1(M_2M_3))$。而 4 个矩阵连乘有 5 种组合：$(((M_1M_2)M_3)M_4)$、$((M_1M_2)(M_3M_4))$、$((M_1(M_2M_3))M_4)$、$(M_1(M_2\times(M_3M_4)))$、$(M_1((M_2M_3)M_4))$。

2. 优选解决方法——动态规划法

1) 分析最优子结构

以 4 个矩阵连乘最优顺序为例，$M=M_1\times M_2\times M_3\times M_4$，列出上述所有的 5 种不同的乘积结合次序。矩阵连乘问题就是从这 5 种方式中找出乘法次数最少的连乘方式，即找到一个最优的计算次序。当矩阵个数增加到 n 个，计算 $M_1\times M_2\times\cdots\times M_n$ 这 n 个矩阵的连乘积，简写为 $M[1:n]$。

当在计算 $M[1:n]$ 的一个最优计算次序时，设这个最优计算次序在矩阵 M_k 和 M_{k+1} 之间将矩阵链断开 $1\leqslant k<n$，则完全加括号方式为 $((M_1\cdots M_k)(M_{k+1}\cdots M_n))$，最终的结果

$M[1:n]$ 的最优计算次序取决于 $M[1:k]$ 和 $M[k+1:n]$ 的最优计算次序。即矩阵连乘问题的最优解包含着其子问题的最优解,具有最优子结构的性质,同时这一性质是这类问题可以用动态规划算法解决的前提。

2)建立递归关系

设 n 个矩阵连乘 $M_1 \times M_2 \times \cdots \times M_n$,$M_i$ 的行列数分别为 r_{i-1} 和 r_i,设 $m[i][j]$ 是计算 $M_i \times M_{i+1} \times \cdots \times M_j$ 的最小值,满足最优性,则有

$$m[i][j] = \begin{cases} 0; & i=j \\ \min_{i \leqslant k < j} \{m[i][k] + m[k+1][j] + r_{i-1}r_kr_j\}; & i<j \end{cases}$$

其中,$m[i][k]$ 是计算 $M' = M_i \times M_{i+1} \times \cdots \times M_k$ 的最小耗费;$m[k+1][j]$ 是计算 $M'' = M_{k+1} \times M_{k+2} \times \cdots \times M_j$ 的最小耗费。

r_{i-1} 和 r_k 分别是矩阵 M' 的行数和列数,r_k 和 r_j 分别是矩阵 M'' 的行数和列数。从上式可以看出,$m[i][j]$ 是在 k 遍历 i 和 $j-1$ 之间的可能值($i \leqslant \overset{\min}{k} < j$)时,$m[i][k]$、$m[k+1][j]$、$r_{i-1}r_kr_j$ 3 项之和的最小值。计算 $m[i][j]$ 时,先将 $m[i][k]$ 和 $m[k+1][j]$ 存下来,以备后用。因为 k 在 $i \leqslant k < j$ 范围中,如 $j-i > k-1$,$j-i > j-(k+1)$,所以可按递增顺序,先计算 $m[i][i+1]$,再计算 $m[i][i+2]$。

$m[i][j]$ $(j > i)$ 给出了计算 $M[i:j]$ 所需的最小数乘次数,同时确定了计算 $M[i:j]$ 的最优次序时的最佳断开位置 k。由于有 3 个变量 i、j、k 的三重循环,所以时间复杂度为 $O(n^3)$,比穷举法所需的时间少。

3)计算最优值

例 3.5 计算矩阵连乘的最优组合,有 4 个矩阵如下:

$$M_{1(r_0 \times r_1)} M_{2(r_1 \times r_2)} M_{3(r_2 \times r_3)} M_{4(r_3 \times r_4)}$$

解:$m[1][1] = m[2][2] = m[3][3] = m[4][4] = 0$

$m[1][2] = m[1][1] + m[2][2] + r_0r_1r_2 = 0+0+10 \times 20 \times 50 = 10\ 000$

$m[2][3] = m[2][2] + m[3][3] + r_1r_2r_3 = 0+0+20 \times 50 \times 1 = 1\ 000$

$m[3][4] = m[3][3] + m[4][4] + r_2r_3r_4 = 0+0+50 \times 1 \times 100 = 5\ 000$

$$m[1][3] = \begin{cases} m[1][1] + m[2][3] + r_0r_1r_3 = 0+1\ 000+10 \times 20 \times 1 = 1\ 200 \\ m[1][2] + m[3][3] + r_0r_2r_3 = 10\ 000+0+10 \times 50 \times 1 = 10\ 500 \end{cases}$$

$$m[2][4] = \begin{cases} m[2][2] + m[3][4] + r_1r_2r_4 = 0+5\ 000+20 \times 50 \times 100 = 105\ 000 \\ m[2][3] + m[4][4] + r_1r_3r_4 = 1\ 000+0+20 \times 1 \times 100 = 3\ 000 \end{cases}$$

$$m[1][4] = \begin{cases} m[1][1] + m[2][4] + r_0r_1r_4 = 0+3\ 000+10 \times 20 \times 100 = 23\ 000 \\ m[1][2] + m[3][4] + r_0r_2r_4 = 10\ 000+5\ 000+10 \times 50 \times 100 = 65\ 000 \\ m[1][3] + m[4][4] + r_0r_3r_4 = 1\ 200+0+10 \times 1 \times 100 = 2\ 200 \end{cases}$$

$m[1][4] = \min(m[1][k] + m[k+1][4] + r_{i-1}r_kr_j)$

$k=1:m[1][1] + m[2][4] + r_0r_1r_4 \qquad (M_1((M_2M_3)M_4))$

$$k=2:m[1][2]+m[3][4]+r_0r_2r_4 \qquad ((\boldsymbol{M}_1\boldsymbol{M}_2)(\boldsymbol{M}_3\boldsymbol{M}_4))$$

$$k=3:m[1][3]+m[4][4]+r_0r_3r_4 \qquad ((\boldsymbol{M}_1(\boldsymbol{M}_2\boldsymbol{M}_3))\boldsymbol{M}_4)$$

由此可知,这 4 个矩阵连乘所用到的最小乘积次数是 2 200,最优计算次序是 $((\boldsymbol{M}_1(\boldsymbol{M}_2\boldsymbol{M}_3))\boldsymbol{M}_4)$。

在整个计算过程中可以填写表 3.4。

表 3.4　矩阵连乘问题的递推二维表

$m[1][1]=0$	$m[2][2]=0$	$m[3][3]=0$	$m[4][4]=0$
$m[1][2]=10\ 000$	$m[2][3]=1\ 000$	$m[3][4]=5\ 000$	
$m[1][3]=1\ 200$	$m[2][4]=3\ 000$		
$m[1][4]=2\ 200$			

4) 算法分析

要计算 $\boldsymbol{M}[i:j]=\boldsymbol{M}[i:k]\times\boldsymbol{M}[k+1:j]$ 的值,首先输入参数 $\{b_0,b_1,b_2,\cdots,b_n\}$ 存储 n 个矩阵的阶数下标,并初始化 $m[i][i]=0,i=1,2,\cdots,n$。然后根据递归式,按矩阵链长增长的方式依次计算 $m[i][i+1],i=1,2,\cdots,n-1$(矩阵链的长度为 2);$m[i][i+2],i=1,2,\cdots,n-2$(矩阵链的长度为 3)……在计算 $m[i][j]$ 时,只用到已计算出的 $m[i][k]$ 和 $m[k+1][j]$。该算法的时间复杂度为 $O(n^3)$(在建立递归关系式已分析过),空间复杂度为 $O(n^2)$。具体见算法 3.4。

算法 3.4　用动态规划求解矩阵连乘问题。

```
/* 功能:找出 n 个矩阵的连乘积 M₁M₂…Mₙ 的一个所需乘次数最少的连乘方式即最优的计
算次序。
输入:n 为连乘矩阵的个数;{b₀,b₁,b₂,…,bₙ}为存储 n 个矩阵阶数下标的数组,m[i][j]是计
算 Mᵢ×Mᵢ₊₁×…×Mⱼ 的最小值,t[i][j] 是 Mᵢ×Mᵢ₊₁×…×Mⱼ 连乘时的最佳断开位置。
输出:最佳断开位置矩阵 t 和最小计算次数矩阵 M */
void MultiplyMatrix(int * b,int n,int * * m,int * * t)
{
    for(int i=1;i<=n;i++) m[i][i]=0;        /* 初始化 */
    for(int r=2; r<=n; r++)
        for(int i=1; i<=n-r+1; i++)
        {
            int j=i+r-1;
            m[i][j]=m[i+1][j]+b[i-1] * b[i] * b[j];
            t[i][j]=i;                      /* 最佳断开位置为 i */
            for(k=i+1;k<j; k++)
            {
                int l=m[i][k]+m[k+1][j]+b[i-1] * b[k] * b[j];
                /* 矩阵 M₁×M₂×…×Mᵢ×Mᵢ₊₁×…×Mⱼ 连乘时的最小数乘次数存入变量 l
```

```
中 * /
if(l<m[i][j])
{
    m[i][j]=l;
    t[i][j]=k;          / * 将矩阵断开的最佳位置存入数组 t 中 * /
}
    }
}
```

5) 类似问题的解决——凸多边形最优三角剖分

连接一个多边形边界上或其内部的任意两点,若该连线上所有的点都在多边形内部或边界上,则该多边形为凸多边形。通常,可以用多边形顶点的逆时针序列来表示它,即用 $P=\{v_0,v_1,\cdots,v_{n-1}\}$ 表示有 n 条边、边序列为 $v_0v_1,v_1v_2,\cdots,v_{n-1}v_n$ 的一个凸多边形,其中约定 $v_0=v_n$。对平面上的一个凸多边形进行三角剖分,即通过多边形的若干条不相交的弦将多边形分割成互不重叠的若干个三角形,如图 3.3 所示。

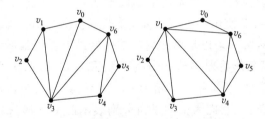

图 3.3 凸多边形的两个不同三角剖分

凸多边形最优三角剖分问题描述:给定一个凸多边形 $P=\{v_0,v_1,\cdots,v_{n-1}\}$,以及定义在由多边形的边和弦组成的三角形上的权函数 ω。要求确定该凸多边形的一个三角剖分,使得该三角剖分对应的权(即剖分中诸三角形上的权)之和为最小。三角形权函数 ω 的定义方式很多,如定义 $\omega(v_iv_jv_k)=|v_iv_j|+|v_iv_k|+|v_kv_j|$,其中,$|v_iv_j|$ 是点 v_i 到 v_j 的欧氏距离,对应此权函数的最优三角剖分即为最小弦长三角剖分。

凸多边形的三角剖分与矩阵连乘积的最优计算次序问题之间具有十分紧密的联系,它们之间的相关性可从其所对应的完全二叉树的同构性得到。

(1) 三角剖分的结构及其相关问题。

三角剖分问题和矩阵连乘问题(表达式的完全加括号问题)都可以表述成一个正则二叉树(不含度为 1 的结点的二叉树),如图 3.4 所示。

一个表达式的完全加括号方式对应一棵完全二叉树,称为表达式的语法树。例如,完全加括号的矩阵连乘积 $((M_1(M_2M_3))(M_4(M_5M_6)))$ 的语法树如图 3.4(a)所示。这里有 $n=6$ 个矩阵 $M_1M_2\cdots M_6$ 连乘,其中的每个矩阵 M_i 对应凸 $(n+1)$ 边形中的一条边上 $v_{i-1}v_i$

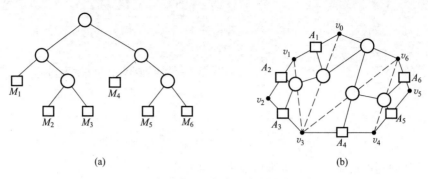

(a)　　　　　　　(b)

图 3.4　表达式语法树与三角剖分的对应

的结点 A_i。

　　凸多边形 $\{v_0,v_1,\cdots,v_{n-1}\}$ 的三角剖分也可以用语法树表示。例如,图 3.4(b)中凸多边形的三角剖分与图 3.4(a)很类似。图 3.4(b)语法树的根结点为边 v_0v_6 上的圆形结点,且该语法树的其他内部结点都是用小圆形表示的,并被放置在新增剖分虚线上,图 3.4(b)语法树的叶结点使用小方块表示,被放置在剖分前凸多边形的各条边上。多边形中除 v_0v_6 边以外,每一条边是语法树的一个叶结点。树根所在的弦 v_0v_6 是三角形 $v_0v_3v_6$ 的一条边,该三角形将原多边形分为三角形 $v_0v_3v_6$、凸多边形 $\{v_0,v_1,\cdots,v_3\}$ 和凸多边形 $\{v_3,v_4,\cdots,v_6\}$ 3 个部分。三角形 $v_0v_3v_6$ 的另外两条边,即弦 v_3v_6 和 v_0v_3 为根的两个孩子所在的弦,以它们为根的子树分别表示凸多边形 $\{v_0,v_1,v_2,v_3\}$ 和凸多边形 $\{v_3,v_4,v_5,v_6\}$ 的三角剖分。

　　矩阵连乘积中的每个矩阵 M_i 对应凸 $(n+1)$ 边形中的一条边 $v_{i-1}v_i$。三角剖分中的一条弦 $v_iv_j(i<j)$ 对应矩阵连乘积 $M[i+1:j]$。由此可见,n 个矩阵的完全加括号乘积与凸 $(n+1)$ 边形的三角剖分之间存在着一一对应的关系。

　　(2) 最优子结构性质。

　　凸多边形的最优三角剖分问题有最优子结构性质。

　　证明(反证法):事实上,若凸 $(n+1)$ 边形 $P=\{v_0,v_1,\cdots,v_{n-1}\}$ 的最优三角剖分 T 包含三角形 $v_0v_kv_n$,$1\leqslant k\leqslant n-1$,则 T 的权为三角形 $v_0v_kv_n$ 的权、子多边形 $\{v_0,v_1,\cdots,v_k\}$ 和 $\{v_k,v_{k+1},\cdots,v_n\}$ 3 个部分权之和。另外可以断定由 T 所确定的这两个子多边形的三角剖分也是最优的。因为若有 $\{v_0,v_1,\cdots,v_k\}$ 或 $\{v_k,v_{k+1},\cdots,v_n\}$ 的更小权的三角剖分将导致 T 不是最优三角剖分的矛盾。

　　(3) 最优三角剖分的递归结构。

　　凸多边形最优三角剖分的问题是:给定一个凸多边形 $P=\{v_0,v_1,\cdots,v_{n-1}\}$ 及由多边形的边和弦组成的三角形上定义的权函数 ω。要求确定该凸多边形的一个三角剖分,使得该三角剖分对应的权(即剖分中诸三角形上的权)之和为最小。

定义 $t[i][j]$,$1\leqslant i<j\leqslant n$ 为凸子多边形 $\{v_{i-1},v_i,\cdots,v_j\}$ 的最优三角剖分所对应的权函数值,即其最优值。为方便起见,设退化的多边形 $\{v_{i-1},v_i\}$ 具有权值 0。据此定义,要计算的凸 $(n+1)$ 边形 $P=\{v_0,v_1,\cdots,v_n\}$ 的最优权值为 $t[1][n]$。

$t[i][j]$ 的值可以利用最优子结构性质递归地计算。当 $j-i\geqslant 1$ 时,凸子多边形 $\{v_{i-1},v_i,\cdots,v_j\}$ 至少有 3 个顶点。由最优子结构性质,$t[i][j]$ 的值应为 $t[i][k]$ 的值加上 $t[k+1][j]$ 的值,再加上三角形 $v_{i-1}v_kv_j$ 的权值,其中 $i\leqslant k\leqslant j-1$。由于在计算时还不知道 k 的确切位置,而 k 的所有可能位置只有 $j-i$ 个,因此可以在这 $j-i$ 个位置中选出使 $t[i][j]$ 值达到最小的位置。由此,$t[i][j]$ 可递归地定义为

$$t[i][j]=\begin{cases}0; & i=j \\ \min_{i\leqslant k<j}\{t[i][k]+t[k+1][j]+\omega(v_{i-1}v_kv_j)\}; & i<j\end{cases}$$

可见除了权函数的定义外,$t[i][j]$ 与矩阵连乘 $m[i][j]$ 的递归式完全相同。因此最终的算法类同,这里不再列出,可参考算法 3.4。

(4) 计算最优值及构造最优三角剖分。

① 最优三角剖分对应权的递归结构。

引入辅助向量 $t[n][n]$,$t_{i,j}(1\leqslant i\leqslant n,1\leqslant j\leqslant n)$ 表示 $T_{i-1\cdots j}$ 的最优三角剖分的权值,则 $t_{1,n}$ 为 $T_{0\cdots n}$ 的最优三角剖分的权值即 $t_{1,n}$;由最优子结构性质可得

$t_{i,i}=0$

$t_{i,j}=\min\{t_{i,k}+t_{k+1,j}+\omega(v_{i-1},v_k,v_j)\mid i\leqslant k\leqslant j-1,1\leqslant i<j\leqslant n\}$

引入辅助向量 $s[n][n]$,记录 k 值。

② 算法描述。

计算最优值:给定凸 $(n+1)$ 多边形 $T=\{v_0,v_1,\cdots,v_n\}$ 和权函数 $\omega(v_i,v_k,v_j)$。

初始化 $t[i][i]=0$,$i=1,\cdots,n$。

r 循环从 2 到 n,i 循环从 1 到 $n-r+1$,$j=i+r-1$。

k 循环从 $i+1$ 到 $i+r-1$。

计算 $t[i][j]=\min\{t[i][k]+t[k+1][j]+\omega(v_{i-1},v_k,v_j)\}$,其中 $i\leqslant k<j$,并记录 $s[i][j]=k$。

③ 具体实例:如图 3.5 所示,求 $t[1][6]$。

假如第一次三角剖分的顶点为 $v_3(k=3)$,即剖分三角形为 $v_0v_3v_6$,该三角形将整个凸多边形分为 3 个部分,其中 1 对应表达式中的 $\omega(v_0v_3v_6)$,2 对应 $t[1][3]$,3 对应 $t[4][6]$,然后 $t[1][3]$ 和 $t[4][6]$ 又可按照上面的方法继续递归剖分。

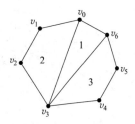

图 3.5 三角剖分实例

3.4　背包动态规划——0-1 背包问题

背包类动态规划问题可分为如下 4 种。

第 1 种是 0-1 背包问题,这是最基础的背包问题,这种背包问题的特点是每种物品仅有一件,且可以选择放与不放。当用子问题定义状态时,若 $f[i][c]$ 表示前 i 件物品放入一个容量恰为 c 的背包中获得的最大价值,可以得到递归方程为:$f[i][c]=\max\{\ f[i+1][c],f[i+1][c-w[i]]+v[i]\ \}$(其中 $v[i]$ 和 $w[i]$ 分别为每个物品的价值和质量),最后要求 $f[n][v]$ 的值,容量恰为 c。其他类型的背包问题往往也是由 0-1 背包问题转化而来的,例如,采药、排队买票问题等。

第 2 种是完全背包问题,与 0-1 背包问题不同的是每种物品有无限件,递归方程为:$f[i][j]=\max\{f[i+1][c],f[i+1][j-k\times w[i]]+k\times v[i](k\times v[i]\leqslant j)\ \}$。在这类问题中,如果当前物品与其他物品相比价值低、体积大,就可以将其舍弃,这样可以大大减少物品数,与此同类的问题还有总分、砝码称重、无限硬币问题等。

第 3 种是多重背包问题,与完全背包问题类似,所不同的是第 i 种物品可以使用 $s[i]$ 次,递归方程为 $f[i][j]=\max\{\ f[i+1][c],f[i+1][j-k\times w[i]]+k\times v[i](k\leqslant s[i]$ && $k\times v[i]\leqslant j)$,类似的问题如邮票问题。

第 4 种是对上述 3 种背包问题的混合,即有的物品只能使用一次,有的可以使用规定的次数,有的可以使用无限次。其实只需加几个判断条件即可。

总体的解决框架如下:

```
for(i=1;i<=n;i++)
    for(j=1;j<=c;j++)
    {    if 0-1 背包
            f[i][j]=max { f[i+1][j],f[i+1][j-w[i]]+a[i](j>=v[i]) }
         if 完全背包
            f[i][j]=max { f[i+1][j],f[i+1][j-k*w[i]]+k*a[i]   (k*v[i]<=j) }
         if 多重背包
            f[i][j]=max { f[i+1][j],f[i+1][j-k*w[i]]+k*a[i](k<=s[i] && k*v
            [i]<=j) }
    }
```

下面我们就具体的 0-1 背包问题进行讨论。

问题描述:现有 n 件物品,一个容量为 c 的背包。第 i 件物品的质量为 w_i,价值为 v_i。已知对于一件物品必须选择取(用 1 表示)或不取(用 0 表示),且每件物品只能被取一次(这就是"0-1"的含义)。求放置哪几件物品进背包,使得背包中物品价值最大?

此问题可形式化表示为:给定背包容量 $c>0$,每个物品的质量和价值 $w_i>0$,$v_i>0$,求解表示物品是否放入背包的 n 元 0-1 向量 $(x_1,x_2,\cdots,x_n)$。$x_i(0,1)$,$1\leqslant i\leqslant n$,使得它

们满足

$$\begin{cases} 物品价值：\max \sum_{i=1}^{n} v_i x_i \\ \\ 物品质量：\sum_{i=1}^{n} w_i x_i \leqslant c；x_i \in \{0,1\}，1 \leqslant i \leqslant n \end{cases}$$

1. 分析最优子结构

已知 $(y_1, y_2, \cdots, y_n)$ 是规模为 n 的 0—1 背包问题（判断 n 个物品放入背包）的一个最优解，第一个物品 y_1 放入背包的状态已确定，则 $(y_2, \cdots, y_n)$ 是规模为 $n-1$ 的 0—1 问题的最优解：

$$\max \sum_{i=2}^{n} v_i x_i \quad 且 \quad \sum_{i=2}^{n} w_i x_i \leqslant c - w_1 y_1；\quad x_i \in \{0,1\}，2 \leqslant i \leqslant n$$

证明（反证法）：

假设 $(z_2, \cdots, z_n)$ 是规模为 $n-1$ 子问题（即确定 $n-1$ 个物体是否被放入背包）的一个最优解，而 $(y_2, \cdots, y_n)$ 不是它的最优解，则

$$\sum_{i=2}^{n} v_i z_i > \sum_{i=2}^{n} v_i y_i$$

$$w_1 y_1 + \sum_{i=2}^{n} w_i z_i \leqslant c$$

因此，

$$v_1 y_1 + \sum_{i=2}^{n} v_i z_i > \left(v_1 y_1 + \sum_{i=2}^{n} v_i y_i = \sum_{i=1}^{n} v_i y_i \right)$$

$$w_1 y_1 + \sum_{i=2}^{n} w_i z_i \leqslant c$$

这说明 $(y_1, z_2, \cdots, z_n)$ 是所给规模为 n 的 0—1 背包问题的最优解，与已知 $(y_1, y_2, \cdots, y_n)$ 相矛盾，所以假设不成立，0—1 背包问题具有最优子结构性质。

2. 建立递推关系

设所给 0—1 背包问题的子问题为

$$\max \sum_{k=i}^{n} v_k x_k$$

$$\sum_{k=i}^{n} w_k x_k \leqslant j；\quad x_k \in \{0,1\}，\quad i \leqslant k \leqslant n$$

如果第 i 个物品的质量大于背包能装下的最大质量，则不装入物品 i，计算从 i 到 n 的 $n-i+1$ 个物品得到的最大价值和计算从 $i+1$ 到 n 的 $n-i$ 个物品得到的最大价值是相同的，即

$$m(i,j) = m(i+1,j); \quad 0 \leqslant j < w_i$$

如果第 i 个物品的质量小于背包的容量,则会有以下两种情况。

(1) 如果把第 i 个物品装入背包,则背包中物品的价值等于把后 $i+1$ 个物品装入容量为 $j-w_i$ 的背包中的价值再加上第 i 个物品的价值 v_i。

(2) 如果第 i 个物品没有装入背包,则背包中物品的价值就等于把后 $i+1$ 个物品装入容量为 j 的背包中所取得的价值。

显然,应取两者中价值较大者作为把后 i 个物品装入容量为 j 的背包中的最优解,即

$$m(i,j) = \max(m(i+1,j), m(i+1,j-w_i) + v_i); \quad j \geqslant w_i$$

最终建立计算 $m(i,j)$ 的递归式

$$m(n,j) = \begin{cases} v_n; & j \geqslant w_n \\ 0; & 0 \leqslant j < w_n \end{cases} \tag{3.1}$$

$$m(i,j) = \begin{cases} m(i+1,j); & 0 \leqslant j < w_i \\ \max(m(i+1,j), m(i+1,j-w_i) + v_i); & j \geqslant w_i \end{cases} \tag{3.2}$$

3. 计算最优值

下面通过实例对 $0-1$ 背包的递归式进行具体研究。

例 3.6　有 5 个物品,其质量分别是 $\{2,2,6,5,4\}$,价值分别为 $\{6,3,5,4,6\}$,背包的容量为 10。求:如何使背包的价值最大?

解:(1) 根据已知条件,$i = n = 5, w_5 = 4$,由式(3.1)得

$$m(n,j) = m(5,j) = \begin{cases} v_5 = 6; & j \geqslant w_n \\ 0; & 0 \leqslant j < w_n \end{cases}$$

将 $m(5,j)$ 的所有值填入表 3.5 最后一行。

(2) 当 $i = 4$ 时,$w_4 = 5, v_4 = 4$,由式(3.2)得

$$m(4,j) = \begin{cases} m(4+1,j) = m(5,j); & 0 \leqslant j < w_i \\ \max\{m(4+1,j), m(4+1,j-5) + v_4\} = \max\{m(5,j), m(5,j-5) + 4\}; & j \geqslant w_i \end{cases}$$

即,当 $1 \leqslant j < 5$ 时,$m(4,j) = m(5,j) = 0$,将其值依次填入表 3.5 中 $i = 4$ 行。当 $j \geqslant 5$ 时,$m(4,j) = \max\{m(5,j), m(5,j-w_4) + v_4\}$。

当 $j = 5$ 时,有

$$m(4,5) = \max\{m(5,5), m(5,5-5) + 4\} = \max\{6,4\} = 6$$

当 $j = 6$ 时,有

$$m(4,6) = \max\{m(5,6), m(5,6-5) + 4\} = \max\{6,4\} = 6$$

……

当 $j = 10$ 时,有

$$m(4,10) = \max\{m(5,10), m(5,10-5) + 4\} = \max\{6,10\} = 10$$

以此类推,可以迅速建立一张二维表 V,其结果见表 3.5。

表 3.5　0—1背包问题的递推二维表

质量 w 和价值 v		$m[i][j]$									
		$j=1$	$j=2$	$j=3$	$j=4$	$j=5$	$j=6$	$j=7$	$j=8$	$j=9$	$j=10$
$w_1=2v_1=6$	$i=1$	0	6	6	9	9	12	12	15	15	15
$w_2=2v_2=3$	$i=2$	0	3	3	6	6	9	9	9	10	11
$w_3=6v_3=5$	$i=3$	0	0	0	6	6	6	6	6	10	11
$w_4=5v_4=4$	$i=4$	0	0	0	6	6	6	6	6	10	10
$w_5=4v_5=6$	$i=5$	0	0	0	6	6	6	6	6	6	6

表 3.5 自底向上推得,通过这张二维表,可以发现在背包装到容量为 $j=8$ 的时候,背包的价值是最大的。但是如何通过这张二维表确定哪几件物品被装入背包?

这里可以从 $m(n,c)$ 的值向前推,如果 $m(n,c)\neq m(n-1,c)$,表明第 n 个物品被装入背包,前 $n-1$ 个物品被装入容量为 $c-w_n$ 的背包中;否则,第 n 个物品没有被装入背包,前 $n-1$ 个物品被装入容量为 c 的背包中。表 3.5 中,$m[5][10]\neq m[4][10]$,第 5 个物品装入,$c=10-w_5=6$;$m[4][6]=m[3][6]$,第 4 个物品不装入,以此类推,直到确定第 n 个物品是否被装入背包中为止。由此,得到如下函数

$$x_i=\begin{cases}0; & m(i,j)=m(i+1,j)\\1,c=c-w_i; & m(i,j)\neq m(i+1,j)\end{cases} \tag{3.3}$$

所以,上述 0—1 背包的装载序列是 $x_i=(1,1,0,0,1)$,当背包所装容量为 8 时,背包的价值最大为 15。

4. 算法描述及分析

当物体的质量 $w_i(1\leqslant i\leqslant n)$ 为正整数时,用二维数组来存储 $m(i,j)$ 的相应值,可以设计解 0—1 背包问题的动态规划算法 Beibao,见算法 3.5。

算法 3.5　用动态规划求 0—1 背包问题。

```
/ *
功能:找出装入容量为 c 的背包中的,有最大价值的物品
输入:n 是背包的物品种类
     c 是背包的容量
     v 数组是每个物体的价值,值为整数
     w 数组是每个物体的质量,值为整数
     m 数组是 0—1 背包的最优值
输出:背包的最大价值和以 0—1 方式显示的装入的物品
 * /
void Beibao(int v,int w,int c,int n,int * * m)
{
```

```
        /* 依据式(3.1) */
        int jmax=min(w[n]-1,c);
        for(int j=0;j<=jmax;j++)
          m[n][j]=0;                        /* 初始化数组 m */
        for(int j=w[n];j<=c;j++)
          m[n][j]=v[n];
        for(int i=n-1;i>1;i--)
      {
          jmax=min(w[i]-1,c);                              依据式(3.1)
          for(int j=0;j<jmax;j++)
            m[i][j]=m[i+1][j];              /* 0≤j<w[n]时,m(i,j) */
          for(int j=w[i];j<=c;j++)
            m[i][j]=max(m[i+1][j],m[i+1][j-w[i]]+v[i]);
              /* 当 j≥w[n]时,m(i,j)=max(m(i+1,j,m(i+1,j-w[i])+v[i]) */
              /* 比较选择当前物品与没有选择当前物品时背包所获得的最大值*/
      }
        m[1][c]=m[2][c];
        if(c>=w[1])
          m[1][c]=max(m[1][c],m[2][c-w[1]]+v[1]);
    }
    void traceback(int * * m,int w,int c,int n,int x)
    {
      for(int i=1;i<n;i++)
        if(m[i][c]==m[i+1][c])      /* 表示序号为 i 的物品没有被装入背包 */
            x[i]=0;
        else                                            依据式(3.2)
          {
            x[i]=1;                    /* 表示序号为 i 的物品被装入背包 */
            c-=w[i];
          }
        x[n]=(m[n][c])? 1:0;
    }
```

　　从计算 $m(i,j)$ 的递归式容易看出,上述算法 Beibao 的关键是二维表 $m(i,j)$ 的建立,所以该算法的时间复杂度为 $O(n \times c)$,而 traceback 中有一个 for 循环,该算法的时间复杂度为 $O(n)$。

5. 改进的背包算法

　　通过与现实生活相联系发现,上述算法是极其特殊的情形,其中有两个比较明显的缺点。其一是算法要求所给背包质量 c 和物品的质量 w_i 是整数,这在现实生活中基本上是行不通的。其次,当背包容量 c 很大时,算法需要的计算时间较多。例如当 $c > 2^n$ 时,算法

的时间复杂度为 $O(n \times 2^n)$，这个指数级时间对于计算机来说是一个很大的耗费。

由计算 $m(i,j)$ 的递归式，绘制当 $i=1$ 时的函数图像，如图 3.6 所示。

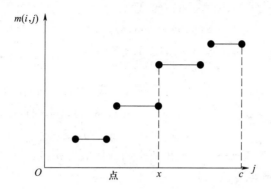

图 3.6 阶梯状单调不减函数 $m(i,j)$ 及其跳跃点

通过观察发现，在变量 j 是连续的情况下，可以对每一个确定的 i，用一个表 $p[i]$ 来存储函数 $m(i,j)$ 的全部跳跃点。对每一个确定的实数 j，可以通过查找表 $p[i]$ 来确定函数 $m(i,j)$ 的值。$p[i]$ 中全部跳跃点 $[j,m(i,j)]$ 依 j 的值升序排列。由于函数 $m(i,j)$ 是关于变量 j 的阶梯状单调不减函数，故 $p[i]$ 中全部跳跃点的 $m(i,j)$ 值也是递增排列的。所以可以记录每一个 i 值的跳跃点，最后通过查找得出最优解和装载序列。

下面构造不同 i 值的跳跃点，在构造之前需要明确下面量的含义。

(1) 函数 $m(i,j)$ 是由函数 $m(i+1,j)$ 与函数 $m(i+1,j-w_i)+v_i$ 进行 max 运算得到的。因此，函数 $m(i,j)$ 的跳跃点 $p[i]$ 包含于函数 $m(i+1,j)$ 的跳跃点 $p[i+1]$ 与函数 $m(i+1,j-w_i)+v_i$ 的跳跃点集 $q[i+1]$ 的并集中。其中 $q[i+1]$ 定义为（$\otimes$ 为广义运算符）

$$q[i+1]=p[i+1] \otimes (w_i,v_i)=\{j+w_i,m(i,j)+v_i \mid (j,m(i,j)) \in p[i+1]\}$$

(2) 设 (a,b) 和 (c,d) 是 $p[i+1]$ 和 $q[i+1]$ 并集中的两个跳跃点，则当 $c \geqslant a$ 且 $d<b$ 时，(c,d) 受控于 (a,b)，从而 (c,d) 不是 $p[i]$ 中的跳跃点。

在递归地由表 $p[i+1]$ 计算表 $p[i]$ 时，可先由 $p[i+1]$ 计算出 $q[i+1]$，然后合并表 $p[i+1]$ 和表 $q[i+1]$，并清除其中的受控跳跃点得到表 $p[i]$。

如当 $n=5,c=10,w=\{2,2,6,5,4\}$ ，$v=\{6,3,5,4,6\}$ 时，构造跳跃点的过程如下：

初始时，由于 $p[n+1]=\{(0,0)\}$，因此

$$p[6]=\{(0,0)\},(w5,v5)=(4,6)$$
$$q[6]=p[6] \otimes (w5,v5)=\{(4,6)\}$$

接着，合并 $p[6]$ 和 $q[6]$，可得到 $p[5]$，即

$$p[5]=\{(0,0),(4,6)\}$$
$$q[5]=p[5] \otimes (w4,v4)=\{(5,4),(9,10)\}$$

当计算 $p[4]$ 时,需要得到跳跃点集 $p[5]$ 与 $q[5]$ 的并集,即 $p[5] \bigcup q[5] = \{(0,0),(4,6),$ $(5,4),(9,10)\}$ 中看到跳跃点 $(5,4)$ 受控于跳跃点 $(4,6)$。将受控跳跃点 $(5,4)$ 清除后,得到

$$p[4] = \{(0,0),(4,6),(9,10)\}$$
$$q[4] = p[4] \bigotimes (6,5) = \{(6,5),(10,11)\}$$
$$p[3] = \{(0,0),(4,6),(9,10),(10,11)\}$$
$$q[3] = p[3] \bigotimes (2,3) = \{(2,3),(6,9)\}$$
$$p[2] = \{(0,0),(2,3),(4,6),(6,9),(9,10),(10,11)\}$$
$$q[2] = p[2] \bigotimes (2,6) = \{(2,6),(4,9),(6,12),(8,15)\}$$
$$p[1] = \{(0,0),(2,6),(4,9),(6,12),(8,15)\}$$

$p[1]$ 最后的一个跳跃点 $(8,15)$ 给出所求的最优值为 $m(1,c) = 15$。

改进后的算法代码见算法 3.6。

算法 3.6　用动态规划求 $0-1$ 背包问题的改进算法。

```
/ *
功能:找出装入容量为 c 的背包中有最大价值的物品
输入:n 是背包的物品种类
     c 是背包的容量
     v 数组是每个物体的价值,可以为浮点数
     w 数组是每个物体的质量,可以为浮点数
     p 数组为存放的跳跃点
     x 是以 0-1 方式显示的最优值
输出:背包的最大价值和以 0-1 方式显示的装入的物品
 * /
int Beibao(int n,float c,float v[],float w[],int p[][2],int x[])
{
    int * head=new int[n+2];
    head[n+1]=0;
    p[0][0]=0;
    p[0][1]=0;
    int left=0,right=0,next=1;
    / * next 记录跳跃点的个数;left 记录每一组跳跃点的起始位置;right 记录每一组跳跃点
        的结束位置 * /
    head[n]=1;                    / * head:逆序记录每一组跳跃点的起始位置 * /
    for(int i=n;i>=1;i--)
    {
        int k=left;
        for(int j=left;j<=right;j++)
        {
            if(p[j][0]+w[i]>c) break;
            float y=p[j][0]+w[i],
                m=p[j][1]+v[i];
```

```
            while(k<=right && p[k][0]<y)
            {
            p[next][0]=p[k][0];              /* p[i][0]:记录第 i 个跳跃点的重量 */
            p[next++][1]=p[k++][1];        /* p[i][1]:记录第 i 个跳跃点的价值 */
            }
            if(k<=right && p[k][0]==y)
            {
                  if(m<p[k][1])
                  m=p[k][1];
                  k++;
            }
            if(m>p[next-1][1])
            {
                  p[next][0]=y;
                  p[next++][1]=m;
            }
            while(k<=right && p[k][1]<=p[next-1][1])
                  k++;
      }
      while(k<=right)
      {
            p[next][0]=p[k][0];
            p[next++][1]=p[k++][1];
      }
      left=right+1;
      right=next-1;
      head[i-1]=next;
      }
      traceback(n,w,v,p,head,x);
      cout<<"跳跃点是:"<<endl;
          int j=n;
      for(i=0;i<next;i++)
      {
          c out<<"("<<p[i][0]<<","<<p[i][1]<<")";
            if(i==(head[j]-1))
            {
             cout<<endl;
             j--;
            }
      }
      return p[next-2][1]+3;
}
void traceback(int n,float w[],float v[],int p[][2],int * head,int x[])
{
```

```
int j=p[head[0]-1][0],
    m=p[head[0]-1][1];
for(int i=1;i<=n;i++)
{
    x[i]=0;
    for(int k=head[i+1];k<=head[i]-1;k++)
    {
        if(p[k][0]+w[i]==j && p[k][1]+v[i]==m)
        {
            x[i]=1;
            j=p[k][0];
            m=p[k][1];
            break;
        }
    }
}
```

该算法的主要计算量在于计算跳跃点 $p[i](1 \leqslant i \leqslant n)$。从跳跃点集 $p[i]$ 的定义可以看出，$p[i]$ 中的跳跃点对应 $x_i, \cdots, x_n$ 的 $0-1$ 赋值。因此，$p[i]$ 中跳跃点个数不超过 2^{n-i+1}。由此可见，算法计算跳跃点集 $p[i](1 \leqslant i \leqslant n)$ 所花费的计算时间为

$$O\Big(\sum_{i=2}^{n} |p[i+1]|\Big) = O\Big(\sum_{i=2}^{n} 2^{n-i}\Big) = O(2^n)$$

因此，改进后算法的计算时间复杂度为 $O(2^n)$。当所给物品的质量是整数 $w_i(1 \leqslant i \leqslant n)$ 时，$|p[i]| \leqslant c+1, (1 \leqslant i \leqslant n)$。此时，改进后算法的时间复杂为 $O(\min\{nc, 2^n\})$。

通过观察改进前后两个程序的运行结果发现，当背包容量和物品质量为整数时，选择改进前的算法，计算所需的时间较短，当然在计算背包容量和物品质量为浮点数时只能选择改进后的算法。在动态规划算法中，问题的最优子结构性质能够以自底向上的方式递归地从子问题的最优解逐步构造出整个问题的最优解。同时，它也能在相对小的空间中考虑问题。只要所要解决的问题满足动态规划的最优子结构性和子问题重叠性这两个性质，同时，设计算法时建立好递推关系，就可以写出求解问题的算法。

3.5 树形动态规划——最优二叉搜索树

树形动态规划是建立在树结构的基础上的，当动态规划的各阶段形成一棵树，利用各阶段之间的关系（递归方程），从根结点传递有用信息给叶结点，从而得到最优解或者从叶结点（边界）开始逐步向上一层的结点（即父结点）进行动态规划，直到使用动态规划方法到达根结点（即原问题），求得问题的最优解，下面举例说明。

设二叉树具有 n 个带权值的结点，那么从根结点到各个结点的路径长度与相应结点

权值的乘积之和称为二叉搜索树的带权路径长度。给定一组具有确定权值的结点,可以构造出不同形态的带权二叉树,例如,给出键值为 3、7、9、12,权值分别为 0.1、0.2、0.4、0.3 的 4 个结点,可以构造出图 3.7 所示的 4 棵具有不同形态的二叉搜索树。

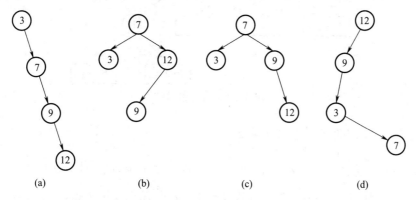

图 3.7　由 4 个结点构造的 4 棵不同形态的二叉搜索树

图 3.7 中的 4 棵树的带权路径长度分别为:

(a) $0.1 \times 1 + 0.2 \times 2 + 0.4 \times 3 + 0.3 \times 4 = 2.9$。

(b) $0.1 \times 2 + 0.2 \times 1 + 0.4 \times 3 + 0.3 \times 2 = 2.2$。

(c) $0.1 \times 2 + 0.2 \times 1 + 0.4 \times 2 + 0.3 \times 3 = 2.1$。

(d) $0.1 \times 3 + 0.2 \times 4 + 0.4 \times 2 + 0.3 \times 1 = 2.2$。

由此可见,由相同权值的一组结点所构成的二叉树有不同的形态和不同的带权路径长度,那么如何找到带权路径长度最小搜索即最优二叉搜索树呢? 根据最优二叉搜索树的定义,一棵二叉树要使其带权路径长度最小,必须使权值越大的叶结点越靠近根结点,而权值越小的结点越远离根结点。图 3.7(c)中就是一棵最优二叉搜索树,其带权路径长度最小。

设 $s = \{x_1, x_2, \cdots, x_n\}$ 是有序集,且 $x_1 < x_2 < \cdots < x_n$。有序集 s 的二叉搜索树利用二叉树结点存储有序集中的元素。

二叉搜索树是一棵满足如下条件的二叉树。

(1) 若它的左子树非空,则左子树上所有结点的值均小于它的根结点的值。

(2) 若它的右子树非空,则右子树上所有结点的值均大于它的根结点的值。

(3) 它的左、右子树也分别为二叉搜索树。

二叉搜索树中叶结点形如 (x_i, x_{i+1}) 的开区间,如图 3.8 所示,在 s 二叉树中搜索查找一个元素 x,返回结果有如下两种情形。

① 在二叉搜索树中的叶结点中找到 $x = x_i$。

② 在二叉搜索树的叶结点中确定 $x \in (x_i, x_{i+1})$。

设情形①的概率为 b_i,情形②的概率为 a_i($x_0 = -\infty$, $x_{n+1} = +\infty$),则有(a_0, b_1, a_1,

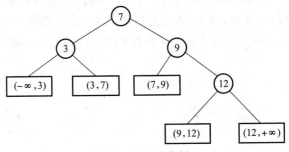

图 3.8　二叉搜索树 T

$b_2, a_2, \cdots, b_n, a_n$)称为集合 s 的分布概率。

$$a_0 + \sum_{i=1}^{n}(a_i + b_i) = 1, \quad a_i \geqslant 0, 0 \leqslant i \leqslant n, b_j \geqslant 0, 1 \leqslant j \leqslant n$$

查找树期望耗费定义:在 s 的二叉排序树中,设 x_i 结点深度为 c_i,叶结点 (x_j, x_{j+1}) 结点深度为 d_j,则二叉搜索树平均长度为 p,p 也可说是在二叉搜索树中作一次搜索所需平均比较次数

$$p = \sum_{i=1}^{n} b_i(1+c_i) + \sum_{j=0}^{n} a_j d_j$$

其中,b_i 为概率,$\sum_{i=1}^{n} b_i(1+c_i)$ 表示 $x_i \in s$ 时所访问结点个数最多比 x_i 深度加 1,a_j 表示概率,d_j 为比较次数,$\sum_{j=0}^{n} a_j d_j$ 表示叶结点不属于 s 所访问结点个数等于虚拟叶结点的深度。如果对集合 s 构造最优二叉搜索树,就可使用二叉搜索树查找算法,使比较次数最少。

问题:当给定 b_i 与 a_j,其中 $1 \leqslant i \leqslant n, 0 \leqslant j \leqslant n$,如何构造最优二叉搜索树?

1. 解决方法——穷举法

对于该问题的求解,如果能得到最佳二叉搜索树的根 T_i,然后再分别构造其左子树和右子树,就可以使原问题得解,然而,用上述方法需要穷举最佳二叉搜索树的根 T_i,对于 n 个元素,可以构造出来的最优二叉搜索树 T 的个数为

$$N(n) = \begin{cases} 1; & n > 1 \\ \sum_{i=1}^{n} N(i-1)N(n-i); & n \geqslant 2 \end{cases}$$

可以证明递归方法的解为

$$N(n) = \frac{1}{n+1}\binom{2n}{n} = \frac{2n!}{(n!^2)(n+1)}$$

此时,与在矩阵连乘问题中分析类似,其渐进时间复杂度为 n 的指数函数,为有效降

低运算时间可以用动态规划算法,使用最优性原理,淘汰肯定不能达到最优解的部分来构造最优二叉搜索树。

2. 解决方法——动态规划法

1) 分析最优子结构

二叉搜索树 T 的一棵含有结点 $s_i, \cdots, s_j$ 和叶结点 $(s_{i-1}, s_i), \cdots, (s_j, s_{j+1})$ 的子树可以看成是有序集 $\{s_i, \cdots, s_j\}$ 关于全集合 $\{s_{i-1}, \cdots, s_{j+1}\}$ 的一棵二叉搜索树,其存取概率为如下的条件概率

$$\overline{b_k} = b_k / w_{ij}, \quad i \leqslant k \leqslant j; \quad \overline{a_h} = a_h / w_{ij}, \quad i-1 \leqslant h \leqslant j$$

其中,$w_{ij} = a_{i-1} + b_i + a_i + \cdots + b_j + a_j$。

证明:设 T_{ij} 是有序集 $\{s_i, \cdots, s_j\}$ 关于存取概率 p 的一棵最优二叉搜索树,平均路长为 L_{ij}。则 T_{ij} 是由根 s_m 和它的左子树 T_1 和右子树 T_r 组成,设左右子树 T_1 和 T_r 的平均路长分别为 L_1 和 L_r,T_1 和 T_r 中每个结点的深度是它们在 T_{ij} 中的深度减 1。由于 T_1 是关于集合 $\{s_i, \cdots, s_{m-1}\}$ 的一棵二叉搜索树,故 $L_1 \geqslant L_{i,m-1}$。若 $L_1 > L_{i,m-1}$,则用 $T_{i,m-1}$ 替换 T_1 可得到平均路长比 T_{ij} 更小的二叉搜索树。这与 T_{ij} 是最优二叉搜索树矛盾。故 T_{ij} 是一个最优二叉搜索树。同理可证 T_r 也是一棵最优二叉搜索树,即最优二叉搜索树具有最优子结构的性质。

2) 递归计算最优值

最优二叉搜索树有个特点:它的任何子树都是最优二叉搜索树。因此可以用下面的方法构造越来越大的最优二叉搜索树:先构造包括一个结点的最优二叉搜索树,再构造包括两个结点的最优二叉搜索树……直到把所有的结点都包括进去。后来构造的较大的最优二叉搜索树用前面构造的较小的最优二叉搜索树作为其子树。

计算 p_{ij} 的递归式。

$$w_{i,j} p_{i,j} = w_{i,j} + \min_{i \leqslant k \leqslant j} \{w_{i,k-1} p_{i,k-1} + w_{k+1,j} p_{k+1,j}\}$$

记 $w_{i,j} p_{i,j}$ 为 $m(i,j)$,这样解决该问题就可以使用动态规划算法。

$$m(i,j) = w_{i,j} + \min_{i \leqslant k \leqslant j} \{m(i,k-1) + m(k+1,j)\}; \quad i \leqslant j$$
$$m(i,i-1) = 0; \quad 1 \leqslant i \leqslant n$$

例 3.7 利用动态规划算法构造 4 个结点的二叉搜索树。

$N=4; S=\{B, D, F, H\}; b_1=1, b_2=5, b_3=4, b_4=3; a_0=5, a_1=4, a_2=3, a_3=2, a_4=1$。

表 3.6—表 3.8 用来存储使用动态规划算法构造二叉搜索树的过程,其中 $S[i][j]$ 存储最优树 $T[i][j]$ 的根结点元素,$M[i][j]$ 存储结点 $i \sim j$ 的最优值,$W[i][j]$ 存储 $i \sim j$ 的概率和。

表 3.6　二叉搜索树构造表 S

	0	1	2	3	4
0					
1	0	1	2	2	2
2		0	2	2	3
3			0	3	3
4				0	4
5					0

表 3.7　二叉搜索树构造表 W

	0	1	2	3	4
0					
1	5	10	18	24	28
2		4	12	18	22
3			3	9	13
4				2	6
5					1

表 3.8　二叉搜索树构造表 M

	0	1	2	3	4
0					
1	0	10	28	43	57
2		0	12	27	40
3			0	9	19
4				0	6
5					0

（1）构造一个结点的最优二叉搜索树，如图 3.9 所示。

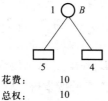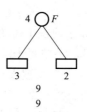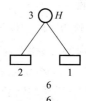

图 3.9　一个结点的最优二叉搜索树

（2）构造 2 个结点的最优二叉搜索树，如图 3.10 所示。

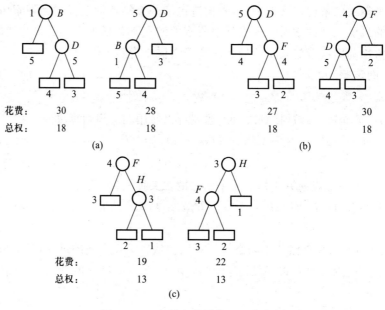

图 3.10　2 个结点的最优二叉搜索树

（3）构造 3 个结点的最优二叉搜索树，如图 3.11 所示。

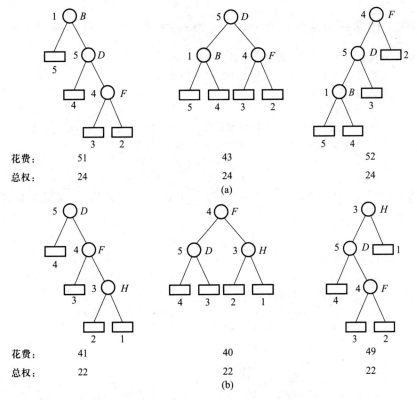

图 3.11　3 个结点的最优二叉搜索树

（4）构造 4 个结点的最优二叉搜索树，如图 3.12 所示。

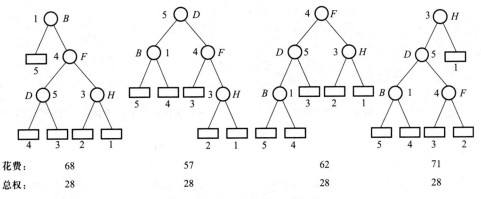

图 3.12　4 个结点的最优二叉搜索树

算法 3.7   用动态规划算法求解最优二叉搜索树。

```
/ *
功能:有序集 s={x₁,x₂,…,xₙ}所表示的二叉搜索树中找出一棵具有最小平均路长的二叉搜
索树
输入:a 数组存储找到二叉搜索树的叶结点的概率
     b 数组存储找到二叉搜索树的内部结点的概率
     n 为结点的总数
     w 数组中的每个元素为 w[i][j]=aᵢ₋₁+bᵢ+…+bⱼ+aⱼ,即存储 i~j 的概率和
     s 数组中的元素 s[i][j]为所存的最优二叉搜索树 T(i,j)的根结点的元素
     m 数组中的元素为存储结点 i~j 的最优值
```

$$m(i,j) = w_{i,j} + \min_{i \leqslant k \leqslant j}\{m(i,k-1)+m(k+1,j)\}, \quad i \leqslant j$$
$$m(i,i-1) = 0, \quad 1 \leqslant i \leqslant n$$

```
输出:根结点存储于数组 s 中、拥有 n 个结点,且有最优搜索路长的二叉搜索树,即w[1:n]的
值最小的二叉搜索树
 * /
void Zuiyoushu(float * a,float * b,int n,float m[][N],int s[][N],float w[][N])
  { int i,j,r,k,t;
     for(i=0;i<=n;i++){w[i+1][i]=a[i];m[i+1][i]=0;}   / * 初始化 * /
     / * 双重循环,控制填表顺序 * /
     for (r=0;r<n;r++)                    / * 确定结点个数为(r+1)的最优二叉搜索树 * /
        for(i=1;i<=n-r;i++)
        {
            j=i+r;
            w[i][j]=w[i][j-1]+a[j]+b[j];
            m[i][j]=m[i+1][j];      / * 将第 i 个结点作为根结点初始化 * /
            s[i][j]=i;
            for(k=i+1;k<=j;k++)/ * 当 i<j 时,选出根结点为 k 的最优二叉搜索
            树 * /
            {
                t=m[i][k-1]+m[k+1][j];
                if(t<m[i][j])
                {
                    m[i][j]=t;s[i][j]=k;
                }
            }
            m[i][j]+=w[i][j];          / * 总花费为其左右子树花费加上树的总权值 * /
        }
  }
```

最优二叉搜索树算法的空间复杂度为 $s(n)=O(n^2)$,由于 $T(n)=\sum\limits_{r=0}^{n-1}\sum\limits_{i=1}^{n-r}O(r+1)=O(n^3)$,因此,算法的时间复杂度为 $T(n)=O(n^3)$。

3）构造最优解

算法中用 $s[i][j]$ 保存最优子树 $T(i,j)$ 的根结点中元素的位置。当 $s[1][n]=k$ 时，x_k 为所求二叉搜索树根结点元素。其左子树为 $T(1,k-1)$。因此 $i=s[1][k-1]$ 表示 $T(1,k-1)$ 的根结点元素为 x_i。以此类推，容易由 s 记录的信息在 $O(n)$ 时间内构造出所求的最优二叉搜索树。

4）改进算法

原算法主要的计算量在于计算

$$\min_{i\leqslant k\leqslant j}\{m(i,k-1)+m(k+1,j)\}$$

可以证明

$$\min_{i\leqslant k\leqslant j}\{m(i,k-1)+m(k+1,j)\}=\min_{s[i][j-1]\leqslant k\leqslant s[i+1][j]}\{m(i,k-1)+m(k+1,j)\}$$

因此，对算法 3.7 的改进见算法 3.8。

算法 3.8 改进的用动态规划算法求解最优二叉搜索树。

```
/*
功能:减少最优值计算次数的二叉搜索树算法
输入:a 数组存储找到二叉搜索树的叶结点的概率
     b 数组存储找到二叉搜索树内部结点的概率
     n 为结点的总数
     w 数组中的每个元素为 w[i][j]=ai-1+bi+…+bj+aj,即存储 i~j 的概率和
     s 数组中的元素 s[i][j]为所存最优二叉搜索树 T(i,j)根结点的元素
     m 数组中的元素为存储结点 i~j 的最优值
     m(i,j)=w_{i,j}+min{m(i,k-1)+m(k+1,j)},  i≤j
                    i≤k≤j
     m(i,i-1)=0,  1≤i≤n
输出:根结点存储于数组 s 中,拥有 n 个结点,且有最优搜索路长的二叉搜索树,即 w[1:n]的
值最小的二叉搜索树
*/
void Zuiyoushu( float *a,float *b,int n,float m[][N],int s[][N],float w[][N])
{ int i,j,i1,j1,r,k,t;
    for(i=0;i<=n;i++)
    {
        w[i+1][i]=a[i];
        m[i+1][i]=0;
        s[i+1][i]=0;
    }                              /*初始化*/
    /*双重循环,控制填表顺序*/
    for(r=0;r<n;r++)               /*确定结点个数为(r+1)的最优二叉树*/
        for(i=1;i<=n-r;i++)
    {
        j=i+r;
        /*确定 i1,j1*/
```

```
i1=s[i][j-1]>i? s[i][j-1];1;j1=s[i+1][j]>i? s[i+1][j];j;
w[i][j]=w[i][j-1]+a[j]+b[j];
m[i][j]=m[i][i1-1]+m[i1+1][j];
s[i][j]=i1;
for(k=i1+1;k<=j1;k++)    /* 当 i1<j1 时,选出根结点为 k 的最优二叉树 */
{
    t=m[i][k-1]+m[k+1][j];
    if(t<m[i][j])
    {
        m[i][j]=t;
        s[i][j]=k;
    }
}
m[i][j]+=w[i][j];
}
}
```

算法复杂性分析:改进算法的空间复杂度为 $s(n)=O(n^2)$,时间复杂度为 $T(n)=O(n^2)$。

$$
\begin{aligned}
T(n) &= O\Big(\sum_{r=0}^{n-1}\sum_{i=1}^{n-r}(1+s(i+1,i+r)-s(i,i+r-1))\Big) \\
&= O\Big(\sum_{r=0}^{n-1}(n-r+s(n-r,n)-s(1,r))\Big) \\
&= O\Big(\sum_{r=0}^{n-1}n\Big) \\
&= O(n^2)
\end{aligned}
$$

小   结

动态规划算法是一种很灵活的解题方法,它常用于解决多阶段最优决策类问题,从理论上讲,任何拓扑有序隐式图中的搜索都可以应用动态规划算法,在时间效率上具备穷举搜索等算法无法比拟的优势;动态规划算法难点在于问题分析,看其是否具备最优子结构、无后效性、子问题的重叠性三要素。

动态规划算法的 4 个步骤:

(1) 找出最优解的性质,并刻画其结构特征。

(2) 递归地定义最优值。

(3) 自底向上的方式填表计算出最优值。

(4) 根据计算最优值时得到的信息,构造最优解。

掌握动态规划的技术需要深刻理解动态规划算法的本质,即学会构造最优决策表来描述整个求解过程。最优决策表是一个二维表,其中行表示决策的阶段,列表示问题状态,表格需要填写的数据一般对应此问题在某个阶段某个状态下的最优值(如最短路径、最长公共子序列、最大价值等),填表的过程就是根据递推关系,从第 1 行第 1 列开始,以行或者列优先的顺序,依次填写表格,最后根据整个表格的数据通过简单的取舍或运算求得问题的最优解。动态规划实质上是一种以空间换时间的技术,以填表的方式存储保留了实现过程中的各种状态,因此它的空间复杂度要大于其他的算法。

习　　题

1. 有向图 G 从顶点 i 到 j 有无路径? 若有,有多少条路径? 如何找?

2. 漂亮打印问题。

问题描述:由给定的 n 个英文单词组成一篇文章,每个单词的长度(字符个数)依次为 $l_1, l_2, \cdots, l_n$。要在一台打印机上将这段文章漂亮地打印出来。打印机每行最多可打印 M 个字符。这里所说的漂亮定义如下:在打印机所打印的每一行中,行首和行尾可不留空格;行中每两个单词之间可留一个空格;如果在一行中打印从单词 i 到单词 j 的字符,那么按照打印规则,应该在一行中打印 $\text{sum}(l_k) + j - i (i \leqslant k < j)$ 个字符(包括字间空格字符),且不允许将单词打破。多余的空格数为 $M - j + i - \text{sum}(l_k)(i \leqslant k < j)$;除文章的最后一行外,希望每行多余的空格数目尽可能少,以每行多余空格数的立方和达到最小作为漂亮的标准。

算法设计:试用动态规划算法设计一个“漂亮打印”方案,并分析算法复杂度。

3. 石子归并问题。

问题描述:在一个圆形操场的四周摆放着 N 堆石子($N \leqslant 100$),现要将石子有次序地合并成一堆。规定每次只能选取相邻的两堆合并成新的一堆,并将新一堆的石子数记为该次合并的得分。

算法设计:编一程序,由文件读入堆栈数 N 及每堆栈的石子数($\leqslant 20$)。

(1) 选择一种合并石子的方案,使用权得做 $N-1$ 次合并,得分的总和最小。

(2) 选择一种合并石子的方案,使用权得做 $N-1$ 次合并,得分的总和最大。

4. 最长单调递增子序列问题。

设计一个 $O(n^2)$ 时间的算法,找出由 n 个数组成序列的最长单调递增子序列。

5. 防卫导弹问题。

问题描述:一种新型的防卫导弹可截击多个攻击导弹。它可以向前飞行,也可以用很快的速度向下飞行,以截击进攻导弹,但不可以向后或向上飞行。防卫导弹的缺点是,尽管它发射时可以达到任意高度,但它只能截击比它上次截击导弹时所处高度低或者高度相同的导弹。现对这种新型防卫导弹进行测试,在每一次测试中,发射一系列的测试导弹(这些导弹发射的间隔时间固定,飞行速度相同),该防卫导弹所能获得的信息包括各进攻导弹的高度以及它们的发射次序。

算法设计:现要求编一程序,求在每次测试中,该防卫导弹最多能截击的进攻导弹数量,一个导弹能被截击应满足下列两个条件之一:

(1) 它是该次测试中第一个被防卫导弹截击的导弹。

(2) 它是在上一次被截击导弹的发射后发射,且高度不大于上一次被截击导弹的高度的导弹。

6. 购物问题。

问题描述:小张只能使用 N 元钱来购买商品。他把每件物品规定了一个重要度,分为 5 等,用整数 1~5 表示,第 5 等最重要;并在因特网上查到每件物品的价格(都是整数元)。他希望在不超过 N 元(可以等于 N 元)的前提下,使每件物品的价格与重要度的乘积总和最大。设第 j 件物品的价格为 $v[j]$,重要度为 $w[j]$,共选中了 k 件物品,编号依次为 j_1,j_2,$\cdots$,j_k,则所求的总为

$$v[j_1] \times w[j_1] + v[j_2] \times w[j_2] + \cdots + v[j_k] \times w[j_k]$$

算法设计:请帮助小张设计一个满足要求的购物单。

7. 汽车加油行驶问题。

问题描述:给定一个 $N \times N$ 的方形网络,设其左上角为起点 S,坐标为 $(1,1)$,X 轴向右为正,Y 轴向下为正,每个方格边长为 1。一辆汽车从起点 S 出发,驶向右下角终点 T,其坐标为 (N,N)。在若干网络交叉点处,设置了油库,可供汽车在行驶途中加油。汽车在行驶中应遵循如下的规则。

(1) 起点和终点不设油库,出发时加满油。

(2) 加满油的费用为 A。

(3) 满油可行使 K 条边。

(4) 若某处需要加油但是没有油库,则可以增设油库,费用为 C(不含加油费 A)。

$$M[i][j] = \begin{cases} 0; & \text{点}(i,j)\text{ 处没有油库} \\ 1; & \text{点}(i,j)\text{ 处有油库} \end{cases}$$

(5) 若 X、Y 坐标中有一个坐标值减小,则应付费用 B;X 和 Y 坐标值均不减小时,费用为 0。

(1)~(5)中 N、K、A、B、C 都是正整数,试设计一个算法。

算法设计:求出汽车从起点出发到达终点所付费用最少的一条行驶路线。

8. 最大 k 乘积问题。

问题描述:设 I 是一个 n 位十进制整数。如果将 I 划分为 k 段,则可得到 k 个整数,将这 k 个整数的乘积称为 I 的一个 k 乘积。试设计一个算法,对于给定的 I 和 k,求出 I 的最大 k 乘积。

算法设计:对于给定的 I 和 k,编程计算 I 的最大 k 乘积。

9. 数字三角形问题。

　　问题描述:给定一个由 n 个数字组成的数字三角形,如图 3.13 所示,数字三角形中的数字为不超过 100 的正整数。现规定从最顶层走到最底层,每一步可沿左斜线向下或右斜线向下走。假设三角形行数小于等于 100。

3
7　8
8　1　0
2　7　7　4
5　5　2　6　5

图 3.13　三角形

　　算法设计:编程求解从最顶层走到最底层的一条路径,使得沿着该路径所经过的数字的总和最大,输出最大值。

第4章 贪婪算法

现实生活中贪婪算法的应用很多。例如,假设有 4 种硬币,它们的面值分别为二角、一角、五分和一分。现在要找给某顾客五角三分钱,并且要使硬币个数最少,通过第 3 章的学习,我们可以用动态规划算法列出所有解,然后找出其中硬币数目最少的解。我们也可以用一种更为简便的贪婪算法来求解问题。这种找硬币方法与其他的找法相比,方法简便,效率高。我们会拿出 2 个二角的硬币,1 个一角的硬币和 3 个一分的硬币交给顾客。选择硬币时所采用的贪婪算法如下:为使找回的零钱的硬币数最小,从最大面值的币种开始,按递减的顺序考虑各币种,先尽量用大面值的币种,只当余额不足一个大面值币种时,才会去考虑下一种较小面值的币种。每一次都选择可选的面值最大的硬币。为确保解法的可行性(即所给的零钱等于要找的零钱数),所选择的硬币总额不超过要找的零钱。上述找硬币的算法利用了硬币面值的特殊性。如果将硬币的面值改为一分、五分、一角一分 3 种,要找给顾客一角五分钱,仍使用贪婪算法,我们将找给顾客 1 个一角一分的硬币和 4 个一分的硬币,然而 3 个 5 分的硬币显然是最好的找法。由此可见,贪婪算法并不是总能得到最优解。

贪婪算法总是作出在当前看来最好的选择。它不是从整体最优考虑,所作出的每次选择只是在某种意义上的局部最优。所以一定要注意判断问题是否适合采用贪婪算法策略,找到的解是否一定是问题的最优解。然而,虽然贪婪算法不是对所有问题都能得到整体最优解,但对范围相当广的许多问题它能产生整体最优解。如单源最短路径问题等。在某些情况下,即使贪婪算法不能得到整体最优解,但是最终结果却是最优解的很好的近似。

4.1 贪婪算法基础

本节主要介绍贪婪算法的基本思想,分析贪婪算法的基本要素,给出该算法解题的基本步骤,以 0−1 背包问题为例说明贪婪算法的实际应用。

4.1.1 贪婪算法的基本思想

贪婪算法是一步一步地进行,根据某个优化测度,每一步都要保证能获得局部最优解。若下一个数据与部分最优解连在一起不再是可行解时，就不把该数据添加到部分解中，直到把所有数据枚举完或不能再添加为止。这种能够得到某种度量意义下的最优解的分级处理方法称为贪婪法，该方法的"贪婪性"反映在对当前情况总是作最大限度的选择，即贪婪算法总是作出在当前看来是最好的选择。

基本思想：贪婪算法是从问题的某一个初始解出发，向给定的目标推进。但它与普通递推求解过程不同的是，其推动的每一步不是依据某一固定的递推式，而是做一个当时看似最佳的贪心选择，不断地将问题实例归纳为更小的相似的子问题，并期望通过所做的局部最优选择产生出一个全局最优解。

4.1.2 贪婪算法的基本要素

对于一个具体的问题，如何知道是否可用贪婪算法解此问题，以及能否得到问题的最优解呢？这个问题很难给予确定的回答。

但是，从许多可以用贪婪算法求解的问题中看到这类问题一般具有两个重要的性质：贪心选择性质和最优子结构性质。

1. 贪心选择性质

所谓贪心选择性质是指应用同一规则，将原问题变为一个相似的，但规模更小的子问题，之后的每一步都是当前看似最佳的选择。这种选择依赖于已做出的选择，但不依赖于未做出的选择。动态规划算法通常以自底向上的方式解各子问题，而贪婪算法则通常以自顶向下的方式进行，以迭代的方式做出相继的贪心选择，通过每一步贪心选择，可得到问题的一个最优解，虽然每一步上都要保证能获得局部最优解，但由此产生的全局解有时不一定是最优的。运用贪心策略解决的问题在程序的运行过程中无回溯过程。这是贪婪算法可行的第一个基本要素，也是贪婪算法与动态规划算法的主要区别。

要使用贪心选择性质，必须证明贪心选择将导致整体的最优解。首先证明存在问题的一个整体最优解必定包含了第一个贪心选择。然后证明在做了贪心选择后，原问题简化为规模较小的类似子问题，即可继续使用贪心选择。采用数学归纳法可证明，经过一系列贪心选择可以得到整体最优解。其中，证明选择后的问题简化为规模更小的类似子问题的关键在于利用该问题的最优子结构性质。

2. 最优子结构性质

当一个问题的最优解包含其子问题的最优解时，称此问题具有最优子结构性质。由于运用贪心策略解题在每一次都取得了最优解，问题的最优子结构性质是该问题可用贪婪算法或动态规划求解的关键特征。贪婪算法与动态规划都要求具有最优子结构性质的两个算法。贪婪算法较为简便，效率也更高，但是求出的不一定是整体最优解。而动态规划通过先求子问题的解，然后通过子问题的解构造原问题的解，相对复杂。动态规划方法通过对若干局部最优解的比较,去掉了次优解,需要依赖子问题的解进行递归填表,最后得到整体最优解。

动态规划和贪婪算法的区别见表 4.1。

表 4.1 动态规划和贪婪算法的区别

项 目	基本思想	依赖子问题的解	解问题的方向	最 优 解	复杂程度
贪婪算法	贪心选择	否	自顶向下	局部最优	简单有效
动态规划	递归定义填表	是	自底向上	整体最优	较复杂

4.1.3 贪婪算法适合的问题

贪婪算法通常用来解决具有最大值或最小值的优化问题。它是从某一个初始状态出发,根据当前局部而非全局的最优决策,以满足约束方程为条件,以使得目标函数的值增加最快或最慢为准则,选择一个最快达到要求的输入元素,以便尽快地构成问题的可行解。

最优化问题:有 n 个输入,而它的解就由这 n 个输入的满足某些事先给定的约束条件的某个子集组成,而把满足约束条件的子集称为该问题的可行解。显然,可行解一般来说是不唯一的,为了衡量可行解的好坏,问题还给出某个值函数,称为目标函数,使目标函数取极值(极大或极小)的可行解,称为最优解。

最优化问题的解可表示成一个 n 元组 $X = (x_1, x_2, \cdots, x_n)$,其中每个分量取自某个解集合 S,所有允许的 n 元组组成一个候选解集。

贪婪算法是通过分步决策的方法来解决问题的。贪婪算法在求解问题的每一步作出某种决策,产生 n 元组的一个分量,贪婪算法要求根据题意,选定一种最优量度标准,作为选择当前分量的依据,这种贪婪算法在每一步上用做决策依据的选择准则被称为最优量度标准(也称为贪心准则,或贪心选择性质)。

4.1.4 贪婪算法的基本步骤

1. 选定合适的贪心选择的标准

适合采用贪婪算法的问题:当"贪心序列"中的每项互异且当问题没有重叠性时,看起来总能通过贪婪算法取得(近似)最优解的;或者,总有一种直觉在引导我们对一些问题采用贪婪算法。但是,值得指出的是,当一个问题具有多个最优解时,贪婪算法并不能求出所有最优解。另外,我们经过实践发现,单纯的贪婪算法是顺序处理问题的,而且每个结果是可以在处理完一个数据后即时输出的。

2. 证明在此标准下该问题具有贪心选择性质

整体的最优解是通过一系列的局部最优选择,即贪心选择来达到的。方法:假设问题的一个整体最优解，并证明可修改这个最优解，使其以贪婪算法开始。

3. 证明该问题具有最优子结构性质

4. 编写算法求解

根据贪心选择的标准，写出贪心选择的算法，求得最优解。

贪婪算法求最优解的一般过程如下：

```
Greedy(C)                  /* C 是问题的输入集合即候选集合 */
{
    S={ };                 /* 初始解集合为空集 */
    while(not solution(S)) /* 集合 S 没有构成问题的一个解 */
    {
        x=select(C);       /* 在候选集合 C 中做贪心选择 */
        if feasible(S,x)   /* 判断集合 S 中加入 x 后的解是否可行 */
         S=S+{x};
        C=C-{x};
    }
    return S;
}
```

用贪婪法求解问题应考虑如下方面：

（1）候选集合 C。为了构造问题的解决方案，有一个候选集合 C 作为问题的可能解，即问题的最终解均取自于候选集合 C。

（2）解集合 S。随着贪心选择的进行，解集合 S 不断扩展，直到构成一个满足问题的完整解。

（3）解决函数 solution。检查解集合 S 是否构成问题的完整解。

（4）选择函数 select。即贪心策略，这是贪婪法的关键，它指出哪个候选对象最有希望构成问题的解，选择函数通常和目标函数有关。

（5）可行函数 feasible。检查解集合中加入一个候选对象是否可行，即解集合扩展后是否满足约束条件。

开始时解集合 S 为空，然后使用选择函数 select 按照某种贪心策略，从候选集合 C 中选择一个元素 x，用可行函数 feasible 去判断解集合 S 加入 x 后是否可行，如果可行，把 x 合并到解集合 S 中，并把它从候选集合 C 中删去；否则，丢弃 x，从候选集合 C 中根据贪心策略再选择一个元素，重复上述过程，直到找到一个满足解决函数 solution 的完整解。

4.1.5 贪婪算法示例——背包问题

给定 n 种物品（每种物品仅有一件）和一个背包。物品 i 的质量是 w_i，其价值为 p_i，背包的容量为 M。问应如何选择物品装入背包，使得装入背包中的物品总价值最大（每件

物品 i 的装入情况为 x_i，得到的效益是 $p_i \times x_i$）。

（1）部分背包问题。在选择物品时，可以将物品分割为部分装入背包，不一定要求全部装入，即 $0 \leqslant x_i \leqslant 1$。

（2）$0-1$ 背包问题。和部分背包问题相似，但是在选择物品装入时要么不装，要么全装入，即 $x_i = 1$ 或 0。

这两类问题都具有最优子结构性质，极为相似，但部分背包问题可以用贪婪算法求解（见例4.1），而 $0-1$ 背包问题却不能用贪婪算法求解（见例4.2）。

例4.1 $n=3, M=20, w=(18,15,10), p=(25,24,15)$。假设物品可分，故有可行解无数个，其中的 4 个可行解见表4.2。

表 4.2 部分背包问题的 4 个可行解

(x_0, x_1, x_2)	$\sum w_i x_i$	$\sum p_i x_i$
$(1/2, 1/3, 1/4)$	16.5	24.25
$(1, 2/15, 0)$	20	28.2
$(0, 2/3, 1)$	20	31
$(0, 1, 1/2)$	20	31.5

在这 4 个可行解中，第 4 个解的效益值最大。但这个解是否是背包问题的最优解，尚无法确定，但有一点是可以肯定的，即对于一般背包问题，其最优解显然必须装满背包。

（1）选目标函数作为量度标准，即"效益"优先，使每装入一件物品就使背包获得最大可能的效益值增量。

按物品收益从大到小排序：0、1、2。

解为：$(x_0, x_1, x_2) = (1, 2/15, 0)$。

收益：$25 + 24 \times 2/15 = 28.2$。

此方法解非最优解。原因：只考虑当前收益最大，而背包可用容量消耗过快。

（2）选质量作为量度，使背包容量尽可能慢地被消耗。

按物品质量从小到大排序：2、1、0。

解为：$(x_0, x_1, x_2) = (0, 2/3, 1)$。

收益：$15 + 24 \times 2/3 = 31$。

此方法解非最优解。原因：虽然容量消耗慢，但效益没有很快增加。

（3）选价值/质量为量度，使每一次装入的物品应使它占用的每一单位容量获得当前最大的单位效益。

按物品的 p_i/w_i 从大到小排序：1、2、0。

解为：$(x_0, x_1, x_2) = (0, 1, 1/2)$。

收益：$24 + 15/2 = 31.5$。

此方法解为最优解。可见，可以把 p_i/w_i 作为背包问题的最优量度标准。

1. 部分背包问题的算法分析

1）贪心选择性质

证明：设物品按其单位价值量 p_i/w_i 由高到低排序，$(x_1,x_2,\cdots,x_n)$ 是背包问题的一个最优解。又设 $k=\min\limits_{1\leqslant i\leqslant n}\{i\,|\,x_i\neq 0\}$。易知，如果给定问题有解，则 $1\leqslant k\leqslant n$。

当 $k=1$，$(x_1,x_2,\cdots,x_n)$ 是以贪婪算法开始的最优解。

当 $k>1$，设有一个集合 $(y_1,y_2,\cdots,y_n)$，其中 $y_1=p_k/p_1\times x_k,y_k=0,y_i=x_i,2\leqslant i\leqslant n,i\neq k$，则

$$\sum_{i=1}^{n}w_iy_i=\sum_{i=1}^{n}w_ix_i-w_kx_k+w_1\times p_k/p_1\times x_k$$

因为 $p_1/w_1\geqslant p_k/w_k$，所以 $w_k\geqslant w_1\times p_k/p_1$，所以有

$$\sum_{i=1}^{n}w_iy_i=\sum_{i=1}^{n}w_ix_i-w_kx_k+w_1\times p_k/p_1\times x_k\leqslant c$$

因此，$(y_1,y_2,\cdots,y_n)$ 是所给部分背包问题的一个可行解。

另外，由 $\sum\limits_{i=1}^{n}p_ix_i=\sum\limits_{i=1}^{n}p_iy_i$，可知 $(y_1,y_2,\cdots,y_n)$ 是一个满足贪心选择性质的最优解。

所以，部分背包问题具有贪心选择性质。

2）最优子结构性质

采用贪婪算法选择物体 1 之后，问题转化为背包质量为 $M-w_1\times x_1$，物体集为 $\{$物体 2，物体 3，$\cdots$，物体 $n\}$ 的背包问题。且该问题的最优解包含在初始问题的最优解中。

对于部分背包和 0—1 背包这两类问题都具有最优子结构性质。对于部分背包问题，类似地，若它的一个最优解包含物品 j，则从该最优解中拿出所含的物品 j 的那部分质量 w，剩余的将是 $n-1$ 个原重物品 $1,2,\cdots,j-1,j+1,\cdots,n$ 及质量为 w_j-w 的物品 j 中可装入容量为 $M-w$ 的背包且具有最大价值的物品。对于 0—1 背包问题，设 A 是能装入容量为 M 的背包所具有最大价值的物品集合，则 $A_j=A-\{j\}$ 是 $n-1$ 个物品 $1,2,\cdots,j-1,j+1,\cdots,n$ 可装入容量为 $M-w_j$ 的背包的具有最大价值的物品集合。

对于 0—1 背包问题，使用贪婪算法，并不一定能求得最优解，因此，贪婪算法不能用来求解 0—1 背包问题。

对于 0—1 背包问题，贪心选择之所以不能得到最优解，是因为在这种情况下它无法保证最终能将背包装满，部分闲置的背包空间使单位千克背包空间的价值降低了。事实上，在考虑 0—1 背包问题时，应比较选择该物品和不选择该物品所导致的最终方案，然后再作出最好选择。由此就导出许多互相重叠的子问题。这正是该问题可用动态规划算法求解的另一重要特征。实际上也是如此，动态规划算法的确可以有效地求解 0—1 背包

问题。

例 4.2 $n=3, M=25, p=(32,24,15), w=(16,15,10)$，则 $p/w=(2,1.6,1.5)$。

选价值/质量为量度，取最大值得到解：$X=(1,0,0)$，$\sum p_i x_i=32$，背包剩余质量 $U=M-\sum w_i x_i=M-(16,15,10)\cdot(1,0,0)=25-16=9$。不能放下任何物品，显然 $X=(1,0,0)$ 不是最优解。

最优解是 $(0,1,1)$，$\sum p_i x_i=(32,24,15)\cdot(0,1,1)=39$，即利润为 39。

2. 部分背包问题的设计与实现

算法步骤： 用贪婪算法求解部分背包问题，首先计算每种物品单位质量的价值 p_i/w_i。然后依贪心选择策略，将尽可能多的单位质量价值最高的物品装入背包。若将这种物品全部装入背包后，背包内的物品总质量未超过 M，则选择单位质量价值次高的物品并尽可能多地装入背包。依此策略一直地进行下去，直到背包装满为止。以 $p[i]/w[i]$ 为最优量度标准的背包问题的贪婪算法见算法 4.1。

算法 4.1 用贪婪算法求解部分背包问题。

```
void GreedyKnapsack(float * p,float * w,float M,int n,float * x)
{/ * 前置条件：w[i]已按 p[i]/w[i]的非增次序排列 * /
    float u＝M;              / * u 为背包剩余载重量,初始时为 m * /
    for(int i＝0；i＜n；i＋＋)
        x[i]＝0;             / * 对解向量 x 初始化 * /
    for(i＝0；i＜n；i＋＋)     / * 按最优量度标准选择解的分量 * /
    {
        if(w[i]＞u)
            break;
        x[i]＝1.0;
        u＝u－w[i];
    }
    if(i＜n) x[i]＝u/w[i];
}
```

复杂度分析： 贪婪算法的主要计算时间在于将各种物品依其单位质量价值从大到小排序。因此，贪婪算法的计算时间上界为 $O(n\log_2 n)$。

4.2 汽车加油问题

问题描述： 一辆汽车加满油后可以行驶 N km。旅途中有若干个加油站，如图 4.1 所示。若要使沿途的加油次数最少，设计一个有效的算法，指出应在哪些加油站停靠加油（前提：行驶前车是加满油的）。

图 4.1　汽车加油图例(一)

1. 问题分析

由于汽车是由起点向终点方向开的,我们最大的困惑是不知道在哪个加油站加油可以使我们既到达终点又加油次数最少。我们可以假设不到万不得已我们不加油,即除非油箱里的油不足使汽车开到下一个加油站,我们才加一次油。在局部找到一个最优的解。每加一次油,都可以被认为是一个新的起点,用相同的递归方法进行下去。最终将各个阶段的最优解合并为原问题的解得到我们原问题的求解。

贪心策略:汽车行驶过程中,应行驶到能开到并且离自己最远的那个加油站,在该加油站加油后再按照同样的方法贪心选择下一个加油站。

例 4.3　在汽车加油问题中,设各个加油站之间的距离为(假设没有环路)1、2、3、4、5、1、6、6。汽车加满油以后行驶的最大距离为7,则根据贪婪算法求得最少加油次数为4,需要在3、4、6、7加油站加油,如图 4.2 所示。

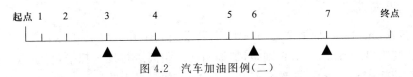

图 4.2　汽车加油图例(二)

计算过程见表4.3。

表 4.3　汽车加油问题计算过程

项　　目	1 号	2 号	3 号	4 号	5 号	6 号	7 号	终点
加满油后行驶距离/km	1	3	6	4	5	6	6	6
剩余行驶数	6	4	1	3	2	1	1	1
是否加油	0	0	1	1	0	1	1	

2. 算法分析

1) 贪心选择性质

设在加满油后可行驶的 N km 这段路程上任取两个加油站 A、B,且 A 距离起点比 B 距离起点近,则若在 B 加油不能到达终点,那么在 A 加油一定不能到达终点,如图 4.3 所示。

由图 4.3 可知,$m+N < n+N$,即在 B 点加油可行驶的路程比在 A 点加油可行驶的路程要长 $(n-m)$ km,所以只要终点不在 A、B 之间且在 B 点右边的话,根据贪心选择,为

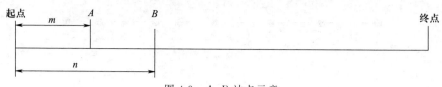

图 4.3 A、B 站点示意

使加油次数最少就会选择距离加满油远一些的加油站去加油,因此,加油次数最少满足贪心选择性质。

2) 最优子结构性质

当一个问题大的最优解包含子问题的最优解时,称该问题具有最优子结构性质。由于$(b[1],b[2],\cdots,b[n])$是这段路程加油次数最少的一个满足贪心选择性质的最优解,则易知若在第一个加油站加油时,$b[1]=1$,$(b[2],b[3],\cdots,b[n])$是从 $a[2]$ 到 $a[n]$ 这段路程上加油次数最少且这段路程上的加油站个数为$(a[2],a[3],\cdots,a[n])$的最优解,即每次汽车中剩下的油不足以行驶到下一个加油站时才选择在当前加油站加一次油,每个过程从加油开始行驶到再次加油满足贪婪算法且每一次加油后相当于与起点具有相同的条件,每个过程都是相同且独立的,也就是说加油次数最少,具有最优子结构性质。

3. 设计与实现

算法步骤:先检测各加油站之间的距离,若发现其中有一个距离大于汽车加满油能行驶的距离,则输出 no solution;否则,对加油站间的距离进行逐个扫描,尽量选择往远处行驶,不能行驶就让 num+1。最终统计出来的 num 便是最少的加油站数。

算法 4.2 用贪婪算法求解汽车加油问题。

```
/*
  功能:计算最少的加油站数
  输入:汽车加满油后可行驶 n 公里,且旅途中有 k 个加油站,a[i]表示第 i 个加油站与第 i+1
      个加油站之间的距离;第 0 个加油站表示起点,汽车已加满油;第 k+1 个加油站表示
      终点
  输出:最少加油次数 num
*/
int Greedy(int a[],int n,int k) {
    int * b=new int[k+1];                    /* 加油站加油最优解 b1~bk */
    int num=0;
    int s=0;                                 /* 加满油后行驶的公里数 */
    for(int i=0;i<=k;i++) {
        if(a[i]>n) {
            cout<<"no solution\n";
            return;
        }
    }
```

```
    for(int i=0,s=0;i<=k;i++) {
        s+=a[i];
        if(s>n) {
            num++;
            b[i]=1;
            s=a[i];
        }
    }
    return num;
}
```

复杂度分析：因为想知道该在哪个加油站加油就必须遍历所有的加油站，且不需要重复遍历，所以时间复杂度为 $O(n)$。

4.3　最优服务次序问题

问题描述：设有 n 个顾客同时等待同一项服务，顾客 i 需要的服务时间为 t_i，$1 \leqslant i \leqslant n$，应如何安排这 n 个顾客的服务次序才能使平均等待时间最小。平均等待时间是 n 个顾客等待服务时间的总和除以 n。

1. 问题分析

假设原问题为 T，而我们已经知道了某个最优服务系列，即最优解为 $A = \{t(1), t(2), \cdots, t(n)\}$（其中 $t(i)$ 为第 i 个用户需要的服务时间），则每个用户等待时间为

$$T(1) = 0$$
$$T(2) = t(1)$$
$$\cdots\cdots\cdots\cdots\cdots$$
$$T(n) = t(1) + t(2) + t(3) + \cdots + t(n-1)$$

那么总等待时间，即最优值为

$$T_A = (n-1) \times t(1) + (n-2) \times t(2) + \cdots + (n-i) \times t(i)$$
$$+ \cdots + 2 \times t(n-2) + t(n-1)$$

由于平均等待时间是 n 个顾客等待时间的总和除以 n，故本题实际上就是求使顾客等待时间的总和最小的服务次序。

贪心策略：对服务时间最短的顾客先服务的贪心选择策略。首先对需要对服务时间最短的顾客进行服务，即做完第一次选择后，原问题 T 变成了对 $n-1$ 个顾客服务的新问题 T'。新问题和原问题相同，只是问题规模由 n 减小为 $n-1$。基于此种选择策略，对新问题 T'，在 $n-1$ 个顾客中选择服务时间最短的先进行服务，如此进行下去，直至所有服务都完成为止。

例 4.4　有 6 个顾客 $\{x_1, x_2, \cdots, x_6\}$ 同时等待同一服务，它们需要的服务时间分别为

30、50、100、20、120、70,求使顾客等待时间的总和最小的服务次序。

解:顾客服务时间按从小到大排列结果为 $\{x_4,x_1,x_2,x_6,x_3,x_5\}$,服务时间分别为 20、30、50、70、100、120。

按贪心策略可知,服务时间最短的顾客先接受服务。则总时间

$$T_A = 5 \times 20 + 4 \times 30 + 3 \times 50 + 2 \times 70 + 100 = 610$$
$$平均等待时间 = 610/6 \approx 101.7$$

2. 算法分析

1) 贪心选择性质

先来证明该问题具有贪心选择性质,即最优服务 A 中 $t(1)$ 满足条件 $t(1) \leqslant t(i)(2 \leqslant i \leqslant n)$。

证明:用反证法。假设 $t(1)$ 不是最小的,不妨设 $t(1) > t(i)(i > 1)$。设另一服务序列 $B = \{t(i),t(2),\cdots,t(1),\cdots,t(n)\}$,那么

$$T_A - T_B = (n-1) \times [t(1) - t(i)] + (n-i) \times [t(i) - t(1)]$$
$$= (i-1) \times [t(1) - t(i)] > 0$$

即 $T_A > T_B$,这与 A 是最优服务相矛盾,即问题得证。

故最优服务次序问题满足贪心选择性质。

2) 问题的最优子结构性质

在进行贪心选择后,原问题 T 就变成了如何安排剩余的 $n-1$ 个顾客服务次序的问题 T',是原问题的子问题。若 A 是原问题 T 的最优解,则 $A' = \{t(2),\cdots,t(i),\cdots,t(n)\}$ 是服务次序问题子问题 T' 的最优解。

证明:假设 A' 不是子问题 T' 的最优解,其子问题的最优解为 B',则有 $T'_B < T'_A$,而根据 T_A 的定义知,$T'_A = (n-1) \times t(1) = T_A$。因此,$T'_B + (n-1) \times t(1) < T'_A + (n-1) \times t(1) = T_A$,即存在一个比最优值 T_A 更短的总等待时间,而这与 T_A 为问题 T 的最优值相矛盾。因此,A' 是子问题 T' 的最优解。从以上贪心选择以及最优子结构性质的证明,可知对最优服务次序问题用贪婪算法可求得最优解。

根据以上证明,最优服务次序问题可以用最短服务时间优先的贪心选择求得最优解。故只需对所有服务先按服务时间从小到大进行排序,然后按照排序结果依次进行服务即可。平均等待时间即为 T_A/n。

3. 设计与实现

算法 4.3　用贪婪算法求解最优服务次序问题。

```
/*
功能:计算平均等待时间
输入:各顾客等待时间 a[n],n 是顾客人数
输出:平均等待时间 average
```

```
*/
double GreedyWait(int a[],int n)
{
    double average=0.0;
    Sort(a);//按服务时间从小到大排序
    for(int i=1;i<=n;i++)
    {
        average+=(n-i)*a[i];
    }
    average =average/n;
    return average;
}
```

复杂性分析:程序运行时间主要是花费在对各顾客所需服务时间的排序和贪婪算法,即计算平均服务时间上面。其中,贪婪算法部分只有一重循环影响时间复杂度,其时间复杂度为 $O(n)$;而排序时间复杂度为 $O(n\log_2 n)$。因此,综合来看算法的时间复杂度为 $O(n\log_2 n)$。

4.4 区间相交问题

问题描述:给定 X 轴上 n 个闭区间。去掉尽可能少的闭区间,使剩下的闭区间都不相交。输出计算出的去掉的最少闭区间数。

1. 问题分析

最小删去区间数目=区间总数目-最大相容区间数目。

最大相容区间问题即若干个区间要求互斥使用某一公共区间段,目标是选择最大的相容区间集合。假定集合 $S=\{x_1,x_2,\cdots,x_n\}$ 中含有 n 个希望使用某一区间段,每个区间 x_i 有开始时间 l_i 和完成时间 r_i,其中,$0\leqslant l_i<r_i<\infty$。如果某个区间 x_i 被选中使用区间段,则该区间在半开区间 $(l_i,r_i]$ 这段时间占据区间段。如果区间 x_i 和 x_j 在区间 $(l_i,r_i]$ 和 $(l_j,r_j]$ 上不重叠,则称它们是相容的,即如果 $l_i\geqslant r_j$ 或者 $l_j\geqslant r_i$,区间 x_i 和 x_j 是相容的。

最大相容区间问题可以用贪婪算法解决,可以将集合 S 的 n 个区间段以右端点的非减序排列,每次总是选择具有最小右端点相容区间加入集合 A 中。直观上,按这种方法选择相容区间为未安排区间留下尽可能多的区间段。也就是说,该算法贪心选择的意义是使剩余的可安排区间段极大化,以便安排尽可能多的相容区间。

排序算法的时间复杂度见表 4.4。

表 4.4　排序算法的时间复杂度

排序方法	简单排序	快速排序	堆排序	归并排序	基数排序
平均时间	$O(n^2)$	$O(n\log_2 n)$	$O(n\log_2 n)$	$O(n\log_2 n)$	$O(d(n+rd))$

贪心策略：将所有区间按照右端点升序排列，贪心选择满足相容性且终点最小的区间。如此重复选择区间。

例 4.5　设待安排的 10 个区间的左端点和右端点如表 4.5 所示。

表 4.5　10 个区间的左端点和右端点

左端点	1	5	20	7	6	70	70	99	101	9
右端点	100	6	210	8	7	100	99	100	102	18

则按右端点的非减序排列结果见表 4.6，结果如图 4.4 所示，灰色表示非递减区间。

表 4.6　右端点的非减序排列结果

区间	x_1	x_2	x_3	x_4	x_5	x_6	x_7	x_8	x_9	x_{10}
左端点	5	6	7	9	70	1	70	99	101	20
右端点	6	7	8	18	99	100	100	100	102	210

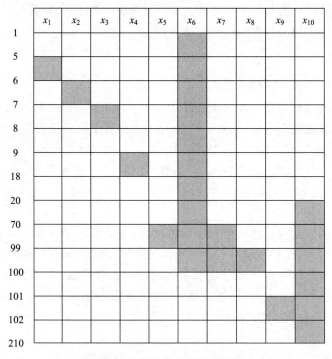

图 4.4　右端点非减序排列结果

最大相容区间结果如图 4.5 所示,黑色表示选择的相容区间。

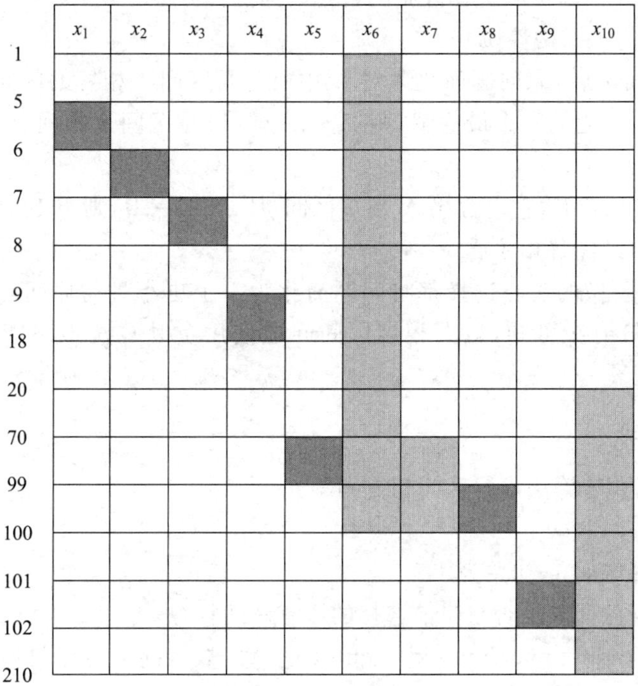

	x_1	x_2	x_3	x_4	x_5	x_6	x_7	x_8	x_9	x_{10}
1										
5										
6										
7										
8										
9										
18										
20										
70										
99										
100										
101										
102										
210										

图 4.5 最大相容区间结果

贪婪算法得到的最大相容区间集合为$\{x_1,x_2,x_3,x_4,x_5,x_8,x_9\}$,则最大相容区间数目为 7。

最小删去区间数目为 $10-7=3$。

2. 算法分析

贪婪算法并不总能求得整体最优值,其解是否具有最优性需要给出证明。下面针对最大相容区间问题给出整体最优解的证明。

设 $E=\{1,2,\cdots,n\}$ 为所给的区间集合。由于 E 中区间按右端点的非减序排列,故区间 1 具有最早的完成时间。首先证明区间选择问题有一个最优解以贪心选择开始。证明如下:

1)具有贪心选择性质

(1)设 A 是区间选择问题的一个最优解,$A\subseteq E$,A 中区间按右端点非减序排列。

(2)设 k 是 A 中第一区间,若 $k=1$,则 A 就是一个以贪心选择开始的最优解;若 $k>1$,再设 $B=A-\{k\}\bigcup\{1\}$。由于 $r_1\leqslant r_k$ 且 A 中区间是相容的,故 B 中区间也是相容的。又由于 B 中区间个数与 A 中区间个数相同,且 A 是最优的,故 B 也是最优的,也就是 B

是以贪心选择区间 1 开始的最优解。

结论：总存在一个以贪心选择开始的最优区间选择方案。

2) 问题的最优子结构性质

在选择了区间 1 后，原问题简化为对 E 中所有与区间 1 相容的区间进行区间选择的子问题，若 A 是原问题的一个最优解，则 $A' = A - \{1\}$ 是区间选择问题 $E' = \{i \in E : l_i \geqslant r_1\}$ 的最优解。

反证法：假设 $B' \subseteq E$，它包含比 A' 更多区间，$B' \bigcup \{1\} = B$，则 B 比 A 有更多区间 $\Rightarrow B$ 是最优解，与 A 为最优解相矛盾。

因此，每一步所做的贪心选择都将问题简化为一个更小且与原问题具有相同形式的子问题。由数学归纳法可知，最大相容区间问题使用贪婪算法最终能产生原问题的最优解。

3. 设计与实现

算法 4.4　用贪婪算法求解区间相交问题。

算法步骤：

(1) 开始选择区间 1，初始为 1。

(2) 依次检查区间 i 是否与当前选择的所有区间相容。

因为 inte[i].right $= \max\{$inte[k].right $| k \in A\}$，故区间 i 与当前集合 A 中所有区间相容的充分必要条件是开始时间 inte[i].left $\geqslant$ inte[i].right。

(3) 若相容，则区间 i 加入已选择集合 A 中，否则不选择 i。

(4) 检查完毕，用区间总数目减去最大相容区间数目，即可得到最小删去区间数目。

```
class interval                    /* 区间类 */
{
    public:
        int left;                 /* 左端点 */
        int right;                /* 右端点 */
};
/*
    功能：比较函数；
    输入：区间 a，区间 b；
    输出：如果 a 的右端点小于 b 的右端点，则输出 true，否则输出 false。
*/

bool cmp(interval a,interval b) {
    if (a. right<b. right) return true;
    else return false;
}
/*
```

```
    功能:计算最小删去区间数目
    输入:区间数、区间 inte[n]
    输出:最小删除区间数
*/
int GreedyArrange(int n,interval inte[ ])
{
    sort(inte,inte+n,cmp);
    int count=1;                      /*最大区间相容数*/
    int j=0;                          /*区间的起点*/
    for (int i=1;i<n;i++) {
        if (inte[i].left≥inte[j].right) {
            count++;j=i;
        }
    }
    return n-count;
}
```

复杂度分析:当输入的区间已按右端点非减序排列,算法只需 $O(n)$ 的时间安排 n 个区间,使最多的区间能相容地使用公共区间段。如果所给出的区间未按非减序排列,可选择合适的排序算法,最少可以用 $O(n\log_2 n)$ 的时间重排。

4.5 单源最短路径

问题描述:给定一个带权有向图 $G=(V,E)$,其中每条边的权是非负实数,另外给定 V 中的一个顶点作为源点。要求计算源点到其他各顶点的最短路径长度,其中路径长度是指路上各边权之和。这个问题通常被称为单源最短路径问题。

例如,现有一张城镇地图,图中的顶点为城镇,边代表两个城镇间的连通关系,边上的权为公路造价,县人民政府所在的城镇为 v_0。假设该县的公路建设只能从 v_0 开始规划,规划要求所有可达 v_0 的城镇必须建设一条通往 v_0 的汽车线路,该线路工程的总造价必须最少。

1. 问题分析

Dijkstra 提出了一种按路径长度递增序产生各顶点最短路径的贪婪算法。Dijkstra 算法描述如下:其中输入的带权有向图是 $G=(V,E)$,$V=\{v_0,v_1,v_2,\cdots,v_n\}$,顶点 v_0 是源;E 为图中边的集合;cost$[i,j]$ 为顶点 i 和 j 之间边的权值,当 $(i,j)\notin E$ 时,cost$[i,j]$ 的值为无穷大;distance$[i]$ 表示当前从源点到顶点 i 的最短路径长度。

算法步骤:

(1) 初始时,S 中仅含有源。设 u 是 V 的某一个顶点,把从源到 u 且中间只经过 S 中顶点的路称为从源到 u 的特殊路径,并用数组 distance 记录当前每个顶点所对应的最短特殊路径长度。

（2）每次从集合 $V-S$ 中选取到源点 v_0 路径长度最短的顶点 w 加入集合 S，集合 S 中每加入一个新顶点 w，都要修改顶点 v_0 到集合 $V-S$ 中剩余顶点的最短路径长度值，集合 $V-S$ 中各顶点新的最短路径长度值为原来最短路径长度值与顶点 w 的最短路径长度加上 w 到该顶点的路径长度值中的较小值。

（3）直到 S 包含了所有 V 中顶点，此时，distance 记录了从源到所有其他顶点之间的最短路径长度。

贪心策略：设置两个顶点集合 $V-S$ 和 S，集合 S 中存放已经找到最短路径的顶点，集合 $V-S$ 中存放当前还未找到最短路径的顶点。设置顶点集合 S，并不断地用贪心选择来扩充这个集合。一个顶点属于集合 S 当且仅当从源到该顶点的最短路径长度已知。

例 4.6 对如图 4.6 所示的带权有向图应用 Dijkstra 算法，计算从源顶点 0 到其他顶点间的最短路径，按其算法步骤执行过程见表 4.7。

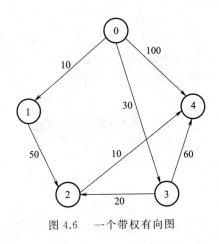

图 4.6   一个带权有向图

表 4.7   **Dijkstra 算法的迭代过程**

迭代	S	w	distance[1]	distance[2]	distance[3]	distance[4]
初始	{0}	—	10	∞	30	100
1	{0,1}	1	10	60	30	100
2	{0,1,3}	3	10	50	30	90
3	{0,1,3,2}	2	10	50	30	60
4	{0,1,3,2,4}	4	10	50	30	60

2. 算法分析

上述 Dijkstra 算法只计算了从源顶点到其他顶点间的最短路径长度,如果还需要求出相应的最短路径,可以用算法中数组 prev 记录的信息找出相应的最短路径。算法中数组 prev[i] 记录的是从源到顶点 i 最短路径上的前一顶点。初始时,对所有 i!=0 设置 prev[i]=u。在 Dijkstra 算法中更新最短路径长度时,只要 distance[u]+cost[u][j]< distance[j] 时,就置 prev[i]=u。当 Dijkstra 算法终止时,就可以通过 prev 找到源到 i 的最短路径上每个顶点的前一个顶点,从而找到从源到 i 的最短路径。

对于图 4.6 所示的带权有向图,经 Dijkstra 算法计算后得到数组 prev 具有的值为 0,0,3,0,2,如果要找出顶点 0 到顶点 4 的最短路径,可以从数组 prev 得到顶点 4 的前一顶点 2,2 的前一顶点 3,3 的前一顶点 0,再反向输出的顶点 0 到顶点 4 的最短路径是 0→3→2→4。

1) 贪心选择性质

Dijkstra 算法是应用贪婪算法设计策略的又一个典型例子。它所进行的贪心选择是从集合 $V-S$ 中选择具有最短特殊路径的顶点 u,从而确定从源到 u 的最短路径长度 distance[u]。这种贪心选择为什么会导致最优解呢?换句话说,为什么从源到 u 没有更多的其他路径呢?

事实上,如果存在一条从源到 u 且长度比 distance[u] 更短的路,设这条路初次走出 S 之外到达的顶点为 $x \in V-S$,然后徘徊于 S 内外若干次,最后离开 S 到达 u,如图 4.7 所示。

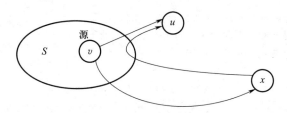

图 4.7　从源到 u 的最短路径

在这条路径上,分别记 cost(v,x)、cost(x,u) 和 cost(v,u) 为顶点 v 到顶点 x、顶点 x 到顶点 u、顶点 v 到顶点 u 的路长,那么 distance[x]<=cost(v,x),cost(v,x)+cost(x,u)=cost(v,u)<distance[u]。利用边权的非负性,可知 cost(x,u)>=0,从而推出 distance[x]<distance[u],说明 $x \in V-S$ 是具有最短特殊路径的顶点,与已知矛盾。这就证明了 distance[u] 是从源到顶点 u 的最短路径长度。

2) 最优子结构性质

算法中确定的 distance[u] 确实是源点到顶点 u 的最短特殊路径长度。为此,只要考察算法在添加 u 到 S 中后,distance[u] 值的变化。当添加 u 之后,可能出现一条到顶点 i

的特殊新路。

第一种情况:从 u 直接到达 i,如果 $\text{cost}[u][i]+\text{distance}[u]<\text{distance}[i]$,则 $\text{cost}[u][j]+$ $\text{distance}[u]$ 作为 $\text{distance}[i]$ 新值。

第二种情况:从 u 不直接到达 i,如图 4.8 所示。回到 S 中某个顶点 x,最后到达 i。当前 $\text{distance}[i]$ 的值小于从源点经 u 和 x,最后到达 i 的路径长度。因此,算法中不考虑此路。由此,不论 $\text{distance}[u]$ 的值是否有变化,它总是关于当前顶点集 S 到顶点 u 的最短特殊路径长度。

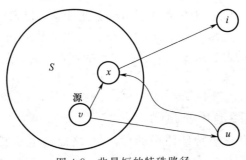

图 4.8 非最短的特殊路径

3. 设计与实现

算法 4.5 用贪婪算法求解单源最短路径问题。

```
/ *
        功能:求给定顶点到其余各点的最短路径
        输入:邻接矩阵 cost[][]、顶点数 n、出发点的下标 v0、结果数组 distance[]、路径前一点
             记录 pre[]
* /
void Dijkstra(int cost[][],int n,int v0,int distance[],int prev[])
{
    int * s=new int[n];
    int mindis,dis;
    int i,j,u;
    / * 初始化 * /
    for(i=0;i<n;i++)
    {
        distance[i]=cost[v0][i];
        s[i]=0;
        if(distance[i]==MAX)
        prev[i]=-1;
        else
        prev[i]=v0;
```

```
    }
    distance[v0]=0;
    s[v0]=1;                          /* 标记 v0 */
    /* 在当前还未找到最短路径的顶点中,寻找具有最短距离的顶点 */
    for(i=1;i<n;i++)                  /* 每循环一次,求得一个最短路径 */
    {
        mindis=MAX;
        u=v0;
        for (j=0;j<n;j++)      /* 求离出发点最近的顶点 */
        if(s[j]==0&&distance[j]<mindis)
        {
            mindis=distance[j];
            u=j;
        }
        s[u]=1;
        for(j=0;j<n;j++)            /* 修改递增路径序列(集合) */
        if(s[j]==0 && cost[u][j]<MAX)
        {    /* 对还未求得最短路径的顶点求出由最近的顶点直达各顶点的距离 */
            dis=distance[u]+cost[u][j];
            /* 如果新的路径更短,就替换掉原路径 */
            if(distance[j]>dis)
            {
                distance[j]=dis;
                prev[j]=u;
            }
        }
    }
}
```

复杂度分析:对于一个具有 n 个顶点和 e 条边的带权有向图,如果用带权邻接矩阵表示这个图,那么 Dijkstra 算法的主循环体要 $O(n)$ 的时间。而这个循环需要执行 $n-1$ 次,所以完成循环需要 $O(n^2)$ 的时间。

小 结

贪婪算法适用于最优化问题,它是通过做一系列的选择来给出某一问题的最优解,即对算法中的每一个决策点做当时看起来是最佳的选择。这种启发式的策略并不是总能产生最优解,但它常常能给出最优解。在贪婪算法中,贪心选择性和最优子结构性是两个关键。一般是在原问题的基础上做出一个贪心选择而得到一个子问题,我们要证明将子问题的最优解与所做的贪心选择合并起来后可以得到原问题的一个最优解。贪婪算法通常包括排序过程,这是因为贪心选择的对象通常是一个数值递增或递减的有序关系。

贪婪算法的基本步骤：

(1) 选定合适的贪心选择的标准。

(2) 证明在此标准下该问题具有贪心选择性质。

(3) 证明该问题具有最优子结构性质。

(4) 根据贪心选择的标准,写出贪心选择的算法,求得最优解。

贪婪算法所做的选择可依赖以往所做过的选择,但决不依赖将来的选择,也不依赖子问题的解,因此贪婪算法与其他算法相比具有一定的速度优势。如果一个问题可以同时用几种方法解决,贪婪算法应该是选择之一。

习　　题

1. 会议安排问题。

假设需要在足够多的会场里安排一批活动,并希望使用尽可能少的会场,设计一个有效的贪婪算法来进行安排。

2. 最优装载。

有一艘大船准备用来装载货物,所有待装载物都装在 n 个大小一样的集装箱中,集装箱的质量各不相同。设第 i 个集装箱的质量为 $w_i(1 \leqslant i \leqslant n)$。船的最大承载为 c,目标是在船上装入最多的货物。

3. 射击竞赛。

射击的目标是一个由 $R \times C(2 \leqslant R \leqslant C \leqslant 1\,000)$ 个小方格组成的矩形网格。每一列恰有 2 个白色的小方格和 $R-2$ 个黑色的小方格。行从顶至底编号为 $1-R$,列从左至右编号为 $1-C$。射击者可射击 C 次,在连续的 C 次射击中,若每列恰好有一个白色的方格被射中,且不存在无白色方格被射中的行,这样的射击才是正确的。如果存在正确的射击方法,则要求找到它。

4. 连接整数。

设有 n 个正整数,将它们连接成一排,组成一个最大的多位整数。例如,$n=3$ 时,3 个整数 13、312、343 练成的最大整数为 34 331 213。

5. 可重复最优分解问题。

设 n 是一个正整数,现在要求将 n 分解为若干个自然数的和,且使这些自然数的乘积最大。

6. 多机调度问题。

已知有 n 个独立的作业 $\{1,2,\cdots,n\}$,由 m 台相同的机器进行加工处理。作业 i 所需的处理时间为 t_i。现约定,任何作业均可在任何一台机器上处理,但未完成前不允许中断处理,作业不能拆分成更小的子作业。设计一种调度方案,使所给的 n 个作业在尽可能短的时间内由 m 台机器加工处理完成。

7. 独木舟。

组织一个独木舟旅行,要求租用的独木舟都是一样的,每条独木舟最多乘坐两人,而且载重有一定限度。现在要节约费用,所以要尽可能地租用最少的独木舟。

8. 套汇问题。

套汇是指利用货币汇兑率的差异将一个单位的某种货币转换为大于一个单位的同种货币。例如,假定 1 美元可以买 0.7 英镑,1 英镑可以买 9.5 法郎,且 1 法郎可以买到 0.16 美元。通过货币兑换,一个商人可以从 1 美元开始买入,得到 $0.7 \times 9.5 \times 0.16 = 1.064$(美元),从而获得 6.4% 的利润。

编程任务:给定 n 种货币 $c_1, c_2, c_3, \cdots, c_n$ 的有关兑换率,试设计一个有效算法,用于确定是否存在套汇的可能性。

9. 石子合并。

在一个圆形操场的四周摆放 N 堆石子($N \leqslant 100$),现要将石子有次序地合并成一堆。规定每次只能选相邻的两堆合并成新的一堆,并将新的一堆石子数记为该次合并的得分。编写程序,由文件读入堆数 N 及每堆石子数($\leqslant 20$),选择一种合并石子的方案,使得做 $N-1$ 次合并得分的总和最小;选择一种合并石子的方案,使得做 $N-1$ 次合并得分的总和最大。

第5章 回 溯 法

在程序设计中,有很多问题是无法运用某种公式推导或采用循环的方法求解的。假如完成某一件事需要经过若干步骤,而每一步又都有若干种可能的方案供选择,完成这件事就有许多种方法。当需要在其中找出满足条件的最优解时,无法根据某些确定的计算法则,而是利用试探和回溯的搜索策略。具有限界函数的深度优先生成法称为回溯法,用该方法求解问题时会按选优条件向前搜索,即系统搜索一个问题的所有解或任一解,以达到目标。但当探索到某一步,发现原先选择并不优或达不到目标时,就退回一步重新选择,既带有系统性又带有跳跃性。因此,它也是一种选优搜索法,采用走不通就退回再走的搜索技术。回溯法的本质是先序遍历一棵状态树过程,不是遍历前预先建立,而是隐含在遍历过程中,使用它可以避免穷举式搜索,适用于解一些组合数相当大的问题。回溯法比前面介绍的其他方法复杂,但它是程序设计中最重要的基础算法之一。

5.1 回溯法基础

本节主要讲解回溯法的基本思想,分析回溯法的解空间问题、递归回溯和迭代回溯,总结回溯法的基本步骤,并以运动员最佳配对问题为例浅析回溯法。

5.1.1 回溯法的基本思想

回溯法先定义问题的解空间,然后在问题的解空间树中,按深度优先策略,从根结点出发搜索解空间树。算法搜索至解空间树的任一结点时,总是先判断该结点是否肯定包含问题的解。如果肯定不包含,则跳过对以该结点为根的子树的搜索,逐层向其祖先结点回溯;否则,进入该子树,继续按深度优先的策略进行搜索。这种以深度优先的方式系统地搜索问题解的算法为回溯法,它适用于求解解空间较大的问题。整个试探搜索的过程是由计算机完成的,所以对于搜索试探要避免重复循环,即要对搜索过的结点做标记。

可见,回溯法就是"试探着走"。如果尝试不成功则退回一步,再换一个办法试试。反复进行这种试探性选择与返回纠错过程,直到求出问题的解为止。

5.1.2 回溯法的解空间

1. 问题的解空间

1) 解空间概念

一个复杂问题的解决方案是由若干个小的决策步骤组成的决策序列,解决一个问题所有可能的决策序列构成该问题的解空间。应用回溯法解问题时,应该首先明确问题的解空间。解空间中满足约束条件的决策序列称为可行解。一般说来,解任何问题都有一个目标,在约束条件下使目标达到最优的可行解称为该问题的最优解。

问题的解向量:回溯法希望一个问题的解能够表示成一个 n 元式 $(x_1, x_2, \cdots, x_n)$ 的形式。

问题的解空间:对于问题的一个实例,所有满足显式约束条件的多元解向量组成了该实例的一个解空间。回溯法的解空间可以组织成一棵树,通常有子集树和排列树两类典型的解空间树。

问题的可行解:解空间中满足约束条件的决策序列。

问题的最优解:解任何问题都有一个目标,在约束条件下目标达到最优的可行解。

显约束:对每个分量 x_i 的取值限定。

隐约束:为满足问题的解而对不同分量之间施加的约束。

2) 解空间树——子集树

当所给的问题是从 n 个元素的集合中找出满足某种性质的子集时,相应的解空间树称为子集树(subset tree)。在组合优化问题求解中,常常用到子集树的概念。例如,对于 n 个元素的整数集 $\{1, 2, \cdots, n\}$,当 $n=1$ 时,只有两个子集,即 $\{\}$ 和 $\{1\}$;当 $n=2$ 时,有 4 个子集;当 $n=3$ 时,有 8 个子集。每增加一个新元素,都使子集个数加倍,因此对于 n 个元素,有 2^n 个子集。又例如 $0-1$ 背包问题对应的解空间就是一棵子集树,树中所有结点都可能成为问题的一个解。子集树中至多有 2^n 个叶结点。$n=3$ 时,子集树如图 5.1 所示。解空间是 $\{(0,0,0), (0,0,1), (0,1,0), (0,1,1), (1,0,0), (1,0,1), (1,1,0), (1,1,1)\}$。

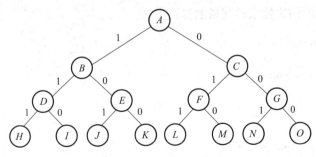

图 5.1 $0-1$ 背包问题的子集树($n=3$)

算法 5.1 用回溯法搜索子集树的一般算法框架。

```
void backtrack (int t)
{
    if (t>n) output(x);
    else
        for (int i=0;i<=1;i++)
        {
            x[t]=i;
            if (legal(t)) backtrack(t+1);
        }
}
```

时间复杂度分析：子集树中有 2^n 个叶结点，总结点数为 $2^{n+1}-1$，因此遍历子集树所需运行时间为 $O(2^n)$。

3）解空间树——排列树

当所给的问题是从 n 个元素的集合中找出满足某种性质的排列时，相应的解空间树称为排列树（permutation tree）。例如，对于$\{1,2,\cdots,n\}$的一个排列，其第一个元素可以有 n 种不同的选择。一旦选定这个值 x_1，则第 2 个位置有 $n-1$ 种选择，重复这个过程，得到不同排列的总数为 $n!$。排列树中至多有 $n!$ 个叶结点，因此任何算法遍历排列树所需运行时间为 $O(n!)$。

为了构造出所有 $n!$ 种排列，可以设一个具有 n 个元素的数组。第 k 个位置的候选解的集合就是那些不在前 $k-1$ 个元素的部分解中出现的元素集合，因此，$S_k=\{1,2,\cdots,n\}-X$。当 $k=n+1$ 时，向量 X 就是问题的解。

例 5.1 旅行售货员问题。

问题描述：售货员周游若干个城市销售商品，已知各个城市之间的路程，选择一个路线，使其经过每个城市仅一次，最后返回原地，并且总路程最小。

问题分析：旅行售货员解空间树就是一个排列树。城市个数 $n=4$ 时的解空间树如图 5.2 所示。从根结点到叶结点的编号构成了一条遍历路线。

算法 5.2 用回溯法搜索排列树的算法框架。

```
void backtrack (int t)
{
    if (t>n) output(x);
    else
        for (int i=t;i<=n;i++)
        {
            swap(x[t],x[i]);
            if (legal(t)) backtrack(t+1);
            swap(x[t],x[i]);
```

```
        }
    }
```

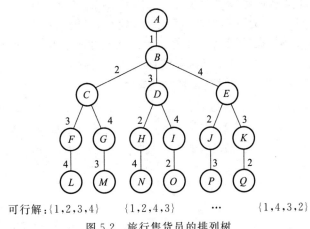

可行解:{1,2,3,4}　　　{1,2,4,3}　　…　　　{1,4,3,2}

图 5.2　旅行售货员的排列树

时间复杂度分析:针对旅行售货员问题,当起点城市固定时,叶结点个数为$(n-1)!$,因此遍历树需要$O((n-1)!)$计算时间。当起点城市不固定时,叶结点个数为$n!$,因此遍历树需要$O(n!)$计算时间。

2. 生成问题解空间的基本状态

扩展结点:一个正在产生孩子的结点称为扩展结点(某时只有一个)。

活结点:一个自身已生成但其孩子还没有全部生成的结点称为活结点(某时可能有多个,就是扩展结点的祖先)。

死结点:一个所有孩子已经产生的结点称为死结点(某时可能有多个)。

深度优先的问题状态生成法:如果对一个扩展结点R,一旦产生了它的一个孩子C,就把C作为新的扩展结点。在完成对子树C(以C为根的子树)的穷尽搜索之后,将R重新变成扩展结点,继续生成R的下一个孩子(如果存在)。

为了避免生成那些不可能产生最佳解的问题状态,要不断地利用限界函数(bounding function)来舍弃那些实际上不可能产生所需解的活结点,以减少问题的计算量。具有限界函数的深度优先生成法称为回溯法。

3. 回溯法搜索

确定了解空间的组织结构后,回溯法就从开始结点(根结点)出发,以深度优先搜索的方式搜索整个解空间。这个开始结点就成为一个活结点,同时也成为当前的扩展结点。在当前的扩展结点处,搜索向纵深方向移至一个新结点。这个新结点就成为一个新的活结点,并成为当前扩展结点。如果在当前的扩展结点处不能再向纵深方向移动,则当前的扩展结点就成为死结点。此时,应往回移动(回溯)至最近的一个活结点处,并使这个活结点成为当前的扩展结点。回溯法即以这种工作方式递归地在解空间中搜索,直至找到所要求的解或解空间中已无活结点时为止。

在用回溯法搜索解空间树时,通常采用两种策略来避免无效搜索,提高回溯法的搜索效率。其一是用约束函数在扩展结点处剪去不满足约束条件的子树;其二是用限界函数剪去不能得到最优解的子树。这两类函数统称为剪枝函数。

例 5.2 0－1 背包问题的解空间树及其搜索过程。

问题描述:物品种数 $n=3$,背包容量 $C=20$,物品价值 $(p_1,p_2,p_3)=(20,15,25)$,物体重量 $(w_1,w_2,w_3)=(10,5,15)$,求 $X=(x_1,x_2,x_3)$ 使背包价值最大。

问题分析:0－1 背包问题的解空间树及其搜索过程如图 5.3 所示。

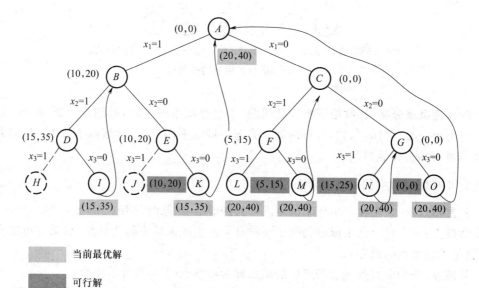

图 5.3 0－1 背包问题的解空间树

5.1.3 回溯算法实现

1. 实现回溯法的算法

回溯法是对解空间树的深度优先搜索法,通常有两种实现的算法。

递归回溯采用递归的方法对解空间树进行深度优先遍历来实现回溯。

迭代回溯采用非递归迭代过程对解空间树进行深度优先遍历来实现回溯。

2. 递归回溯

当用递归方法实现回溯时,基本的算法框架见算法 5.3。

算法 5.3 用递归实现回溯的算法框架。

```
void backtrack (int t)
{
    if (t>n) output(x);
    else
      for (int i=f(n,t);i<=g(n,t);i++)
      {
          x[t]=h(i);
          if (constraint(t)&&bound(t)) backtrack(t+1);
      }
}
```

其中:t 为递归深度,即当前扩展结点在解空间树中的深度;n 用来控制递归深度,即解空间树的高度,当 $t>n$ 时,算法已搜索到一个叶结点;output(x)对得到的可行解 x 进行记录或输出处理;$f(n,t)$ 和 $g(n,t)$ 分别表示在当前扩展结点处未搜索过的子树的起始编号和终止编号;$h(i)$ 表示在当前扩展结点处 $x[t]$ 的第 i 个可选值;constraint(t)和 bound(t)表示在当前扩展结点处的约束函数和限界函数。

3. 迭代回溯

当对解空间树进行非递归的深度优先遍历时,采用非递归迭代过程,其基本的算法框架见算法 5.4。

算法 5.4 用非递归迭代实现回溯的算法框架。

```
void iterativeBacktrack ()
{
    int t=1;
    while (t>0)
    {
      if (f(n,t)<=g(n,t))
        for (int i=f(n,t);i<=g(n,t);i++)
        {
            x[t]=h(i);
            if (constraint(t)&&bound(t))
            {
                if (solution(t)) output(x);
                else {t++;break;}
            }
        }
```

```
        else t－－;
    }
}
```

solution(t)判断当前扩展结点处是否得到问题的一个可行解。返回值为 true 表示在当前可扩展结点处 $x[1:t]$ 是问题的一个可行解。若返回值为 false 则表示在当前扩展结点处 $x[1:t]$ 只是问题的一个部分解,还需要向纵深方向继续搜索。

$f(n,t)$ 和 $g(n,t)$ 分别表示在当前扩展结点处未搜索过的子树的起始编号和终止编号。$h(i)$ 表示在当前扩展结点处 $x[t]$ 的第 i 个可选值。

5.1.4 回溯法的基本步骤

回溯法解决问题的基本步骤:

(1) 对所给定的问题,定义问题的解空间:子集树问题、排列树问题和其他因素。

(2) 确定状态空间树的结构。

(3) 以深度优先方式搜索解空间,并在搜索过程中用剪枝函数避免无效搜索。其中深度优先方式可以选择递归回溯或者迭代回溯。

根据以上步骤,通过深度优先搜索思想完成回溯的完整过程:

(1) 设置初始化的方案(给变量赋初值,读入已知数据等)。

(2) 变换方式去试探,若全部试完则转(7)。

(3) 判断此法是否成功(通过约束函数),不成功转(2)。

(4) 试探成功则前进一步再试探。

(5) 正确方案还未找到则转(2)。

(6) 已找到一种方案则记录并打印。

(7) 退回一步(回溯),若未退到头则转(2)。

(8) 已退到头则结束或打印无解。

一个回溯算法总是会明确或者隐含地生成一棵状态空间树;树中的结点代表了由算法的前面步骤所定义的前 i 个坐标所组成的部分构造元素。如果这样的一个元组 $(x_1,x_2,\cdots,x_i)$ 不是问题的一个解,该算法从 s_{i+1} 中找出下一个元素,该元素不仅与 $(x_1,x_2,\cdots,x_n)$ 的值相容而且与问题的约束条件相容。然后把这个元素加到元组中,作为元组的第 $i+1$ 个坐标。如果这样的元素不存在,该算法向后回溯,考虑 x_i 的下一个值,以此类推。

用回溯法解题的一个显著特征是在搜索过程中动态产生问题的解空间。在任何时刻,算法只保存从根结点到当前扩展结点的路径。如果解空间树中从根结点到叶结点的最大路径的长度为 $h(n)$,则回溯法所需的计算空间通常为 $O(h(n))$。而显式地存储整个解空间则需要 $O(2^{h(n)})$ 或 $O(h(n)!)$ 内存空间。

5.1.5　回溯法示例——运动员最佳配对问题

问题描述:设一个羽毛球队有男女运动员各 n 人,给定 2 个 $n \times n$ 矩阵 P 和 Q,其中 $P[i][j]$ 表示男运动员 i 和女运动员 j 配对组成混合双打时的竞赛优势,$Q[i][j]$ 则是女运动员 i 和男运动员 j 配对组成混合双打时的竞赛优势。由于技术的配合和心理状态等各种因素的影响,一般 $P[i][j]$ 不一定与 $Q[j][i]$ 相等。设计一个算法,计算出男女运动员的最佳配对方法,使各组男女双方竞赛优势乘积的总和达到最大。

如图 5.4—图 5.6 所示为运动员最佳配对问题。

	女1	女2	女3
男1	2	1	3
男2	5	4	1
男3	1	3	6

图 5.4　竞争优势 $P[i][j]$

	男1	男2	男3
女1	2	3	2
女2	3	4	7
女3	1	2	6

图 5.5　竞争优势 $Q[i][j]$

	女1	女2	女3
男1	4	3	3
男2	15	16	2
男3	2	21	36

图 5.6　混合竞争优势 $F[i][j]=P[i][j]*Q[j][i]$

最优搭配为:男 1—女 1,男 2—女 2,男 3—女 3。最优搭配下的最大优势乘积的总和是 56。

1. 定义问题的解空间

运动员最佳配对问题,当男女运动员各 n 人时,假设固定男运动员的顺序,那么该问题的求解就是对 n 个女运动员的全排列问题,所以其解空间可以组织成一棵 $n+1$ 层的排列树,其中最后一层的叶子标志着一种配对方案的形成。

2. 确定解空间树的结构

从根结点出发到该排列树的任一叶结点对应了一个运动员的配对方案,其中第 i 层结点表示第 i 个男运动员,从第 i 层结点到第 $i+1$ 层结点的连线表示与第 i 个男运动员相配对的女运动员 j(j 为连线上的标号)。

例如,图 5.7 表示为 $n=3$ 时男女运动员配对方案的排列树,其中从 A 到 B、C、D、E、F、G 的路径表示所有可能的配对方案,比如从 A 到 D 的路径表示配对方案为:男 1→女 2、男 2→女 1 和男 3→女 3,而 A 到 F 的路径则表示配对方案为:男 1→女 3、男 2→女 1 和男 3→女 2,其他情况以此类推。

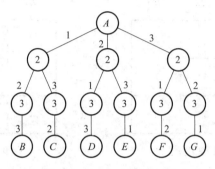

图 5.7　$n=3$ 时的解空间

3. 搜索解空间树

在解空间树中,若当前的层数 $i>n$ 时,则说明已经找到了一个运动员配对方案,此时只需判断其是否是最优解,设用变量 cc 存放各组男女运动员双方竞赛优势乘积的总和,用变量 $bestc$ 表示最优值,即存放竞赛优势乘积总和的最大值,在搜索过程中,cc 和 $bestc$ 中存放相应的当前值与当前最优值,此时若 $cc>bestc$,则说明当前的最优方案已不再最优,此时就用找到的方案来更新当前的最优方案,否则仍然保持以前的最优值。

若 $i \leqslant n$,则按照深度优先的策略继续往下搜索,直到搜索完当前子树,然后回溯到该结点的父结点。上述过程一直地进行下去,直到所有路径均被检查过,就可以得到一个最优方案。

4. 算法的设计与实现

算法 5.5　解运动员最佳配对问题的递归回溯法。

/*　功能:初始化函数,用来计算出男运动员 i 和女运动员 j 配对组成混合双打时的竞赛优势的乘积

P[i][j]:男运动员 i 和女运动员 j 配对组成混合双打时的竞赛优势

Q[i][j]:女运动员 i 和男运动员 j 配对组成混合双打时的竞赛优势

```
          */
          void start( )
          {
          int i,j;
          for(i=0;i<=n;i++)
              for(j=0;j<=n;j++)
                  F[i][j]=P[i][j]*Q[j][i];
          }


          /*
              功能:运动员最佳配对问题的递归回溯函数
              i:递归的层数,初始值为 1
              F[i][j]:男运动员 i 和女运动员 j 配对组成混合双打时的竞赛优势的乘积
              cc:当前各组男女双方竞赛优势乘积的总和
              bestc:最优值,即各组男女双方竞赛优势乘积总和的最大值
              x[i]:当前的男运动员 i 和女运动员 x[i]相配对双打
              bestx[i]:最优解,即男运动员 i 和 bestx[i]相配对双打
          */
          void backtrack(int i)
          {
          int j;
          if (i>n)
          {   if (cc>bestc)              /* 若满足时则需更新当前最优解 */
              {
                  for (j=0;j<=n;j++)
                      bestx[j]=x[j];
                  bestc=cc;
              }
          }
          else
          {
              for(j=i;j<=n;j++)
              {
                  swap(&x[i],&x[j]);
                  cc+=F[i][x[i]];
                  backtrack(i+1);
                  cc-=F[i][x[i]];
                  swap(&x[i],&x[j]);
              }
          }
          }
```

5. 算法性能分析

该算法更新最优解 $bestx[n]$ 需要 $O(n)$ 的时间,而回溯法需要计算 $O((n-1)!)$ 的时

间,因此,整个算法的最坏时间复杂度为 $O(n!)$。

5.2　子集和问题

问题描述:给定 n 个不同的正数集 $W=\{w(i)\,|\,1\leqslant i\leqslant n\}$ 和正数 M,子集和问题是要求找出正数集 W 的子集 S,使该子集中所有元素的和为 M,即 $\sum_{u\in S}u=M$ 。例如,当 $n=4$ 时,$(w1,w2,w3,w4)=(11,13,24,7)$,$M=31$,则满足要求的子集为 $(11,13,7)$ 和 $(24,7)$。

1. 定义问题的解空间

子集和问题是从 n 个元素的集合中找出满足某种性质的子集,其相应的解空间树为子集树。该问题的另一种表示是,每个解的子集由这样一个 n 元组 $(x_1,x_2,\cdots,x_n)$ 表示,其中 $x_i\in\{0,1\}$,$1\leqslant i\leqslant n$。如果解中含有 w_i,则值 $x_i=1$,否则 $x_i=0$。例如,前面实例的解可以表示为 $(1,1,0,1)$ 和 $(0,0,1,1)$。

2. 确定解空间树的结构

在 $n=4$ 的情况下,解的表示方式对应的树结构如图 5.8 所示。图 5.8 的树显示了 $n=4$ 的子集和问题的一种解空间结构,从 $i-1$ 层到 i 层的每一条边标有 x_i 的值,x_i 或者取 1 或者取 0。从根到叶的所有路径定义了解空间,左子树定义了包含 w_1 的所有子集,而右子树定义了不包含 w_1 的所有子集,于是有 16 个叶结点,它们表示 16 种可能的元组。

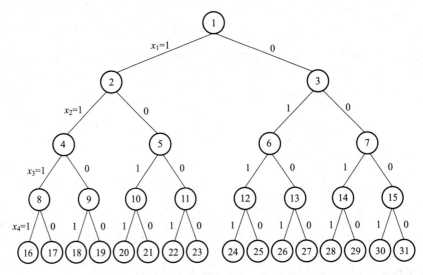

图 5.8　子集和问题的解空间结构

3. 搜索解空间树

为解决该问题可以使用递归回溯的方法来构造最优解,设 cs 为当前子集和,在解空间树中进行搜索时,若当前层 $i > n$ 时,算法搜索至叶结点,其相应的子集和为 cs。当 $cs = c$,则找到了符合条件的解。

当 $i \leqslant n$ 时,当前扩展结点 Z 是子集树的内部结点。该结点有 $x[i] = 1$ 和 $x[i] = 0$ 两个孩子结点。其左孩子结点表示 $x[i] = 1$ 的情形。

剪枝函数在这个问题上分为两种:

(1) 约束函数,即显示约束函数。在这个问题里,通过检查当前正数加入子集后的子集和是否超过正数 M 为约束,如果加进去以后超过,那么很明显正数 i 不能放入,所以只能走没选择的那条路径。

(2) 限界函数,可以称为隐式约束。设 Z 是解空间树第 i 层的当前扩展结点的子树。cs 是当前子集和;r 是剩余子集和,即 $r = \sum_{j=i+1}^{n} w_j$。定义上界函数为 $cs + r$。在以 Z 为根的子树中任一叶结点相应的子集和均不超过 $cs + r$。因此当 $cs + r < c$ 时,可将 Z 的右子树剪去。引入上界函数后,在到达叶结点时就不必再检查该叶结点是否优于当前最优解,因为上界函数使算法搜索到的每个叶结点都是当前找到的最优解。

4. 算法的设计与实现

算法 5.6 解子集和问题的递归回溯法。

```
/*   功能:子集和类 Subsum */

class Subsum
{
    private:
    int n;                          /* 正数个数 */
    int[]w;                         /* 正数值 */
    int c;                          /* 正数 M */
    int cs;                         /* 当前子集和 */
    int r;                          /* 剩余子集和 */
    int[]x;                         /* 当前解 */
    void backtrack(int i);
};

/*
    功能:子集和的递归回溯函数
    输入:i 是递归的层数
    输出:符合条件的子集
*/
```

```
void Subsum∷backtrack(int i)          /＊回溯法 i 表示层号,从 1 开始＊/
{
    if (i＞n)
    {
        if (cs＝＝c)                    /＊满足条件＊/
        {
            for(int j＝1;j＜＝n;j＋＋)
                if(x[j]＝＝1) cout≪w[j]≪" ";    /＊输出结果＊/
                cout≪endl;

        }
        return;
    }
    r－＝w[i];                          /＊递归进层时:从剩余路径 r 中取出一段＊/
    if (cs＋w[i]＜＝c)                  /＊检测左子树＊/
    {
        x[i]＝1;
        cs＋＝w[i];                     /＊递归进层时:将该段加入当前路径 cs 中＊/
        backtrack(i＋1)                 /＊深度优先遍历,递归处理左子树＊/
        cs－＝w[i];                     /＊递归退层时:将该段从当前路径 cs 中减去＊/
    }
    if (cs＋r＞＝c)                     /＊检测右子树＊/
    {
        x[i]＝0;
        backtrack(i＋1);                /＊深度优先遍历,递归处理右子树＊/
    }
    r＋＝w[i];                          /＊递归退层时:将该段加入剩余路径 r 中＊/
    return;
}
```

5. 算法性能分析

由于单次执行的时间复杂度为 $O(n)$,最大执行次数是 2^n,所以其时间复杂度为 $O(2^n n)$。

5.3 n 皇后问题

问题描述:n 皇后问题是一个古老而著名的问题,是回溯算法的典型例题:在 $n \times n$ 格的格子上摆放 n 个皇后,使其不能互相攻击,即任意两个皇后都不能处于同一行、同一列或同一斜线上,问有多少种摆法?

1. 定义问题的解空间

首先以 8 个皇后为例,可以用一棵树表示 8 皇后问题的解空间。由于 8 皇后问题的解空间为 8！种排列,因此我们将要构造的这棵树实际上是一棵排列树。

2. 确定解空间树的结构

给棋盘上的行和列从 1 到 8 编号,同时也将皇后从 1 到 8 编号。由于每一个皇后（Q）应放在不同的行上,不失一般性,假设皇后 i 放在第 i 行上,因此 8 皇后问题可以表示成 8 元组 $(x_1, x_2, \cdots, x_8)$,其中 $x_i (i=1,2,\cdots,8)$ 表示皇后 i 所放置的列号。这种表示法的显式约束条件是 $x_i \in S_i, S_i = \{1,2,3,4,5,6,7,8\}, i=1,2,\cdots,8$。在这种情况下,解空间为 8^8 个 8 元组组成,而隐式约束条件是没有两个 x_i 相同（即所有皇后必须在不同列上）,且满足不存在两个皇后在同一条对角线上。加上隐式约束条件,问题的解空间可进一步减小。此时,解空间大小为 8！,因为所有解都是 8 元组的一个置换。如图 5.9 所示为 8 皇后问题的一个解。

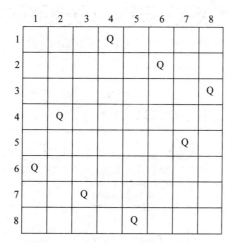

图 5.9 8 皇后问题的一个解

为了简单起见,图 5.10 只给出了 $n=4$ 时问题的一种可能树结构。

在实际中,并不需要生成问题的整个状态空间。通过使用限界函数来删除那些还没有生成其所有子结点的活结点。如果用 $(x_1, x_2, \cdots, x_i)$ 表示到当前 E 结点的路径,那么 x_{i+1} 就通向这样的一些结点,它使得 $(x_1, x_2, \cdots, x_i, x_{i+1})$ 没有两个皇后处于相互攻击的棋盘格局。在 4 皇后问题中,唯一开始结点为根结点 1,路径为（）。开始结点既是一个活结点,又是一个扩展结点,它按照深度优先的方式生成一个新结点 2,此时路径为（1）,这个新结点 2 变成一个活结点和新的扩展结点,原来的扩展结点 1 仍然是一个活结点。结点 2 生成结点 3,但立即被杀死。于是,回溯到结点 2,生成它的下一个结点 8,且路径变为（1,3）。结点 8 成为扩展结点,由于它的所有子结点不可能导致答案结点,因此结点 8 也被排除。回溯到结点 2,生成它的下一个结点 13,且路径变为（1,4）。如图 5.10 所示为 4 皇后问题回溯时的状态空间树。4 皇后问题的搜索树如图 5.11 所示。4 皇后问题的解结果如

图 5.12 所示。

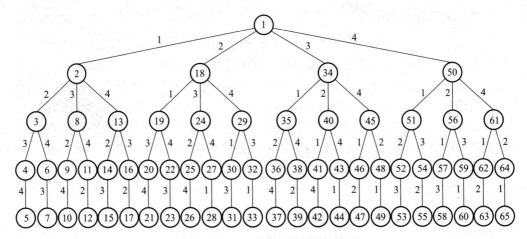

图 5.10 4 皇后问题解空间的树结构

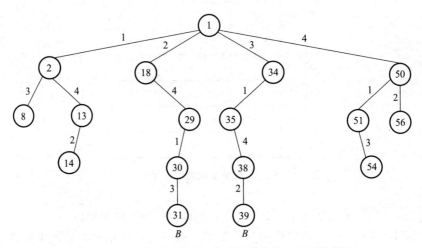

图 5.11 具有限界函数的 4 皇后问题的状态空间搜索树

很容易就可将 8 皇后问题推广到 n 皇后问题,即找出 $n \times n$ 的棋盘上放置 n 个皇后并使其不能互相攻击的所有解。设 $X = (x_1, x_2, \cdots, x_n)$ 表示问题的解,其中 x_i 表示第 i 个皇后放在第 i 行所在的列数。由于不存在两个皇后位于同一列上,因此 x_i 互不相同。设有两个皇后分别位于棋盘 (i, j) 和 (k, l) 处,如果两个皇后位于同一对角线上,则它们所在的位置应该满足 $i - j = k - l$ 或 $i + j = k + l$。这两个等式表明,这两个皇后位于主对角线上或次对角线上。综合这两个等式可得,如果两个皇后位于同一对角线上,那么它们的位置关系一定满足 $|j - l| = |i - k|$。

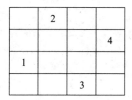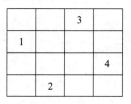

图 5.12　4 皇后问题的解

3. 搜索解空间树

解 n 皇后问题的回溯算法可描述为：求解过程从空配置开始。在第 1 行到 m 行为合理配置的基础上，再配置第 $m+1$ 行，直至第 n 行也是合理时，就找到了一个解。在每行上，顺次从第 1 列到第 n 列配置，当第 n 列也找不到一个合理的配置时，就要回溯，去改变前一行的配置。

用 n 元组 $x[1{:}n]$ 表示 n 皇后问题的解，$x[i]$ 表示皇后 i 放在第 i 行的第 $x[i]$ 列上，用完全 n 叉树表示解空间。

剪枝函数设计：对于两个皇后 $A(i,j)$、$B(k,l)$。

两个皇后不同行：i 不等于 k。

两个皇后不同列：j 不等于 l。

两个皇后不同一条斜线：$|i-k| \neq |j-l|$，即两个皇后不处于同一条 $y=x+a$ 或 $y=-x+a$ 的直线上。

4. 算法设计和实现

n 皇后问题可用递归回溯和迭代回溯求解，见算法 5.7 和算法 5.8。

1）递归回溯

下面的解 n 皇后问题的回溯法中，递归方法 queen(1) 实现对整个解空间的回溯搜索。queen(i) 搜索解空间中第 i 层子树。类 queen 的数据成员记录解空间中结点信息，以减少传给 queen 的参数。sum 记录当前已找到的可行方案数。

在算法 queen 中，当 $i > n$ 时，算法搜索到叶结点，得到一个新的 n 皇后互不攻击放置方案，当前已找到的可行方案数 sum 加 1。

当 $i \leqslant n$ 时，当前扩展结点 Z 是解空间中的内部结点。该结点有 $x[i]=1,2,\cdots,n$，共 n 个孩子结点。对当前扩展结点 Z 的每一个孩子结点，由 place 检查其可行性，并以深度优先方式递归地对可行子树搜索，或剪去不可行子树。

算法 5.7　解 n 皇后问题的递归回溯算法。

```
class queen{
    private:
```

```
    int n;                /* 皇后个数 */
    int sum=0;            /* 可行解个数 */
    int x[N];             /* 皇后放置的列数 */
    int place(int k);
    int queen(int t);
};
```

/* 功能:判断函数,判断第 k 个皇后是否可以放在某一个位置
　　输入:第 k 个皇后
　　输出:如果与之前的皇后出现在同一列或同一对角线则放置失败,返回 0,否则返回 1 */

```
int queen::place(int k)
{
    int i;
    for(i=1;i<k;i++)
        if(abs(k−i)==abs(x[k]−x[i]) || x[k]==x[i])
            return 0;
    return 1;
}
```

/*
　功能:求解可行解函数。当第 t 个皇后可以放置在 t 行的某一位置时,继续在 t+1 行放置下
　一皇后,直到所有皇后放置结束。每一行从第 1 列开始放置,如果不行,则移向下一列放置,如
　果这一列都不能放置或所有皇后放置结束,返回上一皇后重新放置,最终返回所有可行解个数
　输入:第 t 个皇后
　输出:可行解个数
*/

```
int queen::queen(int t)
{
    if(t>n && n>0)         /* 当放置的皇后超过 n 时,可行解个数加 1,此时 n 必须大于 0 */
        sum++;
    else
        for(int i=1;i<=n;i++)
        {
            x[t]=i;        /* 第 t 个皇后放在第 i 列 */
            if(place(t))   /* 如果可以放在这一位置,则继续放下一皇后 */
                queen(t+1);
        }
    return sum;
}
```

2) 迭代回溯

数组 x 记录了解空间树中从根到当前扩展结点的路径,这些信息已包含了回溯法在

回溯时所需要的信息。利用数组 x 所含信息,可将上述回溯法表示成非递归形式,进一步省去 $O(n)$ 递归栈空间。

算法 5.8 解 n 皇后问题的非递归迭代回溯算法。

```
/ *
    功能:求解可行解函数
    输入:无
    输出:可行解个数
* /
int queen::queen()
{
    x[1]=0;
    int t=1;
    while(t>0)
    {
        x[t]+=1;
        while (x[t]<=n && ! place(t))          / * place 函数同上 * /
            x[t]++;
        if(x[t]<=n)
        {if(t==n)
            sum++;
        else
            x[++t=0;}
        else
            t--;
    }
    return sum;
}
```

5. 算法性能分析

在上述算法中 place(k) 函数的计算时间为 $O(k-1)$,每访问一个结点,就调用一次 place 函数计算约束方程。place 函数循环体的执行次数最少一次,最多 $n-1$ 次。因此,若有 c 个结点,则总次数为 $O(cn)$。结点个数 c 是动态生成的,对某些问题的不同实例具有不确定性,但在一般情况下,它可由一个 n 的多项式确定。尽管回溯法在最坏情况下的花费是 $O(n^n)$,根据经验,它在有效性上远远超过迭代法的 $O(n!)$ 时间,实际上它可以很快得到问题的解。

5.4 连续邮资问题

问题描述:假设某国家发行了 n 种不同面值的邮票,并且规定每张信封上最多只允许

贴 m 张邮票。对于给定的 n 和 m 值,给出邮票面值的最佳设计,在 1 张信封上贴出从邮资 1 开始,增量为 1 的最大连续邮资区间。

例如,当 $n=2,m=3$ 时,如果面值分别为 1 和 4,则 1～6、8、9 和 12 的每一种邮资值都能得到;如果面值分别为 1 和 3,则在 1～7 和 9 的每一种邮资值都能得到。可以验证当 $n=2,m=3$ 时,7 就是可以得到连续的邮资最大值。

又如,当 $n=5$ 和 $m=4$ 时,面值为 $\{1,3,11,15,32\}$ 的 5 种邮票可以贴出的最大连续邮资区间是 1～70。

1. 定义问题的解空间树

用 n 元组 stampsValue$[1:n]$ 表示 n 种不同的邮票面值,并约定它们从小到大排列,该问题需要找出最大连续邮资区间,和组成最大邮资值的各种邮票面值,即从包含 n 个元素的集合中找出满足某个条件的子集,所以构造的解空间树是一个子集树。

2. 确定解空间树的结构

n 种不同的邮票面值数组 stampsValue$[n]$ 且由小到大排列。由于要求增量为 1 的最大连续邮资区间,因此 stampsValue$[1]$ 只能为 1,此时的最大连续邮资区间是 $[1,m]$。再给出第二种面额的邮票,因为它需要比 stampsValue$[1]$ 大,所以最少只能是 2;又因为单纯由 stampsValue$[1]$ 支付的邮资区间最大只到 m,再往上就出现了断档,所以 stampsValue$[2]$ 最大也只能取 $m+1$ 即 stampsValue$[2]$ 的可取值范围是 $[2:m+1]$。同样的道理,假设前面 k 种邮票面值都已经有了,并且能构成 $[1,r]$ 的连续邮资区间,那么第 $k+1$ 种邮票的面值必须满足 stampsValue$[k]+1\leqslant$stampsValue$[k+1]\leqslant r+1$,算法就是要找到这么多种可能情况下的最优方案。

以 $n=3,m=3$ 为例,子集树如图 5.13 所示。当前结点 stampsValue$[i]$ 是解空间中的内部结点(非叶结点)。在该结点处已可达到的最大连续区间为 r。此结点孩子的可能取值范围是 $[$stampsValue$[i]+1:r+1]$。

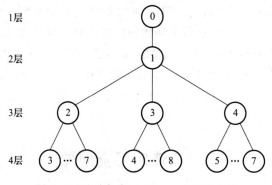

图 5.13　连续邮资 $n=3,m=3$ 的子集树

3. 搜索解空间树

设用 maxValue 记录当前已找到的最大连续邮资区间,bestValue 是相应的当前最优解。数组 stampsNum 用于记录当前已选定的邮票面值 stampsValue[1:i] 能贴出各种邮资所需的最少邮票张数,即 stampsNum[k] 是用不超过 m 张面值为 stampsValue[1:i] 的邮票贴出邮资 k 所需的最少邮票张数。

在解空间树中,若当前的层数 i>n 时,表示已搜索至一个叶结点,得到一个新的邮票面值设计方案 stampsValue[1:n]。如果该方案能贴出的最大连续邮资区间大于当前已找到的最大连续邮资区间 maxValue,则更新当前最优值 maxValue 和相应的最优解 bestValue。

当 i≤n 时,当前扩展结点 Z 是解空间中的一个内部结点。在该结点处 stampsValue[1:i-1] 能贴出的最大连续邮资区间为 r-1。因此,在结点 Z 处,stampsValue[i] 的可取值范围是 [stampsValue[i-1]+1:r],从而,结点 Z 有 r-stampsValue[i-1] 个孩子结点。算法对当前扩展结点 Z 的每一个孩子结点,以深度优先方式递归对相应的子树进行搜索。

4. 算法设计与实现

算法 5.9 最大连续邮资区间的回溯算法。

```
class Stamps                        /* 邮票类 Stamps */
{
    public:
        Stamps(int nn,int mm,int * xx);
        ~Stamps();
        void conStamps (int i,int r);
        void print();
    private:
        int n;                      /* 邮票面值数 */
        int m;                      /* 每张信封最多允许贴的邮票数 */
        int maxValue;               /* 当前最优值 */
        int maxInt;                 /* 大整数 */
        int maxl;                   /* 邮资上界 */
        int * stampsValue;          /* 当前解 */
        int * stampsNum;            /* 贴出各种邮资所需最少邮票数 */
        int * bestValue;            /* 当前最优解 */
};
/*
功能:类 Stamps 构造函数,进行初始化
输入:initN 是给定的不同面值的邮票数目
     initM 是每张信封上最多允许贴的邮票数目
```

```
        xx 中存放给定的不同面值的邮票
 */
Stamps::Stamps(int initN,int initM,int * xx)
{
     n=initN;
     m=initM;
     maxValue=0;                        /*初始化最优值为 0*/
     maxInt=32767;
     maxl=1500;
     bestValue=xx;
     stampsValue=new int[n+1];
     stampsNum=new int[maxl+1];
     for(int i=1;i<=n;i++)              /*初始化邮票面值都为 0*/
          stampsValue[i]=0;
     for(int j=1;j<=maxl;j++)           /*初始化贴出邮资需要邮票数为无穷大*/
          stampsNum[j]=maxInt;
     stampsValue[1]=1;                  /*只有一种面值时,邮资只能为 1*/
     stampsNum[0]=0;                    /*邮资不存在时,则邮票也不能存在*/
}


/ *
     功能:连续邮资回溯函数
     输入:i 是递归的层数
          r 为邮资上界
     输出:maxValue 记录当前已找到的最大连续邮资区间
          bestValue 是相应的当前最优解
 */
void Stamp::conStamps (int i,int r)
{
     for(int j=0;j<=stampsValue[i-2]*(m-1);j++)
          if(stampsNum[j]<m)
               for(int k=1;k<=m-stampsNum[j];k++)
                    if(stampsNum[j]+k<stampNum[j+stampsValue[i-1]*k])
                         stampsNum[j+stampsValue[i-1]*k]=stampNum[j]+k;

     while(stampsNum[r]<maxInt)   /* stampsNum[r]<maxInt 表示邮资 r 当前已经可以得到*/
          r++;
     if(i>n)        /*当 i==n+1,说明已搜索到叶结点,判断是否更新最大连续邮资区间*/
     {
          if(r-1>maxValue)
          {
               maxValue=r-1;
               for(int j=1;j<=n;j++)
                    bestValue[j]=stampsValue[j];       /*更新面值,选择最优解*/
```

```
        }
        return;
    }

    int  * z＝new int[maxl＋1];
    for(int k=1;k<=maxl;k++)
        z[k]＝stampsNum[k];

    for(int h＝stampsValue[i−1]＋1;h<=r;h++)
        if(stampsNum[r−h]<m)
        {
            stampsValue[i]＝h;
            conStamps (i+1,r+1);                    / * 递归回溯第 i+1 层结点 * /
            for(int k=1;k<=maxl;k++)
                    stampsNum[k]＝z[k];
        }
    delete[]z;
}
```

5. 算法性能分析

使用回溯法解决此问题,是用 n 元组 stampsValue[1:n] 表示 n 种不同的邮票面值,并约定它们从小到大排列,stampsValue[1]＝1 是唯一的选择。可行性约束函数:已选定 stampsValue[1:i−1],最大连续邮资区间[1:r−1],stampsValue[i] 的可取值范围是 [stampsValue[i−1]＋1:r],而在本算法中计算 stampsValue[1:i] 的最大连续邮资区间将被频繁使用到,即 r 需频繁使用,因为考虑到直接递归的求解复杂度太高,所以可以计算用不超过 m 张面值为 stampsValue[1:i] 的邮票贴出邮资 k 所需的最少邮票数 stampsNum[k],通过 stampsNum[k] 可以推出 r 的值。事实上,stampsNum[k] 可以通过递推在 $O(n)$ 时间内解决。

5.5 哈密顿回路

问题描述:设 $G = (V, E)$ 是一个有 n 个结点的有向图或无向图,一条哈密顿回路(Hamilton ciruit)是通过图中每个结点一次仅且一次的回路。在图 5.14 中,G_1 中存在一条哈密顿回路,它是 1,2,8,7,6,5,4,3,1;G_2 中则不存在哈密顿回路。

给定一个图,求其是否存在一条哈密顿回路。如果是,输出一条哈密顿回路;否则,给出提示。

1. 定义问题的解空间

任给一个图,判定它是否包含哈密顿回路问题可以用一棵解空间树来表示,由于所给

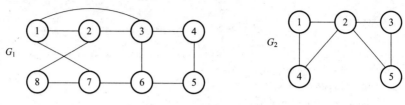

图 5.14　无向图 G_1 和 G_2

问题是确定图经过图 G 中 n 个结点一次且仅一次的一条回路,所以相应的解空间树是排列树。该树有 $(n-1)!$ 个叶结点,遍历它需要 $O(n!)$ 的计算时间。

2. 确定解空间树的结构

用向量 $(x_1, x_2, \cdots, x_n)$ 表示该问题的一组解,x_i 表示在一个可能回路上第 i 次访问的结点。规定 $x_1 = 1$,假定已经选完了 $(x_1, x_2, \cdots, x_{k-1})$,$1 < k < n$。那么 x_k 可以取不同于 $x_i (1 \leqslant i \leqslant k-1)$ 且有一条边与 x_{k-1} 相连的任何结点之一,x_n 则必须是与 x_{n-1} 和 x_1 都相连的结点。若这样的 x_k 找不到,则回溯到 x_{k-2},重找下一个结点 x_{k-1}。

3. 搜索解空间树

以图 5.14 中的 G_1 为例,要找出 G_1 中唯一的哈密顿回路。回溯过程如图 5.15 的回溯搜索树,结点的编号顺序反映了过程执行路线。从根到结点 A 的路径正好构成一条哈密顿回路。它是 $1, 2, 8, 7, 6, 5, 4, 3$。从根到 A' 的哈密顿回路实际上与 A 对应的回路是相同的。

在遍历解空间树时,当 $i = n$ 时,当前扩展结点是排列树叶结点的父结点。此时需要检测图 G 是否存在一条从顶点 $x[n-1]$ 到顶点 $x[n]$ 的边和一条从顶点 $x[n]$ 到顶点 1 的边,如果这两条边都存在,则找到一条哈密顿回路。此外,如果找到最小费用的哈密顿回路,那么还要判断这条回路的费用是否优于已经找到的当前最优回路的费用 bestc。如果是,则必须更新当前最优值 bestc 和当前最优解 bestx。

当 $i < n$ 时,当前扩展结点位于排列树的第 $i-1$ 层,图 G 中存在从顶点 $x[i-1]$ 到顶点 $x[i]$ 的边时,$x[1:i]$ 就构成了图 G 的一条路径,当 $x[1:i]$ 的费用小于当前最优值时算法进入排列树的第 i 层,否则就剪去相应的子树。

4. 算法的设计实现

1) 哈密顿回路的递归回溯法

算法 5.10　哈密顿回路的递归回溯法。

```
/*
功能:求解哈密顿回路问题可行解函数,指定第一个结点为出发结点
输入:k 为迭代层数,g 为图的邻接矩阵存储
```

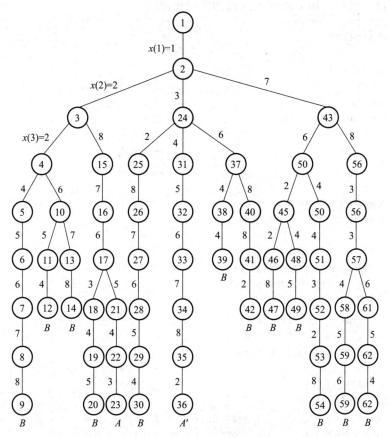

图 5.15 G_1 的回溯搜索树

输出:求得的解向量 x[]

```
*/
void hamilton(int k,BOOL g[][])
{
    if(k>n && g[x[k-1]][x[k]]==1 && g[x[k-1]][1]==1) output(x);
    else
        for(int i=k;i<=n;i++)
    {
        swap(x[k],x[i]);
        if (g[x[k-1]][x[k]]==1) hamilton(k+1,g);
        swap(x[i],x[k]);
    }
}
```

2) 求最小费用的哈密顿回路的递归回溯法

算法 5.11 最小费用的哈密顿回路的递归回溯法。

```
class Traveling
{
    private:
    int n;                              /* 图 G 的顶点个数 */
    int * x;                            /* 当前解 */
    int * bestx;                        /* 最优解 */
    int bestc;                          /* 当前最优值 */
    int cc;                             /* 当前费用 */
    int * * a;                          /* 图的邻接矩阵 */
    public:
    void backtrack(int i,int n);
    void Swap( int& i,int& j);
};
    /*
     功能:求解哈密顿回路,起始结点默认以第一个开始
     输入:i 是当前遍历的树的深度
          cc 是当前费用
          bestc 是当前最优值
          bestx 是问题的最优解
     输出:哈密顿回路问题可行解
     */
void backtrack(int i)
{ if(i==n+1)
    {  /* 当前扩展结点是排列树叶结点的父结点,图 G 存在一条从顶点 x[n-1]到顶点
       x[n]的边和一条从顶点 x[n]到顶点 1 的边,即找到一条哈密顿回路 */
    if(a[x[n-1]][x[n]]! =NoEdge&&a[x[n]][1]! =NoEdge&&(bestc==NoEdge||
    (cc+a[x[n-1]][x[n]]+a[x[n]][1])<bestc))
        {
            for(int j=1;j<=n;j++)
            bestx[j]=x[j];                            /* 最优解 */
            bestc=cc+a[x[n-1]][x[n]]+a[x[n]][1];  /* 当前最优值(最小费用) */
        }
    }
    else
        {
        for(int j=i;j<=n;j++)
          /* 是否可进入 x[j]子树 */
        if(a[x[i-1]][x[j]]! =NoEdge &&(bestc==NoEdge ||(cc+a[x[i-1]][x[j]])
        <bestc))
            {                               /* 搜索子树 */
            swap(x[i],x[j]);               /* 交换使得可以从当前结点选择其他的子结点 */
            cc+=a[x[i-1]][x[i]];
```

```
        backtrack(i+1);              / * 递归回溯 * /
        cc− = a[x[i−1]][x[i]];
        swap(x[i],x[j]);
      }
    }
  }
```

5. 算法性能分析

使用递归回溯解决哈密顿回路问题时,所建立的解空间树有 $(n-1)!$ 个叶结点,遍历它需要 $O(n!)$ 的计算时间。

小　　结

回溯法类似于枚举的思想,它通过深度优先的搜索策略遍历问题各个可能解的通路,发现此路不通时回溯到上一步继续尝试别的通路。回溯法适用于查找问题的解集或符合某种限制条件的最佳解集,只是在具体的实现中采用一些限界或剪枝函数对搜索范围进行控制,这样一般其最坏时间复杂度仍然很高,但对于 NP 完全问题来说,回溯法被认为是目前较为有效的方法。

回溯算法的基本步骤:

(1) 定义给定问题的解空间:子集树问题、排列树问题和其他因素。

(2) 确定状态空间树的结构。

(3) 以深度优先方式搜索解空间,并在搜索过程中用剪枝函数避免无效搜索。其中深度优先方式可以选用递归回溯或者迭代回溯。

回溯法解题时需要掌握递归回溯法和迭代回溯法的设计和实现。递归回溯法的效率往往很低,但它能使一个蕴含递归关系且结构复杂的程序简单、精炼,增加可读性。迭代回溯法效率比递归回溯法高,但是代码不如后者简洁。

习　　题

1. 按回溯法步骤,给出 5 皇后问题的解。

2. 自然数的排列。

给定正整数 n,设计一个算法,列举出 $1,2,\cdots,n$ 的所有排列。

3. 最佳调度问题。

第 1 行有两个正整数 n 和 k。第 2 行的 n 个正整数是完成 n 个任务需要的时间。结果输出完成全部任务的最早时间。

4. 24 点游戏。

20 世纪 80 年代全世界流行一种数字游戏,我们把这种游戏称为"24 点"。现在我们把这个有趣的游戏推广一下:作为游戏者将得到 6 个不同的自然数作为操作数,以及另外一个自然数作为理想目标数,而任务是对这 6 个操作数进行适当的算术运算,要求运算结果小于或等于理想目标数,并且我们希望所得结果是最优的,即结果要最接近理想目标数。可以使用的运算只有+、−、*、/,还可以使用()来改变运算顺序。注意,所有的中间结果必须是整数,所以一些除法运算是不允许的,例如,$(2\times2)/4$ 是合法的,$2\times(2/4)$ 是不合法的。下面我们给出一个游戏的具体例子:若给出的 6 个操作数是 1、2、3、4、7 和 25,理想目标数是 573,则最优结果是 573$\{[(4\times25-1)\times2-7]\times3\}$。

5. 售货员问题。

某乡有 n 个村庄($1 < n < 40$),有一个售货员,他要到各个村庄去售货,各村庄之间的路程 s($0 < s < 1\ 000$)是已知的,且 A 村到 B 村与 B 村到 A 村的路大多不同。为了提高效率,他从商店出发到每个村庄一次,然后返回商店所在的村,假设商店所在的村庄为 1,他不知道选择什么样的路线才能使所走的路程最短,请帮他选择一条最短的路。

6. 棋盘覆盖。

有边长为 N(偶数)的正方形,用 $N\times N/2$ 个长为 2 宽为 1 的长方形将它全部覆盖,请找出所有覆盖方法。如 $N=4$ 时的一种覆盖方法及输出格式如图 5.16 所示。

1	2	2	4
1	3	3	4
5	6	6	8
5	7	7	8

图 5.16 棋盘覆盖

7. 图的着色问题。

如图 5.17 所示 4 顶点,只给了 3 种颜色,如何给 4 顶点着色,使之有连边关系的顶点颜色不同?一共有多少种着色法?试绘图说明。

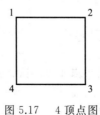

图 5.17 4 顶点图

8. 排队购票。

公园门票每张 5 角,如果有 $2n$ 个人排队购票,每人一张,并且其中一半人恰有 5 角钱,另一半人恰有 1 元钱,而售票处无零钱可找,那么有多少种方法将这 $2n$ 个人排成一列,顺次购票,使得不至于因售票处无零钱可找而耽误购票时间?

9. 罗密欧与朱丽叶的迷宫。

罗密欧与朱丽叶身处一个有 $m \times n$ 个房间的迷宫中,如图 5.18 所示。每一个方格表示迷宫中的一个房间。这 $m \times n$ 个房间中有一些房间是封闭的,不允许任何人进入。在迷宫中任何位置均可沿 8 个方向进入未封闭的房间。罗密欧位于迷宫的 (p,q) 方格中,他必须找出一条通向朱丽叶所在 (r,s) 方格的路。在抵达朱丽叶所在方格之前,他必须走遍所有封闭的房间各一次,而且要使到朱丽叶所在方格的转弯次数为最少。每改变一次前进方向当成转弯一次。请设计一个算法帮助罗密欧找到这样一条道路。

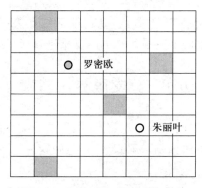

图 5.18 罗密欧与朱丽叶的迷宫

第 6 章　分支限界法

分支限界法也称为分支定界法,是把问题的可行解展开,如树的分支,再经由各个分支寻找最佳解。分支限界法类似于回溯法,也是在问题的解空间中进行搜索,最后得出结果,但具体搜索方式与回溯法不同。分支限界法大致步骤为,在扩展结点处先生成其所有孩子结点,舍弃其中不可能通向最优解的结点,将其余结点加入活结点表,然后依据广度优先或以最小耗费(最大效益)优先的方式,从当前活结点表中选择一个最有利的结点作为扩展结点,使搜索朝着解空间上有最优解的分支推进,以便尽快找出一个最优解。

6.1　分支限界法基础

本节主要讲解分支限界法的基本思想、分支限界法分类,并将分支限界法与回溯法进行比较,最后用两种分支限界法分别求解 $0-1$ 背包问题。

6.1.1　分支限界法的基本思想

将问题分支为子问题并对这些子问题定界的步骤称为分支限界法。它对有约束条件的最优化问题的所有可行解(数目有限)的空间进行搜索。该算法在具体执行时,把全部可行的解空间不断分割为越来越小的子集(称为分支),并为每个子集内的解的值计算一个下界或上界(称为定界)。在每次分支后,对凡是界限超出已知可行解值的那些子集不再做进一步分支。这样,解的许多子集(即二叉搜索树上的许多结点)就可以不予考虑了,从而缩小了搜索范围。这一过程一直进行到找出可行解为止,该可行解的值不大于任何子集的界限。因此这种算法一般可以求得最优解。

分支限界法以广度优先或以最小耗费(最大效益)优先的方式搜索问题的解空间树,分别对应两种不同的方法:队列式(first in first out, FIFO)分支限界法和优先队列式分支限界法。解空间树是表示问题解空间的一棵有序树,常见的有子集树和排列树。当所给问题是从 n 个元素的集合 S 中找出满足某种性质的子集时,相应的解空间称为子集树。当所给问题是确定 n 个元素满足某种性质的排列时,相应的解空间树称为排列树。

搜索策略如下:

(1) 在当前扩展结点处,先生成其所有孩子结点,舍弃其中不可能通向最优解的结点,将其余结点加入活结点表中。

（2）再在当前活结点表中选择下一个扩展结点。从活结点表中选择下一个扩展结点的不同方式称为两种不同的分支限界法：队列式分支限界法和优先队列式分支限界法。

（3）重复上述结点的扩展过程，直到找到所需的解或活结点表为空时为止。

在分支限界法中，每一个活结点只有一次机会成为扩展结点。活结点一旦成为扩展结点，就一次性产生其所有孩子结点。在这些孩子结点中，导致不可行解或导致非最优解的孩子结点被舍弃，其余孩子结点被加入活结点表。

分支限界法和回溯法实际上都属于穷举法。与回溯法不同的是，分支限界法优先扩展解空间树中的上层结点，并采用限界函数及时剪枝，同时根据优先级不断调整搜索方向，选择最有可能取得最优解的子树优先进行搜索。所以，如果选择了结点的合理扩展顺序且设计了一个好的限界函数，分支限界法可以快速得到问题的解。

分支限界法与回溯法适用于解时间复杂性困难、往往用其他方法难以解决的问题，是两种应用十分广泛的搜索技术，两者约区别见表 6.1。

表 6.1 分支限界法与回溯法区别

方　　法	空间树的搜索方式	存储结点常用数据结构	结点存储特性	常 用 应 用
回溯法	深度优先搜索	堆栈	活结点的所有可行子结点被遍历后才能从堆栈中弹出	找出满足约束条件的所有解
分支限界法	广度优先或最小消耗（最大效益）优先搜索	队列、优先队列	每个结点只有一次成为活结点的机会	找出满足条件的一个解或特定意义下的最优解

6.1.2 分支限界法示例——迷宫问题

迷宫是一个矩形区域，如图 6.1(a)所示，它有一个入口和一个出口，其内部包含不能穿越的墙或障碍。本问题就是要寻找一条从入口到出口的路径。

对于这样的矩形迷宫，可用图 6.1(b)所示的矩阵$[n, m]$表示，n 和 m 分别代表迷宫的行数和列数。这样迷宫中的每个位置都可用其行号和列号来指定。$(1, 1)$表示入口位置，(n, m)表示出口位置；从入口到出口的路径则是由一组位置构成的，每个位置上都没有障碍，且每一个位置都是前一个位置的东、南、西或北的邻居。为表示障碍，在矩阵中用 0 表示可以通过，用 1 表示不能通过。

此问题即可用分支限界法解决，为了简化描述，以 3×3 的老鼠迷宫问题为例来解释分支限界法的应用。3×3 迷宫如图 6.2 所示，采用队列式分支限界法解决。

如图 6.2(b)所示，迷宫问题的解空间图已经给出。每一个结点前进有 4 个方向可以

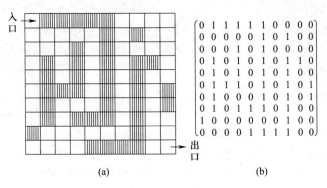

图 6.1　迷宫问题图示

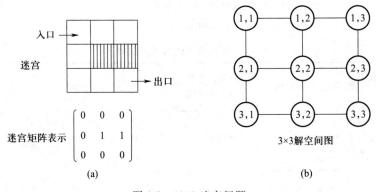

图 6.2　3×3 迷宫问题

选择。

（1）(1,1)为当前扩展结点,其孩子结点(2,1)和(1,2)均为可行结点,将其加入活结点队列,并舍弃(1,1)

（2）按先进先出原则,下一扩展结点为(2,1),其孩子结点(2,2)为不可行结点,故舍去,另一可行孩子结点(3,1)加入活结点队列,舍弃(2,1)。

（3）(1,2)为当前扩展结点,其孩子结点(2,2)为不可行结点故舍去,另一可行孩子结点(1,3)加入活结点队列,舍弃(1,2)。

（4）扩展(3,1),其孩子结点(3,2)加入活结点队列,舍弃(3,1)。

（5）扩展(1,3),其孩子结点(2,3)为不可行结点故舍去,舍弃(1,3)。

（6）扩展(3,2),其孩子结点(2,2)为不可行结点故舍去,另一可行孩子结点(3,3)为出口,得出一个解。已求得路径为(1,1)→(2,1)→(3,1)→(3,2)→(3,3)。

（7）活结点队列为空,停止搜索。

此求解过程的示意如图 6.3 所示。注意,图中不可行路线已经用斜线划去。

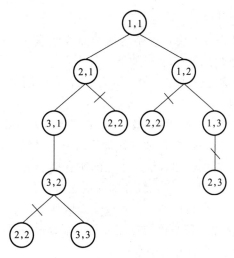

图 6.3　3×3 迷宫问题解示意

6.1.3　分支限界法的分类

根据活结点表中选择下一扩展结点的不同方式,有不同的分支限界法,分为以下两类:

(1) 队列式分支限界法。按照队列先进先出原则选取下一个结点为扩展结点,即从活结点表中取出结点的顺序与加入结点的顺序相同。

(2) 优先队列式分支限界法。按照优先队列中规定的优先级选取优先级最高的结点作为当前扩展结点。在这种情况下,每个结点都有一个耗费或收益。如果要查找一个具有最小耗费的解,则可以将活结点表组织成一个最小堆,那么要选择的下一个扩展结点就是最小堆的堆顶结点;如果要查找一个具有最大收益的解,则可以将活结点表组织成一个最大堆,要选择的下一个扩展结点为最大堆的堆顶结点。

1. 队列式分支限界法

队列式分支限界法将活结点表组织成一个队列,并按队列的先进先出原则选取下一个结点为当前扩展结点,步骤如下:

(1) 将根结点加入活结点队列。

(2) 从活结点队中取出队头结点,作为当前扩展结点。

(3) 对当前扩展结点,先从左到右地产生它的所有孩子结点,用约束条件检查,把所有满足约束函数的孩子结点加入活结点队列。

(4) 重复步骤(2)和(3),直到找到一个解或活结点队列为空为止。

2. 优先队列式分支限界法

优先队列式分支限界法的主要特点是将活结点表组织成一个优先队列,并选取优先级最高的活结点作为当前扩展结点,步骤如下:

(1) 计算起始结点的优先级并加入优先队列(与特定问题相关信息的函数值决定优先级)。

(2) 从优先队列中取出优先级最高(最有利)的结点作为当前扩展结点,使搜索朝着解空间树上可能有最优解的分支推进,以便尽快地找出一个最优解。

(3) 对当前扩展结点,先从左到右地产生它的所有孩子结点,然后用约束条件检查,对所有满足约束函数的孩子结点计算优先级并加入优先队列。

(4) 重复步骤(2)和(3),直到找到一个解或优先队列变为空。

一般情况下,结点的优先级用与该结点相关的一个数值 p 来表示,如价值、费用、质量等。结点优先级的高低根据 p 值的大小来反映。

根据结点优先级可以构造优先队列,包括两类优先队列:最大优先队列和最小优先队列。最大优先队列规定 p 值越大优先级越高,对应的是最大效益优先,常用最大堆来实现;最小优先队列规定 p 值越小优先级越高,对应的是最小费用优先,常用最小堆来实现。

3. 用两种分支限界法解决 0−1 背包问题

1) 问题描述

给定 n 种物品和一个背包。物品 i 的质量是 ω_i,其价值是 p_i,背包的容量是 C。问应如何选择装入背包的物品,使得装入背包中的物品的总价值最大。在选择装入背包的物品时,对每种物品 i 只有两种选择,即装入背包或不装入背包。不能将物品 i 装入背包多次,也不能只装入部分的物品 i。

问题的形式化描述是,给定 $C>0, w_i>0, P_i>0, 1 \leqslant i \leqslant n$,要求找出 n 元 0−1 向量 $(x_1, x_2, \cdots, x_n), x_i \in \{0,1\}, 1 \leqslant i \leqslant n$,使得 $\sum w_i x_i \leqslant C$,而且 $\sum p_i x_i$ 达到最大,即

$$\begin{cases} \max \sum_{i=1}^{n} p_i x_i \\ \sum_{i=1}^{n} w_i x_i \leqslant C \\ x_i \in \{0,1\}; \quad 1 \leqslant i \leqslant n \end{cases}$$

给定 0−1 背包问题参数值:$n=3, w=[16,15,15], p=[45,25,25], C=30$。

2) 用队列式分支限界法求解 0−1 背包问题

对于此问题的解空间树如图 6.4 所示,图中每层表示 1 个物品,第 i 层表示第 i 个物体,数字"1"表示此物品被选中,"0"表示不选此物品。

用队列式分支限界法求解此问题步骤如下:

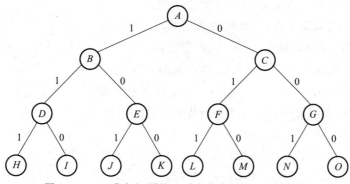

图 6.4　0−1 背包问题的队列式分支限界法解空间树

(1) $[A]$ B, C=> B, C。

(2) $[B, C]$ D, E=> E。

D 为不可行结点,因为包的剩余容量不够容纳第二个物品,因此只扩展结点 E。

(3) $[C, E]$ F, G=> F, G。

(4) $[E, F, G]$ J, K=> K(45) (1, 0, 0)。

结点 J 为不可行结点,因为包的剩余容量不够容纳第三个物品。叶结点 K 已经得出一个总价值为 45 的解。

(5) $[F, G]$ L, M=> L(50) (0, 1, 1), M(25) (0, 1, 0)。

叶结点 L 得出一个总价值为 50 的解,它是当前最优解。叶结点 M 得出一个总价值为 25 的解。

(6) $[G]$ N, 0=> N(25) (0, 0, 1), O(0) (0, 0, 0)。

叶结点 N 得出一个总价值为 25 的解。

叶结点 O 得出一个总价值为 0 的解。

(7) 活结点队列为空,停止搜索。

最终得到的最佳解的总价值为 50。解为(0, 1, 1)即背包里面装的物体为第二个、第三个物体。

其中,[]里表示的是活结点队列,[]外面的结点表示当前活结点的可扩展的候选结点,=>右边的结点表示当前活结点实际扩展出来的结点,将加入活结点队列。叶结点不加入活结点队列。

3）用优先队列式分支限界法解决 0−1 背包问题

本例中使用的是最大优先队列,优先值 p 越大优先级高,即最大效益优先,用一个最大堆表示活结点优先队列。p 即为结点当前获得的价值。

解空间树如图 6.4 所示。

优先级是当前所选择物品的价值和,使用极大堆实现优先队列。解问题步骤如下:

(1) $[A],B,C=>B(45),C(0)=>[B,C]$。

因为结点 B 当前优先值较大,故 B 在活结点队列首位。

(2) $[B,C]D,E=>D(w_1+w_2>30\ \text{剪枝}),E(45),C(0)=>[E,C]$。

因为结点 E 的优先值大于结点 C,故在活结点队列中 E 位于 C 之前。

(3) $[E,C],J,K=>C(0),J(w_1+w_3>30\ \text{剪枝}),K(45)=>[C]$。

K 是叶结点,得到解 $(1,0,0)$,当前最优解的总价值为 45。

(4) $[C],F,G=>F(25),G(0)=>[F,G]$。

结点 F、G 为非叶结点,则按照优先值大小顺序加入活结点队列。

(5) $[F,G],L,M=>G(0),L(50),M(25)=>[G]$。

L、M 是叶结点,分别得到解 $(0,1,1)$ 和 $(0,1,0)$,总价值分别为 50、25。当前最优价值为 50。

(6) $[G],N,O=>N(25),O(0)=>[\ ]$。

N、O 是叶结点,分别得到解 $(0,0,1)$ 和 $(0,0,0)$,总价值分别为 25、0。

(7) 活结点队列为空,搜索结束。

最终得到最优解的总价值为 50。解为 $(0,1,1)$ 即背包里面装的物体为第二个、第三个物体。

其中,$[\ ]$ 里表示的是活结点队列,$[\ ]$ 外面的结点表示当前活结点的可扩展候选结点,$=>$ 右边的结点表示当前活结点扩展出来的结点,将加入活结点队列。叶结点不加入活结点队列。每个结点后面 $(\ )$ 中的是优先队列分支限界法使用的优先值 p 的大小。

4. 优先队列式分支限界法与队列式分支限界法的比较

队列式分支限界法的搜索解空间树的方式类似于解空间树的宽度优先搜索,不同的是队列式分支限界法不搜索以不可行结点(已经被判定不能导致可行解或不能导致最优解的结点)为根的子树。按照规则,不可行结点不被列入活结点表。

优先队列式分支限界法的搜索方式是根据活结点的优先级确定下一个扩展结点。在算法实现时通常用一个最大堆来实现最大优先队列,体现最大效益优先的原则;或使用最小堆来实现最小优先队列,体现最小耗费优先的原则。

6.2 单源最短路径

1. 问题描述

给定带权有向图 $G=(V,E)$,其中每条边的权是非负实数。另外,还给定 V 中的一个顶点,称为源。现在要计算从源到所有其他各顶点的最短路径长度,路径长度是指路上各边权之和。这个问题通常被称为单源最短路径问题。

具体实例如图 6.5 所给的有向图 G，每一边都有一个非负边权，求图 G 从源顶点 s 到目标顶点 t 之间的最短路径。

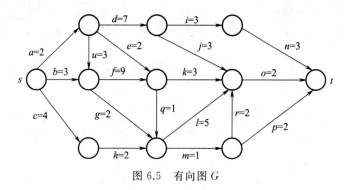

图 6.5 有向图 G

2. 算法描述与设计

用优先队列分支限界法解单源最短路径问题，在这个问题中优先级即为当前的路长，路长小的结点优先，所以使用最小堆来存储活结点表。

算法从 G 的源顶点和空优先队列开始。源结点被扩展后，它的孩子结点被依次插入堆。此后，算法从堆中取出具有最小当前路长的结点作为当前扩展结点，并依次检查与当前扩展结点相邻的所有顶点。如果从当前扩展结点 i 到顶点 j 有边可达，且从源出发，途经顶点 i 再到顶点 j 所相应路径的长度小于当前最优路径长度，则将该顶点作为活结点插入活结点优先队列。

这个结点的扩展过程一直继续到活结点优先队列为空时停止。

图 6.6 是用优先队列式分支限界法解有向图 G 的单源最短路径问题产生的解空间树。其中，每一个结点旁边的数字表示该结点所对应的当前路长。

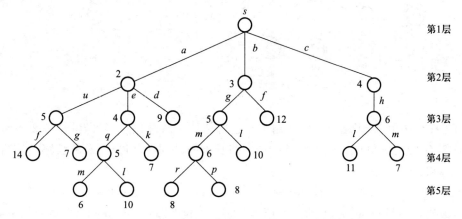

图 6.6 单源最短路径问题的解空间树

在解决此问题的过程中可用到两种剪枝策略,分别如下:

(1) 在算法扩展结点的过程中,一旦发现一个结点的当前路长不小于当前找到的最短路长,则剪去以该结点为根的子树。

如图 6.7 所示,源 s 到目标 t 的最短路径是 $b \rightarrow g \rightarrow m \rightarrow p$,路径长度为 8。

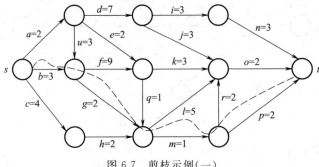

图 6.7　剪枝示例(一)

一旦发现某个结点的下界不小于这个最短路径,则剪枝,如图 6.8 中圆圈圈住的结点就是使用剪枝策略的结点。

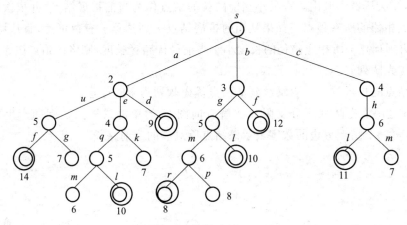

图 6.8　剪枝示例(二)

(2) 在算法中,利用结点间的控制关系进行剪枝。从源顶点 s 出发,经过 2 条不同路径到达图 G 的同一顶点。由于两条路径的路长不同,因此可将以路长较长路径端结点为根的子树剪去。

例如,从源点 s 出发,经过边 $a \rightarrow e \rightarrow q$ 和经过边 $c \rightarrow h$ 两条路径到达同一个顶点,对应的路长分别是 5 与 6,如图 6.9 所示。应选取路长较短的路径 L。在问题的解空间中,这两条路径对应解空间树的 2 个不同的结点 A 和 B。由于结点 A 所对应的路长小于结点 B

所对应的路长,因此以结点 A 为根的子树中所包含的从 s 到 t 的路长小于以结点 B 为根的子树中所包含的从 s 到 t 的路长。故可以将以结点 B 为根的子树剪去。这时称结点 A 控制了结点 B,可以将被控制结点 B 所相应的子树剪去,见图 6.10 中方框圈住的结点。

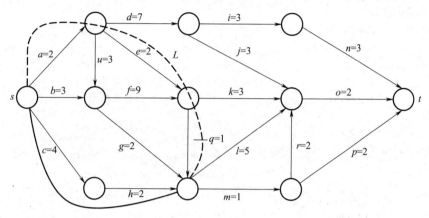

图 6.9　剪枝示例(三)

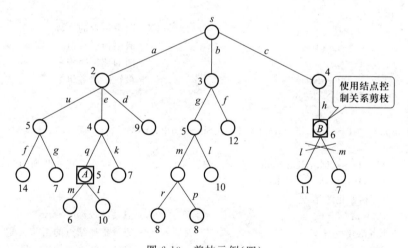

图 6.10　剪枝示例(四)

3. 算法程序实现

在具体实现时,算法用邻接矩阵表示所给的图 G。在 Graph 中用一个二维数组存储图 G 的邻接矩阵;用数组 dist 记录从源到各顶点的路径长度;用数组 prev 记录从源到各顶点的路径上的前驱顶点。

算法 6.1　求解单源最短路径。

```
template<class T>class Graph;
template<class T>class MinHeapNode
{
    friend Graph<T>;
    public：
        operator int ()const
        {return length;}
    private：
        int i;                          /*顶点编号*/
        T length;                       /*当前路长*/
};
/*图类的定义：*/
template<class T>class Graph
{
    public：
        Graph(int,T**,T);
        ~Graph();
        void ShortPath(int);
        void print(int);
    private：
        int n,                          /*图中顶点的个数*/
            *prev;                      /*前驱顶点数组*/
        T **c,                          /*图的邻接矩阵*/
            *dist,                      /*最短距离数组*/
            NoEdge;
};
template<class T>void Graph<T>::ShortPath(int v)
{
    MinHeap<MinHeapNode<T>> H(100);     /*最小堆作为优先队列的存储结构*/
    MinHeapNode<T> E;
    /*初始化源结点*/
    E.i=v;                              /*记录结点编号*/
    E.length=0;                         /*记录扩展结点的当前长度*/
    dist[v]=0;                          /*源到该结点的最短长度*/
    prev[v]=0;                          /*前驱结点编号*/
    while(true)
    {
        for(int j=1;j<=n;j++)
        {   /*i和j相连并且当前长度加上i到j的长度比最短的还少,更新最短*/
            if((c[E.i][j]!=NoEdge)&&(E.length+c[E.i][j]<dist[j]))
            {
                dist[j]=E.length+c[E.i][j];
                prev[j]=E.i;
```

```
            MinHeapNode<T> N;
            N.i=j;
            N.length=dist[j];
            H.Insert(N);              /* 把有可能含有最优解的结点插入到队列 */
        }
    }
    /* 取下一个扩展结点 */
    if(H.IsEmpty())
        break;
    H.DeleteMin(E);
    }
}
```

6.3　八数码问题

1. 问题描述

八数码问题又称九宫排字问题,在 3×3 的棋盘上,摆有 8 个棋子,每个棋子上标有 1~8 的某一个数字。棋盘中留有一个空格,空格周围的棋子可以移动到空格中。要求解的问题是,给出一种初始布局和目标布局,输出从初始布局到目标布局的转变过程。

布局状态如图 6.11 所示,图 6.11(a)为初始布局,图 6.11(b)为目标布局。

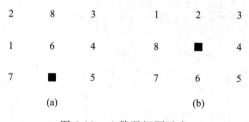

图 6.11　八数码问题示意

2. 算法描述与设计

首先,八数码问题包括一个初始状态(START)和目标状态(END),所谓解八数码问题就是在这两个状态间寻找一系列可过渡状态(START→STATE1→STATE2→…→END)。可以将棋盘上数码的移动想象成空格方块的移动,对于棋盘上的任意一个数码,空格方块在中间位置时能在 4 个方向上运动,即为上、下、左、右。对于 4 个角落上有 2 个方向可以移动,其他位置上有 3 个方向可移动。

我们可采用广度优先搜索策略。从初始结点开始,向下逐层对结点进行依次扩展,并考察它是否为目标结点,在对下层结点进行扩展或搜索之前,必须完成对当前层的所有结点的扩展。针对此问题采用队列式分支限界法,在搜索过程中,先进入到活结点表中的结点排在前面,后进入的排在后面。

广度优先搜索算法及流程如下:

(1) 把初始结点 SO 放入活结点表。

(2) 若活结点表为空,则搜索失败,问题无解。

(3) 取活结点表中最前面的结点 N 放在已搜索表中,并给予顺序编号 n。

(4) 若目标结点 SE＝N,则搜索成功,问题有解。

(5) 若 N 无子结点,则转步骤(2)。

(6) 扩展结点 N,将其所有子结点配上指向 N 的返回指针,依次放入活结点表的尾部,转(2)。

该问题的解空间树如图 6.12 所示。

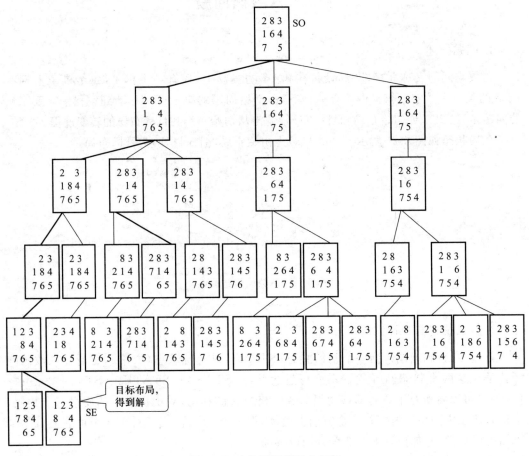

图 6.12　八数码问题解空间树

对于上述搜索过程需要注意如下问题。

首先是搜索中易出现循环,即访问某一个状态后又来访问该状态,对于这个问题,最直接的方法是记录每一个状态访问与否,然后在衍生状态时不再衍生那些已经访问的状态。具体做法是给每个状态标记一个 flag,若该状态 flag=true 则不衍生,若为 false 则衍生并修改 flag 为 true。在我们上面的算法步骤描述里,称有两个链表,一个为活链表(待访问),一个为已搜索表(访问完)。每一次衍生状态时,先判断它是否已在两个链表中,若存在,则不衍生;若不存在,将其放入活链表。对于被衍生的那个状态,放入已搜索表中。

其次要注意的是如何保证搜索朝着最佳解的方向进行。最佳解是指中间状态数尽可能少,而在搜索中树的深度就可表示搜索的中间状态多少,分支限界法使用的广度优先搜索可以保证解的深度最少,因为在没将同一深度的状态全部访问完前,不会去访问更深的状态,因此比较适合八数码问题,至少能解决求最佳解的难题。

可以进一步改进上述算法,带启发函数的状态空间树如图 6.13 所示。

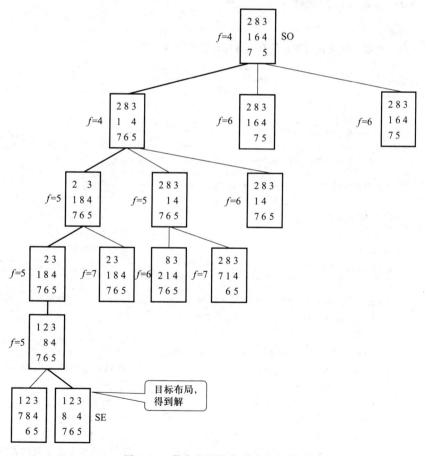

图 6.13 带启发函数的状态空间树

设一个启发函数 $f(n) = d(n) + w(n)$，其中 $d(n)$ 为搜索树中结点的深度（根在第 0 层），对应已经走过的路径长度；$w(n)$ 为当前结点 n 的状态描述中与目标状态相比还没有到位的棋子数，近似对应将来还要走的路径长度。总体来看，$f(n)$ 近似估计了从 n 找到一个最佳解的可能性。若 $w(n) = 0$ 则不体现启发信息，相当于一般的广度优先搜索过程。为此可选取优先队列式分支限界法来解决此问题，$f(n)$ 为优先函数。

针对此问题选用启发式剪枝策略，即利用估价函数 $f(n)$ 来剪枝。以图 6.13 为例，图中用了 5 步搜索到目标状态。此时活结点表中还有 7 个结点未进行扩展，但是这 7 个结点的估计函数 $f(n)$ 都大于等于 6，即使继续搜索得到目标结点的搜索步数也将大于目前的最优值 5。所以对活结点表中的 7 个状态进行剪枝，活结点表为空，搜索完毕，得到最优解 5 和最优路径如图 6.13 中粗线条所示。

3. 算法程序描述

算法 6.2　求解八数码问题。

```
/ *
Search 函数功能是找到初始状态到目标状态的转变过程
/ *
typedef struct
{
    char pa[10];
    char road[100];
} ENode;

ENode search(int * t)
{
    ENode m[4];
    int r;                                   / * 空格所在的行 * /
    int c;                                   / * 空格所在的列 * /
    int i,num=0;

    / * 如果队列不空 * /
    while(! empty())
    {
        m[0]=m[1]=m[2]=m[3]=takeof();
        num=strlen(m[0].road);               / * 该结点已移动的次数 * /
        * t=num+1;                           / * 下一步 * /
        count(&r,&c,m[0]);                   / * 计算空位的位置 * /
        for(i=0;i<4;i++)                     / * 4 个方向移动 * /
        {
            if(canmove(&m[i],r,c,i,num))     / * 判断是否能移动到该方向 * /
            {
```

```
                    if(isaim(m[i]))              /*如果是最终状态,则返回*/
                        return m[i];
                    if(!  used(m[i]))            /*判重*/
                    {
                        putintoopen(m[i]);       /*放入队列*/
                        putintoclose(m[i]);      /*设置是否走过的标志*/
                    }
                }
            }
        }
        return m[0];
}
/*获取队首元素*/
ENode takeof(void)
{
    ENode t;
    t=open[head++];
    head=head%len;
    return t;
}


/*计算空格所在位置*/
void count(int  * r,int  * c,ENode u)
{
    int i;
    for(i=0;i<10;i++)
        if(u.pa[i]=='0')
        {
            * r=i/3; * c=i%3;
            break;
        }
}


/*判断是否可以扩展*/
int canmove(ENode  * u,int r,int c,int i,int num)
{
    char s;
    /*4个方向*/
    switch(i)
    {
    case 0: r--;/*行减去1*/
            if(r>=0)
            {
                s=u->pa[(r+1) * 3+c];
```

```
                            u->pa[(r+1) * 3+c]=u->pa[r * 3+c];
                            u->pa[r * 3+c]=s;
                            u->road[num]=48+i;
                            return 1;
                    }
                break;
    case 1: c--;                                        /*列减去 1*/
            if(c>=0)
            {
                s=u->pa[3 * r+c+1];
                u->pa[3 * r+c+1]=u->pa[3 * r+c];
                u->pa[3 * r+c]=s;
                u->road[num]=48+i;
                return 1;
            }
            break;
    case 2: r++;/*行+1*/
                if(r<=2)
                {
                    s=u->pa[(r-1) * 3+c];
                    u->pa[(r-1) * 3+c]=u->pa[r * 3+c];
                    u->pa[r * 3+c]=s;
                    u->road[num]=48+i;
                    return 1;
                }
                break;
    case 3: c++;/*列+1*/
            if(c<=2)
            {
                s=u->pa[3 * r+c-1];
                u->pa[3 * r+c-1]=u->pa[3 * r+c];
                u->pa[3 * r+c]=s;
                u->road[num]=48+i;
                return 1;
            }
    }
    return 0;
}
```

6.4　旅行售货员问题

1. 问题描述

某售货员要到若干城市推销商品,已知各城市之间的路径(或旅费)。他要选定一条从驻地出发,经过每个城市一遍,最后回到驻地的路线,使总的路程(或总旅费)最小。

路线是一个带权图。图中各边的费用(权)为正数。图的一条周游路线是包括 V 中的每个顶点在内的一条回路。周游路线的费用是这条路线上所有边的费用之和。

旅行售货员问题的解空间可以组织成一棵排列树,从树的根结点到任一叶结点的路径定义了图的一条周游路线。旅行售货员问题(TSP)要在图 G 中找出费用最小的周游路线。

具体实例如图 6.14 所示。

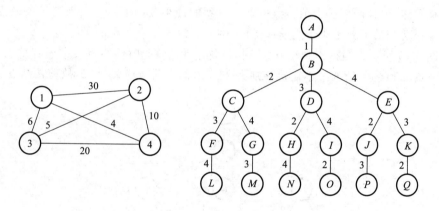

图 6.14　旅行售货员问题

2. 算法描述与设计

对于图 6.14 中的例子,设周游路线从结点 1 开始,解为等长数组 $x = (1, x_2, \cdots, x_n)$, $x_i \in \{2, \cdots, n\}$,则解空间树为排列树,在树中做广度优先搜索。约束条件为 $x_i \neq x_j, i \neq j$,目标函数是解向量对应的边权之和 ΣC_{ij},目标函数限界初值 $U = \infty$。算法还是从排列树的结点 B 和空优先队列开始。结点 B 被扩展后,它的 3 个孩子结点 C、D 和 E 被依次插入堆中。此时,由于 E 是堆中具有最小当前费用的结点,所以处于堆顶位置,它自然成为下一个扩展结点。结点 E 被扩展后,其孩子结点 J 和 K 被插入当前堆,它们的费用分别为 14 和 24。此时堆顶元素是结点 D,它成为下一个结点。如此,它的两个孩子结点 H 和 I 被插入堆。此时,堆中含有结点 C、H、I、J、K。在这些结点中,结点 H 具有最小费用,从而成为下一个扩展结点。扩展结点 H 后得到一条旅行售货员回路(1,3,2,4,1),相应的最小费用为 25。接下来结点 J 成为扩展结点,由此得到另外一条旅行售货员回路(1,4,2,3,1),相应的费用为 25。此后的扩展结点为 K、I 和 C。由结点 K 得到的可行解费用高于当前最优解。结点 I 和 C 本身的费用已高于当前最优解,从而它们都不是最好的解。最后,优先队列为空,算法终止。搜索过程及结果如图 6.15 所示,图中粗体部分为搜索过的结点,结点旁的数字为优先队列分支限界法中使用的优先值,值越小越优先。得到最优路线为(1,3,2,4,1),最优值为 25。

算法描述:

(1) 算法开始时创建一个最小堆,用于表示活结点优先队列。

(2) 堆中每个结点的子树费用的下界 lcost 值是优先队列的优先级。

(3) 接着算法计算出图中每个顶点的最小费用出边并用 minout 记录。

(4) 如果所给的有向图中某个顶点没有出边,则该图不可能有回路,算法即告结束。

(5) 如果每个顶点都有出边,则根据计算出的 minout 作算法初始化。

剪枝策略:剪枝函数是当前结点扩展后得到的最小费用下界。在当前扩展结点处,如果这个最小费用的下界不小于当前最优值,则剪去以该结点为根的子树。

如图 6.15 所示为当搜索到结点 N 时,最优解为 25,此时活结点表中还有结点 I 与结点 C。结点 I 和结点 C 的最小耗费分别为 26、30,而当前最优解为 25,故剪枝结点 I 与 C。

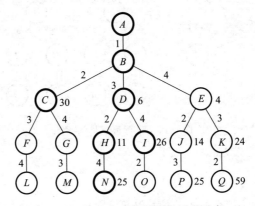

图 6.15　旅行售货员问题解过程示意

3. 算法的程序描述

算法 6.3　求解旅行售货员问题的优先队列分支限界法。

```
/ *
BBTSP 函数找到旅行售货员问题的最佳路径
* /
struct MinHeapNode
```

```
{
    int lcost;                    /*子树费用的下界*/
    int cc;                       /*当前费用*/
    int rcost;                    /*x[s:n-1]中顶点最小出边费用和*/
    int s;                        /*根结点到当前结点的路径为x[0:s]*/
    int * x;                      /*需要进一步搜索的顶点是x[s+1:n-1]*/
    struct MinHeapNode * next;
};
int k=0;                          /*记录第几趟彻底搜索*/
int n;                            /*图G的顶点数*/
int ** a;                         /*图G的邻接矩阵*/
int cc;                           /*当前费用*/
MinHeapNode * head=0;             /*堆头*/
MinHeapNode * lq=0;               /*堆的最后一个元素*/
MinHeapNode * fq=0;               /*堆的第一个元素*/
int BBTSP(int v[])
{
    /*初始化最优队列的头结点*/
    head=(MinHeapNode * )malloc(sizeof(MinHeapNode));
    head->cc=0;
    head->x=NULL;
    head->lcost=0;
    head->next=NULL;
    head->rcost=0;
    head->s=0;
    int l=0;
    int * MinOut=new int[n+1];            /*定义定点i的最小出边费用*/
    int MinSum=0;                         /*最小出边费用总合*/
    for(int i=1; i<=n; i++)
    {
        int Min=NoEdge;                   /*定义当前最小值*/
          for(int j=1; j<=n; j++)
            if(a[i][j] !=NoEdge && (a[i][j] < Min || Min==NoEdge))
              Min=a[i][j];                /*更新当前最小值*/
        if(Min==NoEdge)
        return NoEdge;
        MinOut[i]=Min;                    /*顶点i的最小出边费用*/
        MinSum+=Min;                      /*最小出边费用的总和*/
    }
    MinHeapNode * St ;
    St=(MinHeapNode * )malloc(sizeof(MinHeapNode));
    St->x=new int[n];
    for (i=0; i < n; i++)
        St->x[i]=i+1;
```

```
St->s=0;
St->cc=0;
St->rcost=MinSum;
St->next=0;                              /* 初始化当前扩展结点 */
int bestc=NoEdge;                        /* 记录当前最小值 */
while(St->s < n-1)                       /* 搜索排列空间树 */
{
    /* 非叶结点 */
    if (St->s==n-2)
      {
        /* 当前扩展结点是叶结点的父结点 */
    if(a[St->x[n-2]][ St->x[n-1]] != NoEdge && a[St->x[n-1]][1] != 
    NoEdge && 
    (St->cc+a[St->x[n-2]][ St->x[n-1]]+a[St->x[n-1]][1] < bestc || 
    bestc==NoEdge))
    /* 回路存在且所构成回路是否优于当前最优解 */
      {
        bestc=St->cc+a[St->x[n-2]][ St->x[n-1]]+a[St->x[n-1]][1];
        /* 更新当前最新费用 */
        for(i=0; i < n; i++)
          v[i+1]=St->x[i];                /* 将最优解复制到 v[1:n] */
        free(St->x);
      }
    else
        free(St->x);                      /* 该叶结点不满足条件舍弃扩展结点 */
  }
  else
  {
    for(i=St->s+1; i < n; i++)
      if(a[St->x[St->s]][ St->x[i]] != NoEdge)
      {                                   /* 当前扩展结点到其他结点有边存在 */
        /* 可行孩子结点 */
        int cc=St->cc+a[St->x[St->s]][ St->x[i]];    /* 加上结点 i 后当前
                                                         结点路径 */
        int rcost=St->rcost-MinOut[St->x[St->s]];    /* 剩余结点的和 */
        int b=cc+rcost;                              /* 下界 */
        if(b < bestc || bestc==NoEdge)
        {                                 /* 子树可能含最优解,结点插入最小堆 */
          MinHeapNode * M;
          M=(MinHeapNode * )malloc(sizeof(MinHeapNode));
          M->x=new int[n];
          for (int j=0; j < n; j++)
              M->x[j]=St->x[j];
          M->x[St->s+1]=St->x[i];
```

```
                M->x[i]=St->x[St->s+1];              /* 添加当前路径 */
                M->cc=cc;                            /* 更新当前路径距离 */
                M->s=St->s+1;                        /* 更新当前结点 */
                M->lcost=b;                          /* 更新当前下界 */
                M->rcost=rcost;
                M->next=NULL;
                Insert(M);
            }
        }
        s++;
        free(St->x);
    }                                                /* 完成结点扩展 */
    DeleteMin(St);                                   /* 取下一扩展结点 */
    if(St==NULL)
        break;                                       /* 堆已空 */
    }
    if(bestc==NoEdge)
        return NoEdge;                               /* 无回路 */
    return bestc;
}
```

算法 6.3 中 while 循环体完成对排列树内部结点的扩展。对于当前扩展结点,算法分如下两种情况进行处理。

(1) 当 $s=n-2$ 时,当前扩展结点是树中某个叶结点的父结点。如果该叶结点有一条可行回路且费用小于当前最小费用,则将该叶结点插入到活结点优先队列中,否则舍去该叶结点。

(2) 当 $s<n-2$ 时,依次产生当前扩展结点的所有孩子结点。由于当前扩展结点所相应的路径是 $x[0:s]$,其可行孩子结点是从剩余顶点 $x[s+1:n-1]$ 中选取的顶点 $x[i]$,且 $(x[s],x[i])$ 是有向图 G 中的一条可行边。当当前扩展结点的孩子结点的 lcost<bestc 时,将这个孩子结点插入活结点优先队列。

算法中 while 循环的终止条件是排列树的一个叶结点成为当前扩展结点。

当 $s=n-1$ 时,已找到的回路前缀是 $x[0:n-1]$,它已包含图 G 的所有 n 个顶点。因此,当 $s=n-1$ 时,相应的扩展结点表示一个叶结点。

小　　结

分支限界法是把问题的可行解展开,如树的分支,再经由各个分支寻找最佳解。它是在问题的解空间中进行搜索,类似回溯法,但两者对空间树的搜索方式不同。分支限界法优先扩展解空间树中的上层结点,并采用限界函数及时剪枝,同时根据优先级不断调整搜索方向,选择最有可能取得最优解的子树进行搜索。分支限界法根据活结点表中选择下一扩展结点的不同方式分为两种:队列式分支限界法和优先队列式分支限界法。

利用分支限界法对问题的解空间树进行搜索的过程如下:

(1) 产生当前扩展结点的所有孩子结点。

(2) 在产生的孩子结点中,抛弃那些不可能产生可行解或最优解的结点。

(3) 将其余的孩子结点加入活结点表。

(4) 从活结点表中选择下一个活结点作为新的扩展结点。

使用分支限界法解题,首先应掌握应用分支限界法的 3 个关键问题:

(1) 如何确定合适的限界函数。

(2) 如何组织待处理活结点表。

(3) 如何确定最优解中的各个分量。

分支限界法对问题的解空间树中结点的处理是跳跃式的,回溯也不是单纯地沿着双亲结点一层一层向上回溯,因此,当搜索到某个叶结点且该叶结点的目标函数值在表中最大时(假设求解最大化问题),求得了问题的最优值,但是,却无法求得该叶结点对应的最优解中的各个分量。这个问题可以用如下方法解决:

(1) 对每个扩展结点保存该结点到根结点的路径。

(2) 在搜索过程中构建搜索经过的树结构,在求得最优解时,从叶结点不断回溯到根结点,以确定最优解中的各个分量。

习　　题

1. 试分析分支限界法与回溯法有何不同,各有什么优缺点。

2. 0—1 背包问题可用动态规划、回溯法、分支限界法解决,试比较用不同算法处理 0—1 背包问题各有什么特点和利弊。

3. 栈式分支限界法将活结点表以后进先出的方式存储于一个栈中。试设计一个求解 0—1 背包问题的栈式分支限界法,并说明栈式分支限界法与回溯法的区别。

4. 根据下面的代价矩阵,求出最小代价路径及状态空间树的情况。

$$\begin{vmatrix} \infty & 20 & 30 & 10 & 11 \\ 15 & \infty & 16 & 4 & 2 \\ 3 & 5 & \infty & 2 & 4 \\ 19 & 6 & 18 & \infty & 3 \\ 16 & 4 & 7 & 16 & \infty \end{vmatrix}$$

5. 装载问题的分支限界法实现。

有一批集装箱共 n 个,要装上两艘承载量分别为 c_1 和 c_2 的轮船,其中,集装箱 i 的质

量为 w_i，且 $\sum\limits_{i=1}^{n} w_i \leqslant c_1 + c_2$。装载问题要求确定是否有一个合理的装载方案可将这 n 个集装箱装上这两艘轮船。请使用分支限界法的思想，设计一个解决该问题的算法。

6. n 皇后问题的优先队列分支限界法实现。

在 $n \times n$ 格的棋盘上放置彼此不受攻击的 n 个皇后。任何 2 个皇后不放在同一行或统一列或同一斜线上。请使用分支限界法的思想，设计一个解决该问题的算法。

7. 试修改求解旅行售货员问题的分支限界法，以使算法保存已产生的排列树。

8. 15 迷问题。

在一个分成 4×4 的棋盘上排列 15 块号牌，其中会出现一个空格。棋盘上号牌的一次合法移动是指将位于空格上、下、左、右的一块号牌移入空格。要求通过一系列合法移动，将号牌的初始排列转换成自然排列的目标状态，如图 6.16 所示。

1	3	4	15
2		5	12
7	6	11	14
8	9	10	13

(a) 初始状态1

1	2	3	4
5	6		8
9	10	7	11
13	14	15	12

(b) 初始状态2

1	2	3	4
5	6	7	8
9	10	11	12
13	14	15	

(c) 目标状态

图 6.16　15 迷问题

第7章 随机算法

前几章所讨论的动态规划、贪婪算法、回溯法和分支限界法等算法的每一计算步骤都是确定的,算法中每一步都明确指定下一步该如何进行。而本章所讨论的随机算法允许算法执行过程中可随机选择下一个计算步骤,这与传统的算法思想截然不同。

随机算法中使用了随机函数,且随机函数的返回值直接或者间接地影响了算法的执行流程或执行结果。随机算法基于随机方法,依赖于概率大小。随机算法的基本特征是对所求解问题用同一随机算法求解两次可能得到完全不同的运行效果,两次求解过程所需的时间,甚至是所得到的结果可能会有相当大差别。

对许多实际应用而言,随机算法是最简单可行的,或者是最快的,或者两者兼得。这种算法看上去是凭着运气做事,其实随机算法是有一定理论基础的。在许多情况下,当算法在执行过程中面临一个选择时,随机性选择通常在运行时间或者空间需求上比确定型算法往往有较好的改进,从而在很大程度上降低了算法的复杂度。很多复杂度很大的问题可以通过概率算法找到比较满意的近似解。可以看出,随机算法有着广阔的前景。

随机算法大致分为四类:数值随机化算法、舍伍德算法、拉斯维加斯算法和蒙特卡罗算法。数值随机化算法常用于数值问题的求解,得到的往往是近似解,其精度随计算时间的增加而不断增高。舍伍德算法总能求得问题的一个解,且所求得的解总是正确的,它主要用于输入实例会影响算法计算复杂度的情况,通过引入随机性来消除或减少问题的好坏实例间的这种差别。拉斯维加斯算法得到的解一定是正确的,且得到解的概率随着它所用计算时间的增加而提高,也就是说,有时用拉斯维加斯算法会找不到解。蒙特卡罗算法用于求问题的准确解,它所解决的问题主要有确定性的数学问题和随机性问题两类,它求解的一般步骤为建模、改进模型、模拟试验和求解,它能求得一个解,但未必是正确的。

7.1 随机算法基础

7.1.1 伪随机数

随机数是由试验(如摸球或抽签)产生的数,是专门的随机试验的结果。产生随机数有多种不同的方法,这些方法被称为随机数发生器。其最重要的特性是:它所产生的后面的那个数与前面的那个数毫无关系,具有概率相等(均匀随机)、不可预测和不可重现的显著特征。

例 7.1 产生 1~25 的随机整数。

分析:将 25 个大小形状相同的小球分别标记 $1,2,\cdots,24,25$ 放入一个袋中,充分搅拌,从中摸出一个球,这个球上的数就是得到的随机数。

在随机算法设计中随机数扮演着十分重要的角色。但是,由于在现实计算机上无法产生真正的随机数,因此随机算法中使用的随机数只能在一定程度上是随机的,它是由计算器或计算机产生的随机数,即伪随机数。计算器或计算机产生的随机数是通过一个固定的、可以重复的计算方法产生的,具有周期性(周期很长)规律性,可重复性,类似随机数的统计特征,但并不是真正的随机数,故叫伪随机数。这样的发生器称为伪随机数发生器。伪随机数应具备的特征:

(1) 良好的统计分布特征;

(2) 高效率的伪随机序列的生成;

(3) 伪随机数序列生成的循环周期足够大;

(4) 生成的程序可移植性好;

(5) 伪随机数序列可重复生成。

在实际应用中往往使用伪随机数就可以满足要求。

伪随机数的生成算法很多,例如取中法、移位法、同余法、线性同余法等,其中线性同余法是产生伪随机数最常用的方法。由线性同余法产生的随机序列 $a_1,a_2,\cdots,a_n,\cdots$ 满足

$$\begin{cases} a_0 = d \\ a_n = (ba_{n-1} + c) \bmod m; \quad n=1,2,\cdots \end{cases}$$

其中,b 为乘数,$b \geqslant 0$;c 为增量,$c \geqslant 0$;d 称为该随机序列的种子,$d \leqslant m$;m 为模数,$m>0$,m 应取充分大,因此可取 m 为机器大数,另外应取 $GCD(m,b)=1$,因此可取 b 为一素数。

在给定这些初始值后,通过初始化种子可以产生与之相应的随机序列。一个同余序列的周期不可能多于 m 个元素,所以,为了达到预期的随机效果,一般我们希望这个值稍稍大一点。在大多数情况下,当 $m=2^e$(e 表示计算机的字大小)时,在计算机中得到的随机效果就比较令人满意了,而且这样对于随机数生成速度也是比较合理的。

7.1.2 实例分析

例 7.2 一个长度在 4~10 的字符串中,需要判定是否可以在字符串中删去若干字符,使得改变后字符串符合以下条件之一:

(1) AAAA;(2) AABB;(3) ABAB;(4) ABBA。

例如,长度为 6 的字符串"POPKDK",若删除其中的 O、D 两个字母,则原串变为"PPKK",符合条件(2)AABB。

分析:这道题很容易让人想到一种算法,即运用排列组合,枚举每 4 个字母,然后逐一

判断。该算法是可行的,但是如果题目中加上一句话:需要判断 n 个字符串,且 $n \leqslant$ 100 000,那么这样将是非常耗时的。

　　所以这道题可以借助于随机算法,下面我们来算一下在 10 个字符中取 4 个字符一共有多少种取法:$C(4,10)=210$。那么很容易得知,随机算法如果随机 100 次,能得到的结果基本上就正确了,而随机时的时间消耗是 $O(1)$,只需要判断没有随机重复即可,判重的时间复杂度也为 $O(1)$,并且最多随机 100 次,这样就可以有效地得到答案,最大运算次数为 $O(100n)$,这是在计算机的承受范围内(1 000 ms)的。

　　随机算法是一个很好的概率算法,但是它并不能保证正确,而且它单独使用的情况很少,大部分是与其他算法,如贪婪算法等配合起来运用。

　　为了便于设计随机算法,我们在此建立一个随机数类 RandomNumber,由该随机数类给出随机数。该类中包含一个由用户初始化的种子 randSeed,可产生 0 到 $n-1$ 之间的随机整数和 $[0,1)$ 之间的随机实数,见算法 7.1。

　　算法 7.1　随机数类生成。

```
/*随机数类*/
const unsigned long maxshort=65536L;
const unsigned long multiplier=1194211693L;
const unsigned long adder=12345L;
class RandomNumber
{
    private:
        unsigned long randSeed;                        /*当前种子*/
    public:
        /*构造函数,默认值 0 表示由系统自动产生种子*/
        RandomNumber(unsigned long s=0);
        /*产生 0:n-1 之间的随机的整数 */
        unsigned short Random(unsigned short n);       /*该函数的参数 n<=65535*/
        /*产生[0,1)之间的随机实数*/
        double fRandom(void);
};

/*产生种子*/
RandomNumber::RandomNumber(unsigned long s)
{
    if(s==0) randSeed=time(0);                          /*用系统时间产生种子*/
    else randSeed=s;                                   /*由用户提供种子*/
}
/*用线性同余法生成 0:n-1 之间的随机数*/
```

```
unsigned short RandomNumber∷Random(unsigned short n)
{
    randSeed＝multiplier * randSeed＋adder;
    return(unsigned short)((randSeed＞＞16)％n);
}
/ * 生成[0,1]之间的随机数 * /
double RandomNumber∷fRandom(void)
{
        return Random(maxshort)/double(maxshort);
}
```

7.2 数值随机算法

数值随机算法经常用于数值问题的求解。这类算法得到的往往是近似解,且近似解的精度随计算时间的增加而不断增高。在许多情况下,要计算出问题的精确解是不可能的或没有必要的,因此数值化随机算法可得到相当满意的解。

例 7.3 随机投点法计算 π 值。

问题描述:将 n 根飞镖随机投向一正方形的靶子,如图 7.1(a)所示。计算落入此正方形的内切圆中的飞镖数目 k。

问题分析:假定飞镖击中方形靶子任一点的概率相等。设圆的半径为 r,面积 $s_1＝\pi r^2$,方靶面积 $s_2＝4r^2$。由等概率假设可知,落入圆中的飞镖和正方形内的飞镖平均数目之比为

$$\frac{k}{n}＝\frac{\pi r^2}{4r^2}＝\frac{\pi}{4}。$$

由此可得

$$\pi＝\frac{4k}{n}$$

这里考虑投入的点在正方形上均匀分布,因而正方形上一个点落在圆上的概率为 $\frac{\pi r^2}{(2r)^2}＝\frac{\pi}{4}$,所以当 n 足够大时,k 与 n 之比就逼近这一概率,即为 $\frac{\pi}{4}$,因而 $\pi\approx\frac{4k}{n}$。也可以看成如图 7.1(b)所示,在正方形上投入 n 个点,落到扇形内的点数为 k,$\pi\approx\frac{4k}{n}$。从而可应用随机投点法计算出 π 的近似解,并通过增加投点实验次数提高解的精确度。其具体算法如下给出。

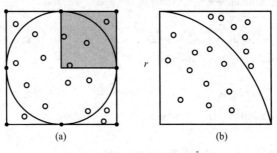

图 7.1   计算 π 值的随机投点法

算法 7.2   用随机投点法计算 π 值。

```
double Darts(int n)
{
    static RandomNumber dart;              /* 随机数对象 */
    int k=0;
    for (int i=1;i<=n;i++)
    {
        double x=dart.fRandom();          /* 产生[0,1)之间的随机实数 */
        double y=dart.fRandom();
    /* 判断条件为(x*x+y*y)<=1,表示当前随机点处于圆内 */
        if ((x*x+y*y)<=1) k++;
    }
    return 4*k/double(n);
}
```

7.3   舍伍德算法

在一些需要输入数据的算法中,输入实例多多少少会影响到算法的计算复杂度。这时可用舍伍德(Sherwood)算法消除算法所需计算时间与输入实例间的这种联系。舍伍德算法总能求得问题的一个解,且所求得的解总是正确的。当一个确定性算法在最坏情况下的计算复杂性与其在平均情况下的计算复杂性有较大差别时,可以在这个确定算法中引入随机性将它改造成一个舍伍德算法,消除或减少问题的好坏实例间的这种差别。该算法精髓不是避免算法的最坏情况行为,而是设法消除这种最坏行为与特定实例之间的关联性。

设 A 是一个确定性算法,当它的输入实例为 x 时所需的计算时间记为 $t_A(x)$。设 X_n 是算法 A 的输入规模为 n 的实例的全体,则当问题的输入规模为 n 时,算法 A 所需的平均时间为

$$\overline{t_A}(n) = \sum_{x \in X_n} t_A(x) / |X_n|$$

这不能排除存在 $x \in X_n$ 使得 $t_A(x) \gg \overline{t_A}(n)$ 的可能性。我们希望获得一个随机算法 B，使得对问题的输入规模为 n 的每一个实例 $x \in X_n$，均有

$$t_B(x) = \overline{t_A}(n) + s(n)$$

当 $s(n)$ 与 $\overline{t_A}(n)$ 相比可忽略时，舍伍德算法可获得很好的平均性能。

7.3.1　基本的舍伍德型随机算法

快速排序算法和线性时间选择算法的随机化版本就是舍伍德型随机算法，也就是说将舍伍德算法的思想应用于这两种算法中，这两个算法的核心都在于如何确定合适的划分基准。

1. 快速排序算法

对于输入的子数组 $a[p:r]$，可按以下 3 个步骤进行排序。

（1）分解。以 $a[p]$ 为基准元素将 $a[p:r]$ 划分成 3 段：$a[p:q-1]$、$a[q]$、$a[q+1:r]$，使 $a[p:q-1]$ 中任何一个元素小于等于 $a[q]$，而 $a[q+1:r]$ 中任何一个元素大于等于 $a[q]$。q 在划分过程中确定。

（2）递归求解。通过递归调用快速排序算法分别对 $a[p:q-1]$ 和 $a[q+1:r]$ 进行排序。

（3）合并。由于对 $a[p:q-1]$ 和 $a[q+1:r]$ 的排序是就地进行的，所以在 $a[p:q-1]$ 和 $a[q+1:r]$ 都已排好序后，不需要执行任何计算，$a[p:r]$ 就已排好序。

2. 线性时间选择算法

对于给定线性序集中 n 个元素和一个整数 k，$1 \leqslant k \leqslant n$，要求找出这 n 个元素中第 k 小元素，即如果将这 n 个元素按照线性顺序排列时，排在第 k 个位置的元素即为要找的元素。它的基本思想也是对输入数组进行递归划分处理。与快速排序不同的是，该算法只对划分出的子数组之一进行递归处理。

（1）数组 $a[p:r]$ 被划分成 $a[p:i]$ 和 $a[i+1:r]$ 两个子数组，使 $a[p:i]$ 中的每个元素都不大于 $a[i+1:r]$ 中的每个元素，接着计算子数组 $a[p:i]$ 中的元素个数 j。

（2）如果 $k \leqslant j$，则 $a[p:r]$ 中第 k 小元素落在子数组 $a[p:i]$ 中。

（3）如果 $k > j$，则要找的第 k 小元素落在子数组 $a[i+1:r]$ 中。由于此时已知道子数组 $a[p:i]$ 中元素均小于要找的第 k 小元素，因此，要找的 $a[p:r]$ 中第 k 小元素是 $a[i+1:r]$ 中的第 $k-j$ 小元素。

对于选择问题来说，采用拟中位数作为划分基准，可以保证在最坏情况下用线性时间完成选择。最坏情况发生在划分过程中产生的两个区域分别包含 $n-1$ 个元素和 1 个元

素的时候；最好情况是每次划分所取的基准都正好为中值，即每次都产生两个大小为 $n/2$ 的区域。如果只简单地用待划分数组的第一个元素作为划分基准，则算法的平均性能较好，而在最坏情况下却需要 $O(n^2)$ 的计算时间。

舍伍德算法以随机方式选择一个数组元素作为划分基准，既能保证算法的线性时间平均性能，又能有效避免计算拟中位数的问题。

算法 7.3 非递归的舍伍德算法。

```
/ * 计算 a[l:r]中第 k 小元素 * /
Template<class Type>
Type select(Type a[], int l, int r, int k)
{
    int i,j; Type pivot;
    static RandomNumber rnd;
    while(true)
    {
        if(l>=r) return a[l];
        i=l;                          / * i 为待划分数组的左边界 * /
        j=l+rnd.Random(r-l+1);        / * 随机选择的划分基准 * /
        swap(a[i], a[j]);
        j=r+1;                        / * j 为待划分数组的右边界 * /
        pivot=a[l];                   / * 划分基准 * /
        while(true)
        {                             / * 以划分基准为轴作元素交换 * /
            while(a[++i]<pivot);      / * 从子数组左边起找到第一个比划分基准大的元素 * /
            while(a[--j]>pivot);      / * 从子数组右边起找到第一个比划分基准小的元素 * /
            if(i>=j) break;
            swap(a[i], a[j]);         / * 交互 a[i], a[j]的值 * /
        }
        if(j-l+1==k)
            return pivot;             / * 若低区子数组中有 k 个元素,则基准 privot 就是第 k 小元素 * /
        a[l]=a[j];                    / * a[j]与基准元素交换 * /
        a[j]=pivot;
        / * 对子数组重复划分过程 * /
        if(j-l+1<k)   / * 低区子数组中含有的元素小于 k 个,则第 k 小元素在高区子数组中 * /
        {
            k=k-j+l-1; / * 即 k=k-(j-l+1),k 个元素减去低区子数组中含有的元素 * /
            l=j+1;                    / * 重新设置子数组的左边界 * /
        }
        else                          / * 第 k 小元素在低区子数组中 * /
            r=j-1;                    / * 设置子数组的右边界 * /
    }                                 / * while 结束 * /
}
/ * 计算 a[0:n-1]中第 k 小元素 * /
```

```
Template<class Type>
Type Select(Type a[],int n,int k)
{
    /*假设 a[n]是一个键值无穷大的元素*/
    if(k<1||k>n) throw OutOfBounds();
    return select(a,0,n-1,k);
}
```

例 7.4 设数组 $a[6]=\{5\ 8\ 2\ 15\ 32\ 3\}$,$k=3$,$l=1$,$r=6$。计算数组 a 中的第 k 小元素。

问题分析：

(1) 随机选择一个数 15。交换 $a[0]$ 和 15,此时以 15 作为划分基准。

$$15\ \ 8\ \ 2\ \ 5\ \ 32\ \ 3$$

(2) 划分数组:i 初始化为 0,j 初始化为 5。i 从左向右,直到找到第一个大于划分基准的元素停止,此时 $i=4$。j 从右向左,直到找到第一个比划分基准小的元素,此时 $j=5$。由于 $i<j$,所以交换这两个位置上的元素。

$$15\ \ 8\ \ 2\ \ 5\ \ 3\ \ 32$$

(3) 继续查找,直到 $i>j$。此时 $i=5$,$j=4$。低区子数组中的元素个数 5 不等于 k,交换 $a[j]$ 和划分基准元素。

$$3\ \ 8\ \ 2\ \ 5\ \ 15\ \ 32$$

(4) 低区子数组元素的个数大于 k,则第 k 小元素在低区子数组中,改变右边界,即 $r=3$。此时只需在低区子数组中查找。

$$3\ \ 8\ \ 2\ \ 5$$

(5) 重复进行(1),得到

$$5\ \ 8\ \ 2\ \ 3$$

(6) 初始化 $i=0$,$j=3$。重复步骤(2),此时 $i=1$,$j=3$。由于 $i<j$,交换后的数组为

$$5\ \ 3\ \ 2\ \ 8$$

(7) 重复进行(3),此时 $i=3$,$j=2$。低区子数组中的元素个数 3 等于 k,则结果为:划分基准的值 5。

3. 结合随机预处理技术

上述舍伍德算法对确定性选择算法所做的修改简单且易于实现。有时也会遇到这样的情况,所给的确定性算法无法直接改造成舍伍德型算法。那么需要借助于随机预处理技术对原有确定性选择算法进行改造,但不改变原有的确定性选择算法,仅对算法的输入进行随机洗牌,同样可以达到舍伍德算法的效果。例如,对于确定性选择算法,可以用洗牌算法 shuffle 将数组 a 中元素随机排列,然后利用确定性选择算法来求解。这种处理的效果与舍伍德算法的效果是相同的。

算法 7.4　随机洗牌算法。

```
template<class Type>
void Shuffle(Type a[], int n)
{
    static RandomNumber rnd;
    for (int i=0;i<n;i++) {
        int j=rnd.Random(n-i)+i;
        Swap(a[i], a[j]);
    }
}
```

7.3.2　线性表的快速查找

1. 线性表的组织

线性表有两种存储方式：顺序存储和链式存储。从空间的角度看，链式存储的存储密度低，因为它需要存储附加的指针域数据，顺序存储不需要存储附加信息，故其存储效率比较高；从时间角度来看，顺序存储的逻辑顺序与物理顺序一致，其存储可采用其索引号来加以存取，因此它是一种随机存取结构，表中的任意一个结点都可在 $O(1)$ 的时间内直接存取，但是在表中插入和删除元素操作时需要移动大量的元素。该结构适合经常进行查找而很少做插入和删除运算操作的情况。而链式存储与顺序存储方式恰恰相反，插入和删除不需要移动元素，只需要修改指针即可，但其查找的时间复杂度却为 $O(n)$。

在 STL 容器类中的 Vector 类采用顺序存储，List 类采用链式存储。后面的程序测试就是采用这两个类来进行的。是否存在这样一个数据结构，既能像链式存储结构那样，插入和删除不需移动大量元素，也能在查找时像顺序存储结构相似，不需要进行大量的数据比较操作？

2. 用数组实现链表

可以采用数组来实现链表，采用"虚假"的指针操作。但就是这种"虚假"指针，恰恰不仅弥补了指针的某些缺陷，还发挥了这种"虚假"指针的优点。采用这种数据结构，抛弃了顺序存储在插入运算中需要移动大量元素的缺点。基于这种数据结构，采用舍伍德算法进行查找、插入和删除操作，其效率在传统的顺序存储和链式存储之间。

所有的程序设计语言中都有数组，可以利用两个数组 m_pData 和 m_pLink 来表示所给的含有多个元素的有序集。用 m_pData 存储有序链表的数据，用 m_pLink 存储有序链表数据元素的直接后继指针（在数组中的索引号）。m_pLink[0]指向有序链表的第一个元素，换句话说，m_pData[m_plink[0]]是有序链表中的最小元素。一般来说，如果 m_pData[i]是有序链表中的第 k 个元素，则 m_pData[m_plink[i]]是有序链表中的第

$k+1$ 个元素。有序链表的有序性表现在:对于任意的 $1 \leqslant i \leqslant n$,有 m_pData$[i] \leqslant$ m_pData$[$m_plink$[i]]$。有序链表中的最大元素 m_pData$[k]$ 有 m_plink$[k]=0$(无后继,指向第 0 个结点,第 0 个结点是监视哨)且 m_pData$[0]$ 为一个大数。例如,有序链表——斐波那契数列 $F=\{1,2,3,5,8,13,21,34\}$ 的一种表示存储结构见表 7.1。

表 7.1 用数组模拟有序链表

i	0	1	2	3	4	5	6	7	8
m_pData$[i]$	∞	8	2	13	5	34	1	21	3
m_pLink$[i]$	6	3	8	7	1	0	2	5	4

倘若采用顺序搜索的方式在这种有序链表中查找指定的元素,每次查找与有序链表建立的顺序有关,比如在表 7.1 中先建立的元素是 8,倘若查找"8"这个元素,则依次查找就可以找到它,这一过程所需的时间为 $O(1)$;倘若 8 在长度为 n 的有序链后一个位置建立,则顺序查找所需的时间为 $O(n)$,可见计算时间与输入实例有关系。显然,在此情况下采用舍伍德算法可以消除这种联系。

3. 线性表的快速查找

基于数组下标的索引性质,可设计出一个随机化的搜索算法,用于改进搜索的时间复杂性。该算法的基本思想是随机选取数组元素若干次,从较接近搜索元素 x 的位置开始进行顺序查找,而没有必要从有序链表的开始位置进行搜索,从而较大幅度地提高查找效率。遗憾的是,在 STL 容器类中的 Vector 类采用顺序存储,List 类采用链式存储,并没有这样的一种数据结构——用数组模拟有序链表。模仿标准 STL 中类模板的实现,设计了一个类模板 COrderList,并实现了用舍伍德算法进行查找和插入等操作。

```
/* 类模板 COrderList 的定义 */
template<class Type>
class OrderedList{
    public:
    OrdereList(Type small,Type Large,int MaxL);
    ~OrderedList();
    bool Search(Type x,int& index);            /* 搜索指定元素 */
    int SearchLast(void);                       /* 搜索最大元素 */
    void Insert(Type k);                        /* 插入指定元素 */
    void delete(Type k);                        /* 删除指定元素 */
    void Output();                              /* 输出集合中元素 */
    private:
    int m CurrentNumber;                        /* 当前集合中元素个数 */
    int MaxLength;                              /* 集合中最大元素个数 */
    Type * m_pData;                             /* 存储集合中元素的数组 */
```

```
    int * m_pLink;                          /*指针数组*/
    RandomNumber rnd;                       /*随机数产生器*/
    Type m_LowBound;                        /*集合中元素的下界*/
    Type TailKey;                           /*集合中元素的上界*/
};
```

算法 7.5 线性表的快速查找算法。

```
/*搜索有序链表中的指定元素 x,并将其位置放在 index 变量中*/。
Template<class Type>
bool COrderList<Type>::Search(Type x,int& index)
{   /*m_CurrentNumber 为当前有序链表中的元素的个数,它为类模版 COrderList 的数据
    成员,m 为随机搜索的次数*/
    int m=(int)sqrt(double(m_CurrentNumber));
    int j;
    index=0;
    /*m_LowBound 为当前有序链表中最小元素的值。它为类模版 COrderList 的数据成
    员*/
    Type max=m_LowBound;
    for(int i=1;i<=m;i++)
    {
        j=rnd.Random(n)+1;
        /*产生一个随机数 j,在数组 m_pData[]中随机找一个值*/
        Type y=m_pData[j];
        if((max<y)&&(y<x))          /*找最靠近查找元素 x 的索引位置 index*/
        {
            max=y;
            index=j;
        }
    }
    /*从最靠近查找元素 x 的 index 所指向的位置开始进行顺序搜索*/
    while (m_pData[m_pLink[index]]<x)
        index=m_pLink[index];                /*指针后移*/
    return (m_pData[m_pLink[index]]==x);    /*是否找到*/
}
```

该算法的查找时间复杂度为 $O(n^{1/2})$。

7.4 拉斯维加斯算法

7.4.1 拉斯维加斯算法的基本思想

拉斯维加斯算法属于随机算法中的一种,它不会得到不正确的解,一旦用拉斯维加斯

算法找到一个解,那么这个解肯定是正确的,但算法的时间复杂度是非确定的。拉斯维加斯算法得到正确解的概率随着计算时间的增加而提高。对于所求解问题的任一实例,用同一拉斯维加斯算法反复对该实例求解足够多次,可使求解失效的概率任意小(拉斯维加斯算法找到正确的概率依赖于所用的计算时间)。

拉斯维加斯算法的一个显著特征是它所作的随机性决策有可能导致算法找不到所需的解。因此,常用一个返回值类型为 bool 的函数表示拉斯维加斯算法。当算法找到一个解时返回 true,否则返回 false。拉斯维加斯算法的典型调用形式为 bool success＝LV(x, y),其中 x 是输入参数;当 success 的值为 true 时,y 返回问题的解;当 success 值为 false 时,算法未能找到问题的解。此时可对同一实例再次独立地调用相同的算法。设 $p(x)$ 是对输入 x 调用拉斯维加斯算法获得问题的一个解的概率。一个正确的拉斯维加斯算法应该对所有输入 x 均有 $p(x)>0$。设 $s(x)$ 和 $e(x)$ 分别是算法对于具体实例 x 求解成功和求解失败所需的平均时间,讨论下面的算法。

```
/ * 反复调用拉斯维加斯算法 LV(x,y),直到找到问题的一个解 y * /
template<class Object>
    static void obstinate(Object x,Object y){
    bool success=false;
    while(! success){
        success=LV(x,y);
    }
}
```

由于 $p(x)>0$,因此,只要时间足够,对任何实例 x,上述算法 obstinate 总能找到问题的解。若设 $t(x)$ 是算法 obstinate 找到具体实例 x 的一个解所需的平均时间,则有

$$t(x) = p(x)s(x) + (1 - p(x))(e(x) + t(x))$$

解方程可得

$$t(x) = s(x) + \frac{1 - p(x)}{p(x)} e(x)$$

例 7.5 标识重复元素算法。

问题描述:设有 n 个元素保存在一维数组 a 中,其中有 $n/2$ 个元素各不相同,而另外 $n/2$ 个元素值相同,因此,数组中总共有$(n/2)+1$ 种不同的元素值。算法的目标是要找出数组中的重复元素。

问题分析:使用随机数发生器,它能够保证从$[0,n-1]$个下标中选取每个值的概率是相等的,等于 $1/n$。

算法的实现十分简单,它使用随机数发生器,选择两个下标 i 和 j,如果 $i != j$,$a[i] == a[j]$,则算法成功终止。但算法也可能在运行很长时间后仍不能找到重复元素,此算法在找到重复元素前不会终止。此算法如果终止,就一定能得到正确的结果,因此它是一个拉斯维加斯算法。

算法 7.6 标识重复元素算法。

```
int elment(int a[],int n,int & x)
{
    while(1)
    {
        RandomNumber rcd;
        int i＝rcd.Random(n);
        int j＝rcd.Random(n);
        if((i !＝j)&&(a[i]＝＝a[j]))      /＊第 i,j 数组元素值相等,为重复元素＊/
        {
            x＝a[i];
            return i;
        }
    }
}
```

7.4.2 用拉斯维加斯算法解 n 皇后问题

1. 问题描述

在 $n \times n$ 格的棋盘上放置彼此不受攻击的 n 个皇后。按照国际象棋的规则,皇后可以攻击与之处在同一行或同一列,或同一斜线上的棋子。n 皇后问题等价于在 $n \times n$ 格的棋盘上放置 n 个皇后,任何 2 个皇后不可以放在同一行或同一列,或同一斜线上。

在用回溯法解 n 皇后问题时,实际上在系统地搜索整个解空间树的过程中找出满足要求的解。

对于 n 皇后问题的任何一个解而言,每一个皇后在棋盘上的位置无任何规律,不具有系统性,随机放置。由此,可以想到下面的拉斯维加斯算法。我们在棋盘上相继在各行中随机放置皇后,并注意新放置的皇后与已放置的皇后互不攻击,直至 n 个皇后均已相容地放置好,或已没有位置可放置下一个皇后时为止。

2. 问题分析与解决方案

算法 7.7 类 Queen 的私有成员 n 表示皇后个数;数组 X 存储 n 皇后问题的解。

```
class Queen{
    friend  void    nQueen(int);
    private:
        bool   Place(int k);            /＊测试皇后 k 置于第 x[k]列的合法性＊/
        bool   QueensLV(void);          /＊随机放置 n 个皇后的拉斯维加斯算法＊/
        int n;                          /＊皇后个数＊/
        int ＊ x;                       /＊解向量＊/
```

```
};

bool Queen::Place(int k)
{  /* 测试皇后 k 置于第 x[k]列的合法性 */
    for (int  j=1; j<k; j++)
      if((abs(k-j)==abs(x[j]-x[k]))||(x[j]==x[k])) return false;
    return true;
}
bool Queen::QueensLV(void)
{  /* 随机放置 n 个皇后的拉斯维加斯算法 */
    RandomNumber  rnd;
    int   k=1;
    int count=1;
    while  ((k<=n)&&(count>0))
    { count=0;
      int j=0;
      for(int i=1;i<=n;i++)
      {  x[k]=i;
         if(Place(k))
             if(rnd.Random(++count)==0) j=i;            /* 随机位置 */
      }
      if(count>0) x[k++]=j;
    }
    return(count>0);                        /* count>0 表示成功放置 */
}


void nQueen(int n)                    /* 解 n 后问题的拉斯维加斯算法 */
{
    Queen X;                         /* 初始化 */
    X.n=n;
    int * p=new int[n+1];
    for(int i=0;i<=n;i++)
        p[i]=0;
    X.x=p;
    /* 反复调用随机放置 n 个皇后拉斯维加斯算法,直至放置成功 */
    while(X.QueensLV())
    {
        cout<<"结果是:"<<endl;
        for(int i=1; i<=n; i++)
        {
            for(int j=1; j<=n; j++)
            {
                if(j==p[i])
                    cout<<"Q"<<" ";
```

```
                if(j! = p[i])
                        cout<<" * "<<" ";
                }
                cout<<endl;
            }
            break;
        }
        delete []p;
    }
```

3. 算法分析

拉斯维加斯算法的一个重要特征是它的随机决策可能导致找不到所需的解。但设 $p(x)$ 是此算法对获得一个问题解的概率,则只要求 $p(x)>\delta(\delta>0)$。故如有足够多的时间,对任何实例 x,拉斯维加斯算法均可求出一个解,并且算法平均时间如 $t(x)=s(x)+((1-p)(x))/p(x))e(x)$。因此,只要问题大多数解是符合要求的,就可以使用拉斯维加斯算法,在采用常规做法难度超过自身水平甚至在对 NP 问题搜索时,用它往往效果很好。如果上述方法效率好的话,也可兼顾其他科目分数;效率不好,可以让程序先运行几分钟(或调整 n 次)后强行退出循环,看看是否满意当前解。用这个算法测试,运气好时可瞬间求出解,运气差时需要很长一段时间。该算法的运行过程几乎全靠运气,这也是该算法以赌城"拉斯维加斯"来命名的原因。

7.5　蒙特卡罗算法

蒙特卡罗(Monte Carlo)算法亦称随机模拟(random simulation)方法、随机抽样(random sampling)技术或者统计试验(statistical testing)方法,它是以概率统计理论为其主要理论基础,以随机抽样为其主要手段,利用计算机进行数值计算的方法。蒙特卡罗方法是 20 世纪 40 年代中期由于科学技术的发展和电子计算机的发明,而被提出的一种以概率统计理论为指导的一类非常重要的数值计算方法。它使用随机数(或更常见的伪随机数)来解决很多计算问题的方法。蒙特卡罗算法的名字来源于摩纳哥的一个城市蒙特卡罗,该城市以赌博业闻名,而蒙特卡罗算法正是以概率为基础的方法,与它对应的是确定性算法。

蒙特卡罗算法是在 1946 年,由美国拉斯阿莫斯国家实验室的 3 位科学家 John von Neumann、Stan Ulam 和 Nick Metropolis 共同发明的,它的具体定义是:在广场上画一个边长 1 m 的正方形,在正方形内部随意用粉笔画一个不规则的图形,现在要计算这个不规则图形的面积,怎么计算? 蒙特卡罗算法告诉我们,均匀地向该正方形内撒 N(N 是一个很大的自然数)个黄豆,随后数数有多少个黄豆在这个不规则几何形状内部,比如说有 M个,那么,这个奇怪形状的面积便近似于 M/N,N 越大,算出来的值便越精确。在这里我们要假定黄豆都在一个平面上，相互之间没有重叠。蒙特卡罗算法可用于近似计算圆周率：让计算机每次随机生成两个 0 到 1 之间的数，看这两个实数是否在单位圆内。生成一系列随机点，统计单位圆内的点数与总点数（圆面积和正方形面积之比为 PI：1，PI 为圆周率），当随机点取得越多（但即使取 10^9 个随机点时，其结果也仅在前 4 位与圆周率吻合）时，其结果越接近于圆周率。

蒙特卡罗算法能求得一个解，但未必是正确的。其求得正确解的概率依赖于算法所用的时间，所用时间越多，得到正确解的概率就越高。但它的缺点也在于此。它是以增加算法的复杂度来提高找到正确解的概率，这点与拉斯维加斯算法是一致的，而拉斯维加斯算法不会得到不正确解，在一般情况下，蒙特卡罗算法无法有效地判定所得到的解是否肯定正确。

蒙特卡罗算法在金融工程学、宏观经济学、计算物理学（如粒子输运计算、量子热力学计算、空气动力学计算）等领域应用广泛。

7.5.1 蒙特卡罗算法的基本思想

为了求解数学、物理、工程技术及生产管理等方面的问题，首先建立一个概率模型或随机过程，使它的参数等于问题的解；然后通过对模型或过程的观察或抽样试验来计算所求参数的统计特征，最后给出所求问题的近似解。

蒙特卡罗方法可以解决许多类型的问题，但总体来说，依据其是否涉及随机过程的形态和结果，所解决的问题主要有两类。

（1）确定性的数学问题。如计算多重积分、求逆矩阵、解线性方程组、解积分方程、偏微分方程等。解决方法为间接模拟方法，即建立相关问题的概率模型；对模型进行随机抽样；用随机抽样的算术平均值作为近似估计值。

（2）随机性问题。如原子核物理问题、运筹学中的优化问题、随机服务系统中的排队问题、动物的生态竞争和传染病的蔓延等。解决方法为：一般情况下都采用直接模拟方法，即根据实际物理情况的概率法则，用计算机进行抽样检验。

蒙特卡罗算法解题的一般步骤：

（1）建模。对求解的问题建立简单而又便于实现的概率统计模型，使所求的解恰好是所建立的概率分布或数学期望。

（2）改进模型。根据概率统计模型的特点和计算实践的需要，尽量改进模型，以便减少方差和降低费用，提高计算效率。

（3）模拟试验。建立对随机变量的抽样方法，其中包括建立伪随机数的方法和建立对所遇到的分布产生随机变量的随机抽样方法。

（4）求解。给出获得所求解的统计估计值及其方差或标准误差的方法。

蒙特卡罗算法的特点：

（1）蒙特卡罗算法及其程序结构简单，但计算量大。

（2）收敛的概率性和收敛速度与问题维数无关，模拟结果具有随机性。

（3）蒙特卡罗算法的适应性很强。

7.5.2 蒙特卡罗算法的基本概念

设 p 是一个实数，且 $1/2 < p < 1$。若一个蒙特卡罗算法对于问题的任意实例得到正确解的概率不小于 p，则称该蒙特卡罗算法是 p 正确的。且称 $p - 1/2$ 是该算法的优势。

若对于同一实例，蒙特卡罗算法不会给出两个不同的正确解答，则称该蒙特卡罗算法是一致的。

对于一个一致的 p 正确蒙特卡罗算法，要提高获得正确解的概率，只要执行该算法若干次，并选择出现频率次数最高的解即可。

在一般情况下，设 δ 和 ε 是两个正实数，且 $\delta + \varepsilon < 0.5$。设 $MC(x)$ 是一个一致的 $(1/2 + \varepsilon)$ 正确的蒙特卡罗算法且 $C_{\varepsilon} = -2/\log(1 - 4\varepsilon^2)$。不论它的优势 ε 有多小，都可以通过反复调用来放大算法的优势，使得最终得到的算法具有可以接受的错误概率。已经证明，重复 n 次调用算法 $MC(x)$ 得到正确解的概率至少为 $1 - \delta$。在实际应用中，大多数蒙特卡罗算法经重复调用后正确率提高很快。

证明： 设 $n > C_{\varepsilon} \log_2(1/\delta)$ 是重复调用 $(0.5 + \varepsilon)$ 正确的算法 $MC(x)$ 的次数，且 $p = (0.5 + \varepsilon)$，$q = 1 - p = (0.5 - \varepsilon)$，$m = \lfloor n/2 \rfloor + 1$。经过 n 次反复调用算法 $MC(x)$，找到问题的一个正确解，则该正确解至少应该出现 m 次，其出现的错误概率为 p_1。

找到问题的一个正确解，则 n 次调用正确解至少出现 m 次，如果正确解出现的次数小于 m 次，则表示没有找到问题的正确解，我们现在求解的是出现错误的概率，即正确解出现的次数小于 m 次，则

$$p_1 \leqslant \sum_{i=0}^{m-1} \binom{n}{i} p^i q^{n-i} = (pq)^{\frac{n}{2}} \sum_{i=0}^{m-1} \binom{n}{i} (q/p)^{\frac{n}{2}-i} \leqslant (pq)^{\frac{n}{2}} \sum_{i=0}^{m-1} \binom{n}{i} \leqslant (pq)^{\frac{n}{2}} \sum_{i=0}^{n} \binom{n}{i}$$

$$= (pq)^{\frac{n}{2}} 2^n = (1 - 4\varepsilon^2)^{\frac{C_{\varepsilon}}{2} \log_2 \frac{1}{\delta}} = 2^{-\log_2 \frac{1}{\delta}}$$

$$= \delta$$

因此，重复调用算法 $MC(x)$ 得到正确解的概率为 $1 - \delta$。

1. 偏真算法

设 $MC(x)$ 是解某个判定问题的蒙特卡罗算法，当它返回 true 时解总是正确的，仅当它返回 false 时有可能产生错误的解，称这类蒙特卡罗算法为偏真算法。

对于一个偏真算法，只要有一次调用返回 true，就可以断定相应的解为 true。假定某个偏真算法的正确概率为 0.55，我们只要重复调用 4 次，就可以将正确率提高到 0.95，重复调用 6 次，正确率就可以提高到 0.99。而且对于偏真算法而言，原先的要求 $p > 0.5$，可以放松到 $p > 0$。

下面举例说明偏真算法。

设数组 $a[] = \{1, 3, 1, 0, 2, 1, 1, 4, 1, 5\}$，求数组 a 中是否含有元素 1，我们设计的随机

算法不同于传统的算法,而是用数组中的每一个元素与 1 进行比较,设算法 MC(x) 随机地从数组 a 中选择一个数,用随机选择的元素与 1 进行计较,若随机选择的元素和 1 相等,则算法返回 true,并设它返回 true 的概率是 p,反之则返回 false,概率为 $1-p$。对于此例子而言,如果算法 MC(x) 返回的是 true,则解是正确的,即数组 a 中含有元素 1,如果返回 false,则此时的解是错误的,因为数组 a 中含有元素 1,随机选择的元素不是 1,此时算法就会产生错误的解。设算法 $MC_1(x)$ 是重复调用算法 MC(x)k 次,只要其中有一个调用返回 true 则算法 $MC_1(x)$ 就返回 true,对于此例而言,只要有一次随机调用返回 true 就说明数组中含有元素 1。$MC_1(x)$ 要返回 false 则它每次调用 MC(x) 都返回 false,因此 $MC_1(x)$ 返回 false 的概率为 $(1-p)^k$,返回 true 的概率为 $1-(1-p)^k$。

2. 偏 y_0 算法

对于一个解所给问题的蒙特卡罗算法 MC(x),如果存在问题实例的子集 X 使得:

(1) 当 $x \notin X$ 时,MC(x) 返回的解是正确的。

(2) 当 $x \in X$ 时,正确解是 y_0,但 MC(x) 返回的解未必是 y_0。

我们就称上述算法 MC(x) 是偏 y_0 的算法。

MC(x) 返回的解为 y_0,以下讨论两种情况:

(1) $y = y_0$ 时,MC(x) 返回的解总是正确的。

(2) $y \neq y_0$ 时,当 $x \notin X$ 时,y 是正确的;当 $x \in X$ 时,y 是错误的。因为此时的正确解是 y_0。由于算法是 p 正确的,所以发生这种错误的概率不超过 $1-p$。

如果重复 k 次调用 MC(x),每次都产生错误的概率为 $(1-p)^k$。所以重复调用一个一致的、p 正确、偏 y_0 蒙特卡罗算法 k 次,可得到一个 $(1-(1-p)^k)$ 正确的蒙特卡罗算法,且所得算法仍是一个一致的偏 y_0 蒙特卡罗算法。特别地,调用一个偏真的蒙卡特罗算法 k 次可以将其正确概率从 p 提高到 $(1-(1-p)^k)$。

7.5.3 主元素问题

设 $T[1:n]$ 是一个含有 n 个元素的数组。当 $|\{i \mid T[i]=x\}| > n/2$ 时,称元素 x 是数组 T 的主元素。下面的 Majority 算法可判定所给定数组 T 是否含有主元素。

算法 7.8 Majority 算法。

```
RandomNumber rnd;
template<class Type>
bool Majority(Type * T, int n)
{/ * 判定主元素的蒙特卡罗算法 * /
    int i＝rnd.Random(n)＋1;
    Type x＝T[i];                /*随机选择数组元素 * /
    int k＝0;
    for(int j＝1;j<＝n;j＋＋)    /* 用来判定数组 T[i]中值为 x 的元素个数 * /
```

```
        if (T[j]==x) k++;
    return (k>n/2);                 /*k>n/2 时 T 含有主元素*/
}
```

若算法返回结果为 true,即随机选择的元素 x 是数组 T 的主元素,则显然数组 T 含有主元素。反之,若返回结果为 false,则数组 T 也可能有主元素。由于若数组 T 有主元素,则它的非主元素个数小于 $n/2$,故上述情况发生的概率小于 $1/2$。由此可见,Majority 算法是一个偏真的 $1/2$ 正确算法。或换句话说,若数组 T 含有主元素,则算法以大于 $1/2$ 的概率返回 true;若数组 T 没有主元素,则算法肯定返回 false。

由于重复调用 Majority 算法所得到的结果是相互独立的,若 T 确实含有主元素,则 k 次重复调用 Majority 算法仍然得到 false 的概率小于 2^{-k}。另外,只要有一次调用返回值为 true,即可断定 T 中含有主元素。

对于任何给定的 $\varepsilon>0$,下面的 MajorityMC 算法重复调用 $\lceil \log_2(1/\varepsilon) \rceil$ 次 Majority 算法。它是一个偏真的蒙特卡罗算法,且错误概率小于 ε。

算法 7.9 MajorityMC 算法。

```
template<class Type>
bool MajorityMC(Type *T, int n, double e)
{/*重复调用算法 Majority 算法「log(1/ε)]次*/
    k=ceil(log(1/e)/log2.0);
    for(int i=1;i<=k;i++)
      if (Majority(T,n)) return true;
    return false;
}
```

在实际使用时,50%的错误概率是不可容忍的。重复调用技术可将错误降低到任何可接受值的范围。现在讨论重复调用 2 次的 Majority2 算法。

算法 7.10 Majority2 算法。

```
template<class Type>
bool Majority2(Type T[], int n)
{
    if(Majority(t,n))
        return true;
    else
        return Majority(t,n);
}
```

若数组 T 不含主元素,则每次调用 Majority(t,n) 返回 false,从而 Majority2 肯定也是返回 false。若数组 T 含有主元素,则算法 Majority(t,n) 返回 true 的概率是 $p>1/2$,而当 Majority(t,n) 返回 true 时,Majority2 也返回 true。

　　另外,Majority2 算法第一次调用 Majority(t,n)返回 false 的概率为 $1-p$,第二次调用 Majority(t,n)仍以概率 p 返回 true。因此当数组 T 含有主元素时,Majority2 返回 true 的概率是 $p+(1-p)p=1-(1-p)^2>3/4$,即 Majority2 算法是一个偏真 3/4 正确的 MC 蒙特卡罗算法。

　　上面的例子也说明了偏真蒙特卡罗算法随着执行次数的增加,返回正确解的概率也在提高。

7.5.4　素数测试

　　素数研究有着相当长的历史,近代密码学使得素数而被重新重视起来,赋予了新的意义。判定一个整数是不是素数,一直是个大难题,所以 Wilson 定理就显得尤为珍贵。

　　Wilson 定理　　正整数 $n>1$,则 n 是一个素数当且仅当$(n-1)!\equiv-1(\bmod n)$。

　　证明:

　　(1) 如果$(n-1)!\equiv-1(\bmod n)$成立,则说明 n 与 $1,2,\cdots,(n-1)$这些小于 n 的所有整数互素,所以 n 一定是素数。

　　(2) 假设 n 是一个素数,如果 $n=2$ 显然成立,故下面我们不妨假设 n 是一个奇素数。对于所有 $A=\{1,2,\cdots,n-1\}$中的正整数 x,x 与 A 中整数的乘积除以 n 的余数也在 A 中,所以都能找到唯一一个 A 中的 y 使得 $xy\equiv1(\bmod n)$。也就是说我们把 A 的数作了两两配对,每一对的乘积除以 n 的余数都是 1。当然其中有些数 x 是自己和自己配对,这样的 x 必须满足 $x^2-1\equiv0(\bmod n)$,由于 n 为素数,所以 n 必然可以整除$(x-1)$或$(x+1)$,只能有 $x=1$ 或$(n-1)$,即只有两个数 1 和$(n-1)$是自己和自己配对,因此$(n-1)!\equiv(n-1)\equiv-1(\bmod n)$。

　　Wilson 定理有很高的理论价值,但实际用于素数测试所需的计算量太大,无法实现对较大素数的测试。最容易想到的是下面的素数测试随机算法 Prime。

　　算法 7.11　　Prime 算法。

```
bool Prime(unsigned int n)
{/ * 素数测试的蒙特卡罗算法 * /
    RandomNumber rnd;
    int m＝floor(sqrt(double (n)));
    unsigned int a＝rnd.Random(m－2)+2;
    return (n%a!＝0);
}
```

　　当算法返回 false 时可以幸运地找到 n 的一个非平凡因子,因此可以肯定 n 是一个合数。但是对上述 Prime 算法来说,即使是一个合数,算法仍以高概率返回 true。而且,当 n 增大时,情况会变得更糟。

1. 费马小定理

费马小定理　如果 p 是一个素数,且 $0<a<p$,则 $a^{p-1}\equiv1(\bmod\ p)$。

费马小定理为素数判定提供了一个有力的工具,下面讨论费马小定理的证明。

引理 1　若 a、b、c 为任意 3 个整数,m 为正整数,且 $(m,c)=1$,则当 $ac\equiv bc(\bmod\ m)$ 时,有 $a\equiv b(\bmod\ m)$。

证明:$ac\equiv bc(\bmod\ m)$ 可得 $ac-bc\equiv0(\bmod\ m)$,可得 $(a-b)c\equiv0(\bmod\ m)$,因为 $(m,c)=1$,即 m、c 互质,c 可以约去,$a-b\equiv0(\bmod\ m)$ 可得 $a\equiv b(\bmod\ m)$。

引理 2　若 m 为整数且 $m>1$,$a[1],a[2],a[3],a[4],\cdots,a[m]$ 为 m 个整数,若在这 m 个数中任取 2 个整数对 m 不同余,则这 m 个整数对 m 构成完全剩余系。

证明:构造 m 的完全剩余系 $(0,1,2,\cdots,m-1)$,所有的整数必与这些整数中的 1 个对模 m 同余。取 $r[1]=0,r[2]=1,r[3]=2,r[4]=3,\cdots\cdots,r=i-1,1<i\leqslant m$。令:$a[1]\equiv r[1](\bmod\ m),a[2]\equiv r[2](\bmod\ m),a\equiv r(\bmod\ m)$(顺序可以不同),因为只有在这种情况下才能保证集合 $\{a_1,a_2,a_3,a_4,\cdots,a_m\}$ 中的任意两个数不同余,否则必然有两个数同余。由该式自然得到集合 $\{a_1,a_2,a_3,a_4,\cdots,a_m\}$ 对 m 构成完全剩余系。

引理 3　设 m 是一个整数,且 $m>1$,b 是一个整数且 $(m,b)=1$。如果 $a_1,a_2,a_3,a_4,\cdots,a_m$ 是模 m 的一个完全剩余系,则 $ba[1],ba[2],ba[3],ba[4],\cdots,ba[m]$ 也构成模 m 的一个完全剩余系。

证明:若存在两个整数 ba 和 $ba[j]$ 同余,即 $ba\equiv ba[j](\bmod\ m)$,根据引理 2 则有 $a\equiv a[j](\bmod\ m)$。根据完全剩余系的定义和引理 4(完全剩余系中任意两个数之间不同余,易证明)可知这是不可能的,因此不存在两个整数 ba 和 $ba[j]$ 同余。由引理 5 可知 $ba[1],ba[2],ba[3],ba[4],\cdots,ba[m]$ 构成模 m 的一个完全剩余系。

引理 4　如果 a、b、c、d 是 4 个整数,且 $a\equiv b(\bmod\ m),c\equiv d(\bmod\ m)$,则有 $ac\equiv bd(\bmod\ m)$。

证明:由题设得 $ac\equiv bc(\bmod\ m),bc\equiv bd(\bmod\ m)$,由模运算的传递性可得 $ac\equiv bd(\bmod\ m)$。

构造素数 p 的完全剩余系 $P=\{1,2,3,4\cdots,(p-1)\}$,因为 $(a,p)=1$,由引理 3 可得 $A=\{a,2a,3a,4a,\cdots,(p-1)a\}$ 也是 p 的一个完全剩余系。令 $W=1\times2\times3\times4\times\cdots\times(p-1)$,显然 $W\equiv W(\bmod\ p)$。令 $Y=a\times2a\times3a\times4a\times\cdots\times(p-1)a$,因为 $\{a,2a,3a,4a,\cdots,(p-1)a\}$ 是 p 的完全剩余系,由引理 2 以及引理 4 可得 $a\times2a\times3a\times\cdots\times(p-1)a\equiv1\times2\times3\times\cdots\times(p-1)(\bmod\ p)$,即 $W\times a^{\char`\^}(p-1)\equiv W(\bmod\ p)$。易知 $(W,p)=1$,由引理 1 可知 $a^{p-1}\equiv1(\bmod\ p)$。

利用费马小定理,对于给定的整数 n,可以设计素数判定算法。通过计算 $d=2^{n-1}\bmod n$ 来判定整数 n 的素性。当 $d\neq1$ 时,n 肯定不是素数;当 $d=1$ 时,n 很可能是素数。但也会存在合数 n 使得 $2^{n-1}\equiv1(\bmod\ n)$。例如,满足此条件的最小合数是 $n=341$。为了提高测试的准确性,可以随机地选取整数 $1 < a < n-1$,然后用条件 $a^{n-1} \equiv 1 \pmod{n}$ 判定整数 n 的素性。

费马小定理只是素数判断的一个必要条件,而不是充分条件。所以满足定理的整数 n 未必全是素数。有些合数也满足费马小定理的条件,这些合数被称为 Carmichael 数,前 3 个 Carmicheal 数是 561、105、1 729。Carmicheal 数是非常少的,在 1~100 000 000 的整数中,只有 255 个 Carmicheal 数。

2. 二次探测定理

为了弥补费马小定理的不足,需要引入二次探测定理。对上述算法做进一步改进,以避免将 Carmicheal 数当作素数。

二次探测定理　如果 p 是一个素数,且 $0 < x < p$,则方程 $x^2 \equiv 1 \pmod{p}$ 的解为 $x = 1$、$p-1$。

利用二次探测定理,可以在利用费马小定理计算的过程中得到的整数 n 进行二次探测。如果违背二次探测定理则表示不是素数。

下面的 Power 算法用于计算 $a^p \bmod n$,并实施对 n 的二次探测。

算法 7.12　Power 算法。

```
bool composite = false;                /* 全局变量 */
static int power(int a, int p, int n)
{/* 计算 aᵖ mod n,并实施对 n 的二次探测 */
    int x, result;
    if (p==0) result=1;
    else{
        x=power(a,p/2,n);              /* 递归计算 */
        result=(x*x)%n;               /* 二次探测 */
        if ((result==1)&&(x!=1)&&(x!=n-1))
            composite=true;
        if ((p%2)==1)                 /* p是奇数 */
            result=(result*a)%n;
    }
    return result;
}
```

在 Power 算法的基础上,得到素数测试的蒙特卡罗 Prime 算法。

算法 7.13　蒙特卡罗 Prime 算法。

```
static bool prime(int n)
{/* 素数测试的蒙特卡罗算法 */
    rnd = new Random();
    int a, result;
    composite=false;
```

```
a=rnd.random(n-3)+2;      /*1<a<n-1*/
result=power(a,n-1,n);
if(composite‖(result!=1))
    return false;
else return true;
}
```

此算法在高概率意义下是素数,仍有可能存在合数 n,当 n 充分大的时候,基数 a 不超过 $(n-9)/4$ 个。

上述蒙特卡罗 Prime 算法的错误率可通过多次重复调用而迅速降低。重复调用 k 次 Prime 算法的蒙特卡洛算法 PrimeMC 见算法 7.14。

算法 7.14   蒙特卡罗 PrimeMC 算法。

```
bool PrimeMC(unsigned int n,unsigned int k)
{/*重复 k 次调用 Prime 算法的蒙特卡洛算法*/
    Random Number rnd;
    unsigned int a,result;
    for(int i=1;i<=k;i++)
    {
      a=rnd.Random(n-3)+2;
      result = power(a,n-1,n);
      if(composite‖(result!=1))return false;
    }
    return true;
}
```

易知 PrimeMC 算法的错误率不超过 $(1/4)^k$。

小   结

一般算法的每一计算步骤都是确定的,而概率算法允许算法在执行过程中随机选择下一个计算步骤。在许多情况下,当算法在执行过程中面临一个选择时,随机性地选择比最优选择省时。因此,概率算法可在很大程度上降低算法的复杂度。概率算法的一个基本特征是对所求解问题的同一实例用同一概率算法求解两次可能得到完全不同的效果。而这两次求解所需的时间甚至所得到的结果可能会有相当大的差别。

数值随机算法常用于数值问题的求解。得到的往往是近似解,其精度随计算时间的增加而不断增高。舍伍德算法总能求得问题的一个解,且所求得的解总是正确的。拉斯维加斯算法不会得到不正确的解,但有时用拉斯维加斯算法会找不到解。4 种随机算法的特点具体见表 7.2。

表 7.2　4 种随机算法特点比较

算法名称	特点
数值随机算法	（1）常用于数值问题的求解； （2）所得到的往往是近似解； （3）近似解的精度随计算时间的增加而不断提高； （4）许多情况下，计算问题的精确解是不可能或没有必要的，因此用数值概率算法可得到相当满意的解
舍伍德算法	（1）总能求得问题的一个解； （2）所求的解总是正确的； （3）当一个确定性算法在最坏情况下的计算复杂性与其在平均情况下的计算复杂性有较大差别时，可引入随机性，把它改造成舍伍德算法； 精髓：不是避免算法的最坏情况行为，而是设法消除这种最坏情形行为与特定实例之间的关联性
拉斯维加斯算法	（1）不会得到不正确的解； （2）有时可能会得不到解； （3）正确解的概率随着计算时间的增加而提高； （4）对于所求解问题的任一实例，用同一拉斯维加斯算法反复对该实例求解足够多次，可使求解失效的概率任意小
蒙特卡罗算法	（1）用于求问题的准确解； （2）能求得一个解，但这个解未必正确； （3）算法所用时间越多，正确解的概率越高； （4）一般情况下，无法有效判定所得到的解是否肯定正确

习　　题

1. 随机抽样算法。

设有一个文件含有 n 个记录：

（1）试设计一个算法随机抽取该文件中 m 个记录。

（2）如果事先不知道文件中记录的个数，应如何随机抽取其中的 m 个记录。

2. 生日问题。

试设计一个近似算法计算 $365! / (340! \times 36\,525)$，并精确到 4 位有效数字。

3. 用数组模拟有序链表。

用数组模拟有序链表的数据结构，设计支持下列运算的舍伍德型算法，并分析各运算所需的计算时间。

（1）Predeceessor 找出一给定元素 x 在有序集 S 中的前驱元素。

(2) Successor 找出一给定元素 x 在有序集 S 中的后继元素。

(3) Min 找出有序集 S 中的最小元素。

(4) Max 找出有序集 S 中的最大元素。

4. ($n3/2$) 舍伍德排序算法。

采用数组模拟有序链表的数据结构,设计一个舍伍德型排序算法,使算法最坏情况下的平均计算时间为 $O(n^{3/2})$。

5. n 皇后问题解的存在性。

如果对于某一个 n 的值,n 皇后问题无解,则算法将陷入死循环。

(1) 证明或否定下述论断:对于 $n \geqslant 4$,n 皇后问题无解。

(2) 是否存在一个正数 δ,使得对所有 $n \geqslant 4$ 算法成功的概率至少是 δ。

6. 模平方根问题。

问题描述:设 p 是一个奇素数,$1 \leqslant x \leqslant p-1$,如果存在一个整数 y,$1 \leqslant y \leqslant p-1$,使得 $x \equiv y^2 \pmod{p}$,则称 y 是 x 的模 p 平方根。例如,63 是 55 的模 103 平方根。试设计一个求整数 x 的模 p 平方根的拉斯维加斯算法,算法的计算时间应为 $\log_2 p$ 的多项式。

算法设计:设计一个拉斯维加斯算法,对于给定的奇素数 p 和整数 x,计算 x 的模 p 平方根。

数据输入:由文件 input.txt 给出输入数据。第一行有两个正整数 p 和 x。

结果输出:将计算出的 x 的模 p 平方根输出到文件 output.txt。当不存在 x 的模 p 平方根时,输出 0。

输入文件示例:

```
input.txt
103 55
```

输出文件示例:

```
output.txt
63
```

7. 逆矩阵问题。

问题描述:给定 2 个 $n \times n$ 矩阵 A 和 B,式设计一个判定 A 和 B 是否互逆的蒙特卡罗算法(算法的计算时间应为 $O(n^2)$)。

算法设计:设计一个蒙特卡罗算法,对于给定的矩阵 A 和 B,判定其是否互逆。

数据输入:由文件 input.txt 给出输入数据。第一行有 1 个正整数 n,表示矩阵 A 和 B 为 $n \times n$ 矩阵。接下来的 $2n$ 行,每行有 n 个实数,分别表示矩阵 A 和 B 中的元素。

结果输出:将计算结果输出到文件 output.txt。若矩阵 A 和 B 互逆则输出"YES",否则输出"NO"。

输入文件示例:

```
input.txt
3
1 2 3
2 2 3
3 3 3
-1 1 0
1 -2 1
0 1 -0.666667
```

输出文件示例：

```
output.txt
YES
```

8. 皇后控制问题。

问题描述：在 $n \times n$ 个方格组成的棋盘上的任意方格中放置一个皇后，该皇后可以控制其所在的行、列及对角线上的所有方格。

对于给定的自然数 n，在 $n \times n$ 个方格组成的棋盘上最少要放置多少个皇后才能控制棋盘上的所有方格，且放置的皇后互不攻击？

算法设计：设计一个拉斯维加斯算法，对于给定的自然数 n $(1 \leqslant n \leqslant 100)$ 计算在 $n \times n$ 个方格组成的棋盘上最少要放置多少个皇后才能控制棋盘上的所有方格，且放置的皇后互不攻击。

数据输入：由文件 input.txt 给出输入数据。第一行有一个正整数 n。

结果输出：将计算得出的最少皇后数及最佳放置方案输出到文件 output.txt。文件的第一行是最少皇后数，接下来的一行是皇后的最佳放置方案。

输入文件示例：

```
input.txt
8
```

输出文件示例：

```
output.txt
5
0 3 6 0 0 2 5 8
```

9. 战车问题。

问题描述：在 $n \times n$ 格的棋盘上放置彼此不受攻击的车。按照国际象棋规则，车可以攻击与之处在同一行或同一列上的车。在棋盘上的若干个格中设置了堡垒，战车无法穿越堡垒攻击别的战车。对于给定的设置了堡垒的 $n \times n$ 格棋盘，设法放置尽可能多彼此不受攻击的车。

算法设计：对于给定的设置了堡垒的 $n \times n$ 格棋盘，设计一个随机算法，在棋盘上放置尽可能多的彼此不受攻击的车。

数据输入：由文件 input.txt 给出输入数据。第一行有一个整数 n。接下来的 n 行中，每行有一个由字符"."和"X"组成的长度为 n 的字符串。

输出结果：将计算的在棋盘上可以放置的彼此不受攻击的战车数输出到文件 output.txt。

输入文件示例：

```
input.txt
4
....
..X.
.X..
....
```

输出文件示例：

```
output.txt
6
```

第8章　NP完全性理论

从计算的角度来看,考虑待解决问题的内在复杂性,它是"易"计算还是"难"计算的呢? 通过解决问题所需要的计算量可以度量问题的计算复杂性。人们将可在多项式时间内解决的问题看成是"易解"的 P 类问题,而将需要指数函数时间解决的问题看成是"难解"的 NP 类问题。

如果事先知道解决一个问题的计算时间下界,那么我们就可以对解决该类问题的各种算法的效率做出正确的评价,同时可以确定已有算法还有多少改进的余地。虽然已创造出的各种分析问题计算复杂性的方法和工具,可以准确地确定一些问题的计算复杂性,但仍存在许多的实际问题,至今仍无法确切分析其内在的计算复杂性。因此只能用分类的方法将计算复杂性大致相同的问题归类研究。

本章讨论计算模型与 NP 类问题,研究计算模型的主要目的是揭示不同问题的固有计算难度;研究 NP 类问题的主要目的是对问题计算复杂性进行分析,用分类方法将计算复杂性归结为 P 类和 NP 类,在共同尺度下分析计算复杂性。

8.1　计　算　模　型

本节讨论 3 种典型的计算模型,包括随机存取机(Random Access Machine,RAM)、随机存取存储机(Random Access Stored Program Machine,RASP)和图灵机(Turing Machine,TM)。研究计算模型的目的是揭示不同问题的固有计算复杂度,并比较这些模型计算能力和算法复杂度的关系。这 3 种模型计算能力等价,但计算速度不同。

8.1.1　计算模型的概念

若可计算问题是确定的,那么在相同的初始条件下所得到的结果必然是相同的,可以在有限的设备上在有限的时间内执行计算过程,且可计算问题能采用数值术语进行精确描述。计算模型是指从可计算问题的求解方法——算法的设计与分析出发,将各种计算机的基本特征进行本质上的抽象,从而形成一个抽象计算模型。从广泛的意义上说,计算模型为各种计算提供了硬件和软件界面,在模型界面约定下,设计者可以开发对整个计算系统的硬件和软件支持机制,从而提高整个计算系统的性能。

1. 人的计算过程模拟

利用计算机进行问题求解,实际上是利用机器对人类智能行为的模拟,因此必须提高所依据计算模型自身的计算性能。

英国数学家图灵提出的计算模型被称为图灵机,它结构简单,用它可以确切地表达任何运算,可计算函数和计算复杂性,是描述 NP 的简单工具。计算沿袭许多世纪,什么是计算,什么是可计算函数,图灵给出了计算的精确定义实质是模拟人的动作。

人运算时遵守一套规则(建规则需要才智),规则建立要机械严格执行。

人的计算过程——把符号写在纸上,看到计算步骤的结果出现符号改变做计算动作,例如:

$$
\begin{array}{r}
25 \\
\times\,13 \\
\hline
75 \\
+\,25 \\
\hline
325
\end{array}
$$

2. 图灵抽象计算的本质

对于计算模型的设计与分析,本质上是用符号、公式和公理等数学方法对人的思维过程和规律进行研究,以形式化系统进行处理。

图灵第一次把计算过程和自动机建立对应,得到最原始的计算机器(图灵机)。

(1) 将运算介质确定为线性带子,而不是二维的纸。如 $25 \times 13 = 75 + 250 = 325$。线性带子可设想为磁带,带被划为方格,方格放一个符号。

(2) 人在运算时一般一次注视五六个符号,图灵规定一次"注视"1 个符号,注视由读写头执行。

(3) 一组运算法则存放在有限状态控制器中,根据 $\left\{\begin{array}{l}\text{磁头注视符号}\\\text{当前状态}\end{array}\right\}$ 决定下一步动作。

3. 图灵机构成

图灵机的构成包括一个控制器,一条可无限伸延的带子和一个在带子上左右移动的读写头。运算介质(线性带子)由一个个连续的格子组成,每个格子可以存储一个符号,读写头注视(读、写)带子上的当前符号。一组规则存放在存储器,状态控制器根据当前符号和当前状态决定下一步动作。这种概念上的简单机器,理论上可以计算任何问题,到目前为止,还没有超越图灵机计算能力的模型。

建立求解问题所用的计算模型是进行问题计算复杂性分析的第一步。主要定义一些计算模型所用的基本运算,目的是使问题的计算复杂性分析有一个共同的客观尺度。图灵机组成和执行规则很简单,但功能很强大。

8.1.2 RAM 模型

1. RAM 的定义

RAM 是一台不能进行自身修改的单累加器计算机。

2. RAM 的构成

RAM 由只读输入带、只写输出带、程序存储部件、内存储器和指令计数器 5 个部分组成,如图 8.1 所示。

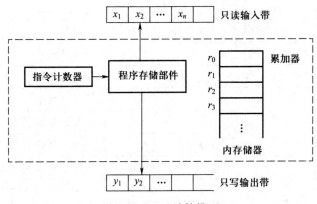

图 8.1 RAM 计算模型

在图 8.1 所示的计算模型中,程序存储部件用来存储程序;内存储器由一系列寄存器 $r_0,r_1,\cdots,r_n(n$ 可无限大)组成,其中的 r_0 主要用来作为累加器;只读输入带由一系列方格和带头组成,每读一次,带头右移一格;只写输出带由一系列方格和带头组成,每输出一次,带头右移一格,输出符号一经写出,则不能进行修改;程序的控制部件由指令计数器、指令译码器构成,用来控制程序走向执行。注意,这种结构程序不存储在计算机中,程序是一个指令序列。

3. RAM 指令集

在 RAM 模型中,指令系统结构如图 8.2 所示。

图 8.2

其中,常用操作码见表 8.1,操作数地址有 3 种类型:

(1) $=i$。直接数,即 i 本身。

（2）i。直接地址型，表示 r_i 中的内容。

（3）$*i$。间接地址型，表示 r_{r_i} 中的内容。

若 $c(i)$ 表示寄存器 r_i 中的内容，操作数的值为 V，则 $V(=i)=i$，$V(i)=c(i)$，$V(*i)=c(c(i))$RAM 基本指令集见表 8.1。

表 8.1 RAM 的基本指令集

操 作 码	操作数类型			指 令 含 义
LOAD	$=i$	i	$*i$	取操作数放入累加器
STORE		i	$*i$	将累加器中数据存入内存
ADD	$=i$	i	$*i$	加法运算
SUB	$=i$	i	$*i$	减法运算
MULT	$=i$	i	$*i$	乘法运算
DIV	$=i$	i	$*i$	除法运算
READ		i	$*i$	读入数据
WRITE	$=i$	i	$*i$	输出数据
JUMP	标号			无条件转移到标号处
JGTZ	标号			正（>0）转移到标号处
JZERO	标号			零（$=0$）转移到标号处
HALT				停机

4. RAM 的两种解释

计算模型的计算能力就是该模型实现的计算类，可通过可计算函数集和可识别的语言类两种方式表示。

一个 RAM 程序 P 定义了一个从输入带到输出带的映射，这种映射关系可看成是计算一种函数或者识别一种语言。

1）计算一种函数

将程序 P 解释为计算函数：对于函数 $f(x_1,x_2,\cdots,x_n)=y$，程序 P 总是从输入带读入 n 个整数 $x_1,x_2,\cdots,x_n$，且在输出带上写出一个整数 y 后程序终止。则 P 计算函数 $f(x_1,x_2,\cdots,x_n)$ 且得到函数值 $f(x_1,x_2,\cdots,x_n)=y$。

2）识别一种语言

将程序 P 解释为一个语言接收器：一个字母表是符号的有限集合，而语言是字母表上字符串的集合。字母表中的符号可以用整数 $1,2,\cdots,k$ 来表示。RAM 接受语言的方式为：将字符串 $S=a_1a_2\cdots a_n$ 中的字符依次放在输入带上的第 1 到第 n 个方格中，第 $n+1$ 个方格中放入字符串结束标志。如果程序 P 读了字符串 S 及结束标志后，在输出带的第

1 格输出 1 并停机,那么程序 P 接收字符串 S。

例 8.1 RAM 程序计算函数。

计算函数

$$f(n) = \begin{cases} n^n; & n \geqslant 1 \\ 0; & \text{其他} \end{cases}$$

的 RAM 程序。

```
              READ 1          / * 读取 r1 * /
              LOAD 1          / * 如果 r1<=0,输出 0 * /
              JGTZ pos
              WRITE =0
              JUMP endif
    pos:      LOAD 1          / * r1 赋给 r2 * /
              STORE 2
              LOAD 1          / * r3=r1-1 * /
              SUB=1
              STORE 3
    while:    LOAD 3          / * 当 r3>0 * /
              JUTZ confine
              JUMP endwhile
    confine:  LOAD 2          / * r2=r2 * r1 * /
              MULT 1
              STORE 2
              LOAD 3          / * r3=r3-1 * /
              SUB =1
              STORE 3
              JUMP while
    endwhile: WRITE 2         / * 输出 r2 * /
    endif:    HALT
```

在上述程序中,r_1 为自变量 n,r_2 是连乘单元,r_3 是计数器。

例 8.2 RAM 程序接受语言。

设字母表 $\Sigma = \{1, 2\}$,接受语言 $L = \{w \mid w \in \Sigma$ 且 w 中 1,2 个数相同$\}$,写出接受语言 L 的程序 P。

程序输入要读符号 x 到寄存器 r_1 中,寄存器 r_2 中存放字符 1、2 个数的差 d,当读入结束标志符 0 时,程序检查 $d = 0$,输出 1 并停机,否则,直接停机。

程序如下:

```
              LOAD =0         / * d=0 * /
              STORE 2
              READ 1          / * 读入 x * /
    while:    LOAD 1          / * 判断是否为 0 * /
```

```
            JZERO endwhile
            LOAD 1              / * 结束符 * /
            SUB =1              / * 如果 x≠0,则取 r1 * /
            JZERO One
            LOAD 2              / * d←d−1 * /
            SUB =1
            STORE 2
            JUMP endif
One：       LOAD 2              / * d←d+1 * /
            ADD =1
            STORE 2
endif：     READ 1              / * 读入 x * /
            JUMP while
endwhile：LOAD 2                / * 如果 d=0,写入 1 * /
            JUREO output
            HALT
output：    WRITE =1
            HALT
```

5. RAM 程序的时间耗费

在 RAM 计算模型下,要精确地计算一个算法的时间和空间复杂性,必须知道执行每条 RAM 指令所需的时间及每个寄存器实际所占的空间。以下讨论两种 RAM 程序的耗费标准:均匀耗费标准和对数耗费标准。

均匀耗费标准:每条 RAM 指令需要一个单位时间,每个寄存器占用一个单位空间。

对数耗费标准:对数耗费标准的假设前提为执行一条指令的耗费与以二进制表示的指令操作数长度成比例。假定 RAM 计算模型中一个寄存器可存放一个任意大小的整数 i,则整数 i 的位数 $l(i)$ 为

$$l(i) = \begin{cases} \lfloor \log_2 |i| \rfloor; & i \neq 0 \\ 1; & i = 0 \end{cases}$$

RAM 模型中,对数耗费标准下各指令时间耗费见表 8.2。

表 8.2　RAM 操作码的对数耗费

操　作　码	对 数 耗 费
LOAD a	$l(a)$
STORE i	$l(c(0)) + l(i)$
STORE $*i$	$l(c(0)) + l(i) + l(c(i))$
ADD a	$l(c(0)) + t(a)$

续表

操 作 码	对 数 耗 费
SUB a	$l(c(0))+t(a)$
MULT a	$l(c(0))+t(a)$
DIV a	$l(c(0))+t(a)$
READ i	$l(\text{input})+l(i)$
READ $*i$	$l(\text{input})+l(i)+l(c(i))$
WRITE a	$t(a)$
JUMP b	1
JGTZ b	$l(c(0))$
JZERO b	$l(c(0))$
HALT	1

其中，a 表示操作数，$t(a)$ 表示操作数 a 对应的耗费，b 表示语句标号。

操作数对应的对数耗费见表 8.3。

表 8.3 各类型操作数对应的对数耗费

操作数 a 的类型	对数耗费 $t(a)$
$=i$	$l(i)$
i	$l(i)+l(c(i))$
$*i$	$l(i)+l(c(i))+l(c(c(i)))$

RAM 程序的对数空间复杂性为包括累加器在内的所有寄存器中存储过的最大整数的二进制长度的总和 $s(n)=\sum_{i=0}^{k}l(x_i)$，其中，$x_i$ 是程序计算过程中寄存器 i 中所存储过的最大长度的整数。

对于给定的 RAM 程序，在不同的耗费标准下，时间复杂度也不一样。如果程序中所需要存放的每个数不超过一个计算机字，则可以用均匀耗费进行复杂度衡量，否则应该使用对数耗费标准进行复杂度衡量。

8.1.3 RASP 模型

1. RASP 的定义

RASP 是程序存储在寄存器中，且可对自身进行修改的单累加器模型。

2. RASP 的结构

在 RASP 指令中不需要间接寻址，因而不具有间接地址的使用方式，除此以外，其余指令与 RAM 指令集一样。从结构而言，RASP 的整体结构类似于 RAM，不同之处在于 RASP 的程序是存储在寄存器中的，每条指令要占据两个连续的寄存器，如图 8.3 所示。

寄存器1	寄存器2
操作码	地址码

图 8.3

3. RASP 指令集

RASP 指令利用整数进行编码，具体见表 8.4。

表 8.4　RASP 指令集

操作指令	指令含义	编码	操作指令	指令含义	编码
LOAD i	取操作数	1	DIV i	除法运算	10
LOAD$=i$		2	DIV $=i$		11
STORE i	累加器数据入内存	3	READ i	读数据	12
ADD i	加法运算	4	WRITE i	写数据	13
ADD$=i$		5	WRITE$=i$		14
SUB i	减法运算	6	JUMP i	无条件转移	15
SUB $=i$		7	JGTZ i	正（>0）转移	16
MULT i	乘法运算	8	JZERO i	零（=0）转移	17
MULT $=i$		9	HALT	停机	19

4. RASP 程序的时间耗费

RASP 程序的耗费标准同样有两种：均匀耗费标准和对数耗费标准。在均匀耗费标准下，RASP 的计算复杂性与 RAM 相同。在对数耗费标准下，RASP 的计算复杂性包括计算操作数的耗费和对指令本身进行存取的耗费。

例 8.3　对于 RASP 指令 ADD$=i$，若指令存放在第 j、$j+1$ 个寄存器中，则时间复杂性分析如下：

$$W = \quad l(j) \quad + \quad l(j+1) \quad + \quad l(c(0)) \quad + \quad l(i) \quad + \quad l(c(i))$$

取操作	取操作	累加器求	数据 i	数据 $c(i)$
数耗费	数耗费	和耗费	的耗费	的耗费

取指令	运算时间

8.1.4 RASP 模型与 RAM 模型的关系

RAM 程序并不是存储于 RAM 的存储器中,所以程序不能对自身进行修改。在 RASP 计算模型中,程序存储于存储器中,能修改自身,其他结构与 RAM 模型类似。

RASP 与 RAM 模型可以相互模拟,可在多项式时间内相互变换。无论是在均匀耗费标准下,还是在对数耗费标准下,RAM 程序与 RASP 程序的复杂性只差一个常数因子,即有下面的定理 8.1。

定理 8.1 对于时间复杂度为 $T(n)$ 的 RAM 程序,有时间复杂度为 $KT(n)$ 的 RASP 程序与之等价,其中 K 为常数。

该定理可以通过例 8.4 进行说明。对于 RASP 程序,除了不能使用间接地址以外,其余与 RAM 指令集一样,因此,利用 RASP 程序模拟 RAM 程序的关键是如何用 RASP 指令模拟包含间接地址的 RAM 指令。

1. 用 RASP 模拟 RAM

例 8.4 用 RASP 指令模拟 RAM 指令 SUB ∗ i。

假设 RASP 指令从寄存器 j 开始存储,则 RASP 指令及相关信息见表 8.5。

表 8.5 RASP 指令及相关信息

寄存器	寄存器内容	指 令	说 明
j	3	STORE 1	暂时将累加器内容放入寄存器 1
$j+1$	1		
$j+2$	1	LOAD $r+i$	取寄存器 $r+i$ 的内容到累加器
$j+3$	$r+i$		
$j+4$	5	ADD= r	将累加器中加上直接数 r
$j+5$	r		
$j+6$	3	STORE $j+11$	加入 $j+11$(暂存)
$j+7$	$j+11$		
$j+8$	1	LOAD 1	将原累加器内容取出→r_0
$j+9$	1		
$j+10$	6	SUB b	减去 $j+11$ 单元的内容,$b=c(i)+r$
$j+11$			

（1）上述程序段对数标准下的时间耗费分析见表 8.6。

表 8.6　对数标准下的时间耗费

指　令	时 间 耗 费	时间耗费合计
STORE 1	$l(j)+l(1)+l(c(0))$	$2l(1)+4[l(c(0))+l(i)+l(c(i))+l(c(c(i)))]+11l(r)\leqslant(6+11l(r))[\ l(c(0))+l(i)+l(c(i))+l(c(c(i)))]$
LOAD $r+i$	$l(j+2)+l(r+i)+l(c(i))$	
ADD$=r$	$l(j+4)+l(c(i))+l(r)$	说明：
STORE $j+11$	$l(j+6)+l(j+11)+l(c(i)+r)$	（1）r 为程序指令在寄存器中的偏移量；
LOAD 1	$l(j+8)+l(1)+l(c(0))$	（2）$j\leqslant r-11$；
SUB b	$l(j+10)+l(c(i)+r)+l(c(0))+l(c(c(i)))$	（3）$l(x+y)\leqslant l(x)+l(y)$

（2）在 RASP 程序模拟 RAM 程序间接寻址时，RASP 程序中的指令数确定后，程序指令在寄存器中的偏移量 r 就被确定。每条 RAM 指令最多需要 6 条 RASP 指令代替。所以均匀耗费标准下的 RASP 程序时间复杂性是所对应 RAM 程序的时间复杂性的 6 倍。

2. 用 RAM 模拟 RASP

用 RAM 模拟 RASP 程序的基本思想是将要模拟的 RASP 程序存入 RAM 的寄存器，设计 RAM 程序用间接寻址方式译码并模拟 RASP 程序的各条指令。在进行 RASP 程序模拟时，RAM 寄存器 r_1 用于间接寻址，r_2 用来作为指令计数器，r_3 用来作为累加器，因此，RASP 程序的指令将从 RAM 的寄存器 r_4 开始存放，r_2 初始值为 4，r_1 和 r_3 初始值为 0，如图 8.4 所示。RAM 的程序存储器中存储 18 组指令，每组对应一条 RASP 指令，程序相当于如下的循环结构。

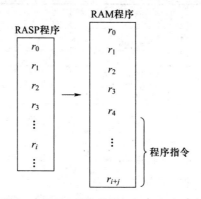

图 8.4　RAM 程序模拟 RASP 程序示意

（1）loop：用 LOAD* 2 读入要执行的 RASP 指令对应的操作码到累加器。

（2）译码并将控制转移到 18 组模拟指令中的某一组执行。

（3）改变寄存器 r_2（指令计数器）的值。

（4）转移到 loop。

例 8.5 RAM 模拟 RASP 指令 SUB i。

具体如表 8.7 所示。

表 8.7 **RAM 模拟 RASP 指令 SUB i**

指　　令	说　　明
LOAD 2	
ADD ＝1	指令计数器加 1，指向操作数 i 所在的寄存器
STORE 2	
LOAD* 2	
ADD ＝3	取 i 到累加器，加上 3，结果存放到寄存器 r_1
STORE 1	
LOAD 3	从寄存器 r_3 取 RASP 累加器的内容，减去寄存器 r_{i+3} 的内容，结果放回寄存器 r_3
SUB* 1	
STORE 3	
LOAD 2	指令计数器加 1，指向下一条 RASP 指令
ADD ＝1	
STORE 2	
JUMP 0	返回循环起点

8.1.5　RAM 和 RASP 模型的简化

RAM 和 RASP 是在现实计算模型基础上进行抽象得到的计算模型，利用这样的抽象计算模型，便于在研究算法问题时抓住问题的本质。但在许多情况下，直接使用 RAM 或 RASP 模型仍然会显得太复杂，所以在不影响算法复杂性阶的情况下，根据实际需要，又提出了一些简化的计算模型。

1. RRAM 模型

RRAM 模型称为实随机存取（real random access machine）模型。在 RRAM 模型下，一个存储单元可以存放一个实数。该模型的基本运算为：算术运算＋、－、×、/；两实数间的比较运算（<、≤、＝、≠、≥、>）；间接寻址（整数地址）运算；一些常见的函数运算（如三角函数、指数函数、对数函数等),每个基本运算只耗费单位时间。

2. SLP 模型

SLP 模型称为直线式程序(straight line programs)模型。RAM 程序中的转移指令在许多情况下仅用于重复某一组指令,重复的次数与问题的规模 n 成比例。因此,可以用重复写出相同指令组的方法消除程序中的这种循环转移,从而对于某个固定的 n,可得到一个无循环的直线式程序。

SLP 模型具有以下特点:数据可提前存放在存储器中;可指定符号地址是输出变量;直线式程序的结束就是停机;LOAD 指令和 STORE 指令可以合并到算术运算中,从而去掉了 RAM 中的转移指令 JUMP、JGTZ、JZERO,读数据指令 READ,写数据指令 WRITE,停机指令 HALT 等。经过上述简化,可得到如下直线式程序的指令系统

$$x \leftarrow y + z$$
$$x \leftarrow y - z$$
$$x \leftarrow y * z$$
$$x \leftarrow y / z$$
$$x \leftarrow i$$

其中,x、y 和 z 是符号地址或变量,i 为常数。

3. BC 模型

BC 模型称为位式计算(bitwise computation)模型。SLP 模型是基于均匀耗费标准的,而在对数耗费标准下使用 BC 模型。在 BC 模型中,假设所有变量取值为 0 或 1,所有运算都是逻辑运算(与运算 $\wedge$、或运算 $\vee$、非运算 $-$、异或运算 $\oplus$,每种运算耗费一个单位时间),其他方面与直线式程序模型基本相同。

BC 模型将算术运算转变为进位二进制运算,可简化反映运算时的对数耗费。

例如,二进制数 $a[a_1, a_0]$ 与 $b[b_1, b_0]$ 相加得到 $c[c_2, c_1, c_0]$ 的运算

$$
\begin{array}{ccc}
 & a_1 & a_0 \\
+ & b_1 & b_0 \\
\hline
c_2 & c_1 & c_0
\end{array}
$$

$$c_0 = a_0 \oplus b_0$$

进位:$d_0 = a_0 \wedge b_0$

$$c_1 = d_0 \oplus a_1 \oplus b_1$$
$$d_1 = [d_0 \wedge (a_1 \vee b_1)] \vee (a_1 \wedge b_1)$$
$$c_2 = d_1$$

即对于 $d_n = [d_{n-1} \wedge (a_n \vee b_n)] \vee (a_n \wedge b_n)$,$c_n = d_{n-1} + a_n + b_n$。

如果在 SLP 模型中,所有变量均作为位向量,运算均为位操作指令,则模型称为位向

量(bit vector operations)计算模型。位向量运算操作速度快,一些问题用位向量模型分析比较方便,但由于算术运算都转为了进位二进制运算,所以使用该模型时需要较大的机器字长。

4. 判定树模型

判定树是一棵二叉树,树的每一个内部结点对应一个形如 $x \leqslant y$ 的比较,如果关系成立,则控制转移到该结点的左子树,否则控制转移到该结点的右子树。树的每一个叶结点表示问题的一个结果,在树中的每一次比较耗费一个单位时间。图 8.5 所示是 a、b、c 这 3 个数进行排序的一棵判定树。

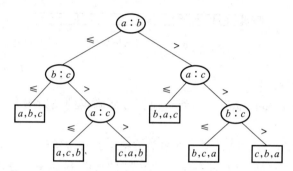

图 8.5 a、b、c 3 个数进行排序的判定树

判定树模型适合用于分析以比较作为主要运算的算法。这类算法的时间复杂度可以采用变量之间的比较次数或程序中转移指令条数作为算法复杂度分析时的主要量度,如排序问题。

构造判定树之后,算法执行时的最大比较次数是从根结点到叶结点之间的最长路径长度,因此可用判定树的高度衡量算法的时间复杂度。

除了上述 4 种简化计算模型外,还有代数计算树(algebraic computation tree,ACT)模型、代数判定树(algebraic decision tree,ADT)模型等。

8.1.6 图灵机

1. 图灵机的定义

图灵机是一个结构简单且计算能力很强的计算模型。由有限状态控制器和 k 条读写带组成,读写带右边无限长,每一条读写带从左到右划分为若干单元,每一单元可存放有限个带符号中的一个,每条读写带上有一个可进行读和写的带头,操作由有限控制的原始程序决定,有限控制属于有限状态中的一个。

2. 图灵机的结构

k 带图灵机模型如图 8.6 所示。

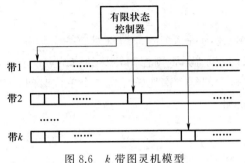

图 8.6　k 带图灵机模型

图灵机的计算步骤如下：

（1）根据当前状态和各带头扫描到当前符号所确定的映射关系，当前状态改变为新状态。

（2）根据程序规定，或清除各带头下当前方格中原有带符号。

（3）独立地将某一个或所有带头向左（L）或向右（R）移动一个方格或者停（S）在当前位置不动。

3. k 带图灵机形式化描述

一个 k 带图灵机可用一个 7 元组 (Q,T,I,δ,b,q_0,q_f) 表示，其中，Q 是有限个状态集合；T 是有限个带符号集合；I 是输入符号集合，$I \subseteq T$；b 是唯一的空白符，$b \in T-I$；q_0 是初始状态；q_f 是终止（或接受）状态；δ 是带头移动函数，$\delta : Q \times T^k \rightarrow Q \times (T \times \{L,R,S\})^k$。

当图灵机由状态 q 变为状态 q' 时，移动函数将给出一个新的状态和 k 个由新的带符号和读写头移动方向所组成的序偶，可表示为

$$\delta(q,a_1,a_2,\cdots,a_k) = (q',(a_1',d_1),(a_2',d_2),\cdots,(a_k',d_k))$$

a_i 是图灵机处于状态 q 时的第 i 条读写带当前方格下的符号，图灵机状态由 q 变为 q' 时，清除 a_i，写上新符号 a_i'，并按 d_i 指定的方向移动读写头，其中 d_i 取值集合为 $\{L,R,S\}$，L 表示左移一格，R 表示右移一格，S 表示停止不动。图灵机既能作为语言接收器也可以作为函数计算器。

例 8.6　利用二进制计算"$x+1$"的 1 带图灵机，要求计算完成时，读写头要回归原位。

构造图灵机如下：

状态集合 Q：$\{Start, Add, Carry, Noncarry, Overflow, Return, Halt\}$。

带符号集合 T：$\{0,1,*\}$。

空白符号 b：$*$。

输入符号集合 $I:\{0,1\}$。

初始状态:Start。

停机状态 h:Halt。

带头移动函数 δ 的映射规则见表 8.8。

表 8.8 例 8.6 移动函数 δ

输 入		响 应		
当前状态	当前符号	新符号	读写头移动	新状态
Start	*	*	L	Add
Add	0	1	L	Noncarry
Add	1	0	L	Carry
Add	*	*	R	Halt
Carry	0	1	L	Noncarry
Carry	1	0	L	Carry
Carry	*	1	L	Overflow
Noncarry	0	0	L	Noncarry
Noncarry	1	1	L	Noncarry
Noncarry	*	*	R	Return
Overflow	0 或 1	*	R	Return
Return	0	0	R	Return
Return	1	1	R	Return
Return	*	*	S	Halt

利用该图灵机计算 5+1 的过程如图 8.7 所示。

例 8.7 识别字母表 $\{0,1\}$ 上回文的 2 带图灵机。

状态集合 $Q:\{q_0,q_1,q_2,q_3,q_4,q_5\}$。

带符号集合 $T:\{0,1,*\}$。

空白符号 $b:*$。

输入符号集合 $I:\{0,1\}$。

初始状态:q_0。

停机状态 $h:q_5$。

识别回文时,先在第 2 条带的第 1 个格子中写入特殊符号 x,并从第 1 条带复制初始输入串到第 2 条带上,接下来将第 2 条带的带头移到符号 x 所在位置;重复如下动作,带 2

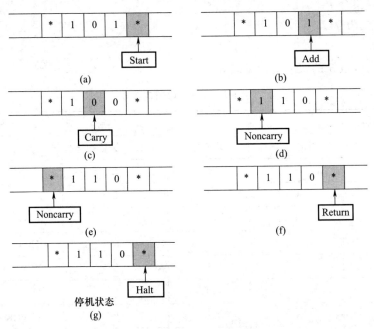

图 8.7　图灵机计算 5＋1 示意

的带头每次向右移动 1 格的同时，带 1 的带头向左移动 1 格，并比较两个带头读取的内容，如果所有的符号都是相同的，则是回文，图灵机进入状态 q_5，否则图灵机将位于一个无法进行合法移动的位置而停机，则定义带头移动函数 δ 映射规则见表 8.9。

表 8.9　例 8.7 带头移动函数 δ

当前状态	符号		新符号，带头移动		新状态	说　明
	带 1	带 2	带 1	带 2		
q_0	0	b	0.S	x.R	q_1	带 1 非空，带 2 上输出 x 并右移带头，进入状态 q_1，否则进入状态 q_5
	1	b	1.S	x.R	q_1	
	b	b	$b.S$	$b.S$	q_5	
q_1	0	b	0.R	0.R	q_1	在 q_1 状态下，将带 1 上的符号写到带 2 直到读到带 1 上的符号 b 为止，之后进入状态 q_2
	1	b	1.R	1.R	q_1	
	b	b	$b.S$	$b.L$	q_2	
q_2	b	0	$b.S$	0.L	q_2	带 1 带头不动，向左移动带 2 带头，直到遇到 x，进入状态 q_3
	b	1	$b.S$	1.L	q_2	
	b	x	$b.L$	x.R	q_3	

续表

当前状态	符号		新符号,带头移动		新状态	说　明
	带 1	带 2	带 1	带 2		
q_3	0	1	$0.S$	$0.R$	q_4	
	0	1	$1.S$	$1.R$	q_4	图灵机的控制器在 q_3、q_4 之间相互交替变换,
q_4	0	0	$0.L$	$0.S$	q_3	在 q_3 时,比较带 1 和带 2 上的符号,并将带 2 带头右移后进入状态 q_4。在状态 q_4 时,如果
	0	1	$0.L$	$1.S$	q_3	带头 2 遇到 b,则进行状态 q_5,接受输入串;否
	1	0	$1.L$	$0.S$	q_3	则左移带头 1,回到状态 q_3。q_3 和 q_4 之间的
	1	1	$1.L$	$1.S$	q_3	交替避免了带头 1 从左端滑出
	0	b	$0.S$	$b.S$	q_5	
	1	b	$1.S$	$b.S$	q_5	
q_5						接受

k 带图灵机的瞬像:k 元组$(\alpha_1,\alpha_2,\cdots,\alpha_k)$称为 k 带图灵机 M 的瞬像,其中 α_i 是形如 xqy 的串,其中 xy 是 M 中第 i 条带上的串,q 是 M 的当前状态,紧挨着第 i 个 q 的右边符号就是第 i 条带扫描的符号。

如果图灵机 M 经过一次计算步骤瞬像由 D_1 转成 D_2,则记为 $D_1 \vdash_M D_2$,表示由 D_1 经过 1 步变为 D_2。

若 $D_1 \vdash_M D_2 \vdash_M \cdots \vdash_M D_n$,则记为 $D_1 \vdash_M^+ D_n$,表示由 D_1 经过多步变为 D_n。

如果 $D=D'$ 或者 $D \vdash_M^+ D'$,则记为 $D \vdash_M^* D'$

对于串 $a_1,a_2,\cdots,a_n$,其中 $a_i \in I,1 \leqslant i \leqslant n$,如果$(q_0 a_1,a_2,\cdots,a_n,q_0,\cdots,q_0) \vdash_M^* (\alpha_1,\alpha_2,\cdots,\alpha_k)$,则说 k 带图灵机 M 接受串 $a_1,a_2,\cdots,a_n$。

例 8.7 中用 2 带图灵机接受 010 输入时的瞬相序列见图 8.8,可见该图灵机接受串 010。

4. 图灵机程序的复杂度

图灵机的时间复杂性 $T(n)$ 是处理所有长度为 n 的输入所需的最大计算步数。如果对某个长度为 n 的输入,图灵机不停机,则 $T(n)$ 对这个 n 值无定义。

图灵机的空间复杂性 $S(n)$ 是它处理所有长度为 n 的输入时,在 k 带上所使用过的方格数的总和。如果某个读写头无限地向右移动而不停机,$S(n)$ 也无定义。

在例 8.7 中,对于识别长度为 n 回文的图灵机,从状态 q_0 到状态 q_1,需要执行 1 步计算,在状态 q_1 下,需要进行 n 步计算,将带 1 的符号写到带 2,然后进入状态 q_2,在该状态下,通过 $n+1$ 步操作,将带 2 带头左移到空白 * 号处,机器进入到状态 q_3 之后,机器在状态 q_3 和状态 q_4 之间交替变化,进行 $2n$ 次操作,实现 n 次比较,最后再进行 1 次操作进入

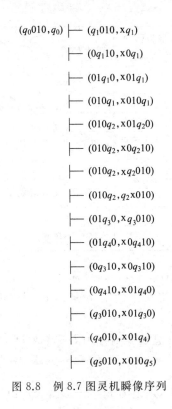

$$(q_0 010, q_0) \vdash (q_1 010, x q_1)$$
$$\vdash (0 q_1 10, x 0 q_1)$$
$$\vdash (01 q_1 0, x 01 q_1)$$
$$\vdash (010 q_1, x 010 q_1)$$
$$\vdash (010 q_2, x 01 q_2 0)$$
$$\vdash (010 q_2, x 0 q_2 10)$$
$$\vdash (010 q_2, x q_2 010)$$
$$\vdash (010 q_2, q_2 x 010)$$
$$\vdash (01 q_3 0, x q_3 010)$$
$$\vdash (01 q_4 0, x 0 q_4 10)$$
$$\vdash (0 q_3 10, x 0 q_3 10)$$
$$\vdash (0 q_4 10, x 01 q_4 0)$$
$$\vdash (q_3 010, x 01 q_3 0)$$
$$\vdash (q_4 010, x 01 q_4)$$
$$\vdash (q_5 010, x 010 q_5)$$

图 8.8　例 8.7 图灵机瞬像序列

停机状态 q_5。

　　因此,利用例 8.7 识别回文的时间复杂度 $T(n)=4n+3$,因为在带 2 上使用的方格为 $n+2$,所以空间复杂度为 $S(n)=n+2$。具体在识别回文 010 时,由 $n=3$,可知此时的时间复杂度为 15,空间复杂度为 5,这个结果也可以由图 8.8 所示的瞬像序列分析得到。

　　图灵机具有通用性和普遍性,它可以模拟任何其他类型的计算机。现代计算机就是建立在图灵机的基础之上,同样具有通用性和普遍性,只要配上合适的软件,提供足够的计算时间和存储空间,就能模拟其他各种类型的计算机。

　　根据图灵机模型理论,两种计算机能力仅仅在于计算速度和存储空间有差别,而与计算机的各种输入/输出装置无关,计算机的外围设备并不是计算机的根本特性,所有的计算机本质上是相同的。

8.1.7　图灵机与 RAM、RASP 模型的关系

　　图灵机与 RAM、RASP 模型的关系是指,对于同一问题,在图灵机与 RAM 模型下,计算的复杂度之间有什么样的关系。根据定理 8.1,若 RAM 程序时间复杂度为 $T(n)$,则有时间复杂度为 $KT(n)$ 的 RASP 程序与之等价,其中 K 为常数,因此我们主要讨论图灵机

与 RAM 模型之间的关系。

1. 多项式的相关概念

函数 $f_1(n)$ 和 $f_2(n)$ 是多项式相关的,是指存在多项式 $p_1(x)$ 和 $p_2(x)$,使得对一切 n 值都有 $f_1(n) \leqslant p_1(f_2(n))$ 且 $f_2(n) \leqslant p_2(f_1(n))$。

例 8.8 $f_1(n)=2n^2$ 和 $f_2(n)=n^5$ 是多项式相关。

证明:构造函数 $p_1(x)=2x$,$p_2(x)=x^3$,那么有

$$f_1(n)=2n^2 \leqslant 2n^5 = p_1(f_2(n))$$

同时有

$$f_2(n)=n^5 \leqslant 8n^6 = (2n^2)^3 = p_2(f_1(n))$$

所以函数 $f_1(n)=2n^2$ 和 $f_2(n)=n^5$ 是多项式相关。

对于函数 n^2 和 2^n,它们不是多项式相关,因为不存在多项式 $p(x)$,使得对一切 n,都有 $p(n^2) \geqslant 2^n$ 成立。

2. 图灵机与 RAM 的关系

根据 RAM 的定义,RAM 中的每个寄存器可以存储图灵机带子上每个方格中的内容。用 RAM 仿真 k 带图灵机时,第 j 条带子上第 i 个方格中的内容可存储到第 $ki+j+c$ 个寄存器上,c 为常数,表示为 RAM 预留的 c 个工作寄存器,其中有 k 个用于存放图灵机 k 个带头位置信息的寄存器,RAM 工作时,通过引用这 k 个寄存器进行间接寻址读取得到所存储图灵机带子上的内容。在对数耗费标准下,RAM 和 RASP 是与图灵机多项式相关的,有以下定理。

定理 8.2 若问题 P 的输入长度为 n,求解问题 P 的算法 A 在图灵机的时间复杂度为 $T(n)$,那么在对数耗费标准下,算法 A 在 RAM 模型的时间复杂度为 $O(T^2(n))$。

证明:在对数耗费标准下,RAM 程序模拟图灵机时所处理的最大程序不超过 $T(n)$,而 RAM 程序在处理大小为 n 的整数时,时间耗费为 $O(\log_2 n)$,因此,RAM 模拟时间复杂度为 $T(n)$ 的图灵机的一个计算步骤的对数耗费为 $O(T(n))$,从而,模拟图灵机的整个 RAM 程序的对数耗费为 $O(T(n)\log_2 T(n))$,因为任何 $O(T(n)\log_2 T(n))$ 函数是 $O(T^2(n))$ 的,所以定理得证。

上述定理的逆定理并不成立,对于时间复杂度为 $T(n)$ 的 RAM 程序,在多带图灵机有如下定理。

定理 8.3 若问题 P 的输入长度为 n,求解问题 P 的算法 A 在 RAM 模型下,不含有乘法和除法指令,且按对数耗费标准时间复杂度为 $T(n)$,那么算法 A 在图灵机的时间复杂度为 $O(T^2(n))$。

证明:可以用一台 5 带图灵机模拟 RAM 程序。首先,将 RAM 程序中除 0 号寄存器以外其他寄存器的地址和内容存放在带 1 上,如图 8.9 所示。

| # | # | i_1 | # | c_1 | # | # | i_2 | # | c_2 | # | # | $\cdots$ | i_k | # | c_k | # | # | b | $\cdots$ |

图 8.9　模拟 RAM 的图灵机带 1

带 1 上的内容由一系列序偶 (i_j, c_j) 组成,分别表示 RAM 寄存器的地址 i_j 和寄存器中内容 c_j,i_j,c_j 都采用二进制形式存放,之间用"#"号分隔。RAM 累加器(0 号寄存器)的内容存放在带 2 最左端的格子中,带 3 作为工作过程中的暂存带,带 4、带 5 分别存放 RAM 的输入与输出。

利用这样的图灵机,一个对数耗费为 k 的 RAM 程序计算时在图灵机上最多需要 $O(k^2)$ 个步骤。因为,除非一个寄存器的当前值在先前某一时间存于其内,否则该寄存器不会在带 1 中出现。将 c_j 存储在寄存器 i_j 所需要的代价是 $l(c_j) + l(i_j)$,与图灵机表示 # #i_j#c_j## 的长度仅相差一个常数因子。因此,所采用的图灵机带 1 的非空白的长度为 $O(k)$。

由于模拟 RAM 指令时,图灵机计算时的主要时间耗费在于对带 1 上符号串的查找,所以,图灵机在模拟 RAM 指令时的时间耗费与带 1 上非空白符号的长度具有同等数量级 $O(k)$,另外,除了查找时间以外,还需耗费符号复写时间,复写时间总耗费仍为 $O(k)$。RAM 程序中指令执行的次数不会超过 k 次,所以一台图灵机模拟一个 RAM 程序的时间耗费不超过 $O(k^2)$。定理得证。

如果 RAM 程序中含有乘法和除法指令,那么可以利用加减法指令的图灵机子例程对 RAM 的乘法和除法指令进行实现,在对数耗费标准下,这些子例程的时间复杂度不多于所模拟指令的对数时间耗费的平方。

从把 RAM 程序看成是一函数的角度,RAM 是由整数(输入)到另一整数(输出)的函数计算机。部分递归函数如图 8.10 所示,语言类型与机器类型的关系见表 8.10。

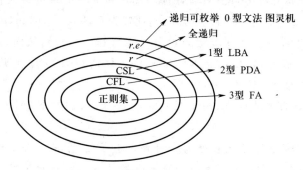

图 8.10　部分递归函数示意

表 8.10   语言类型与机器类型的关系

语言类型	生成文法	接受的机器类型
0 型语言	0 型文法	图灵机(TM)
1 型语言	上下文相关文法	线性有界自动机(LBA)
2 型语言	上下文无关文法	下推自动机(PDA)
3 型语言	正则文法	有穷自动机(FA)

不妨把整数看成一进制，用 O^i 表示 i，若一函数有 n 个自变量 $x_1,\cdots,x_n$，放在输入带上，用 | 分开，例如为 $O^{x_1}|O^{x_2}|O^{x_3}|\cdots|O^{x_n}$。

若图灵机停止，带上为 O^y，则 $f(x_1,x_2,\cdots,x_n)=y$。这里 f 被图灵机计算 n 元函数就称为部分递归函数(图灵机接受)。实质就是若 $f(x_1,x_2,\cdots,x_n)$ 对所有的自变量均有定义，则叫全递归函数。而部分递归函数已被一个在给定输入上可停可不停的图灵机计算。

8.2   P 类与 NP 类问题

许多算法都是多项式时间算法，即对规模为 n 的输入，算法在最坏情况下的计算时间为 $O(n^k)$，k 是一个常数。那么，是否所有的问题都能在多项式时间内可解呢？答案是否定的。比如，著名的"图灵停机问题"，现有的任何计算机无论花费多少时间，也不能得到该问题的解，另外，一些问题虽然是可解的，但是不存在常数 k，能使得该问题的求解过程能在 $O(n^k)$ 时间内完成。

一般来说，根据求解问题所需的时间是否是多项式函数，将问题分为易处理和难处理的问题。通常将存在多项式时间算法的问题看成是易处理问题，而将需要指数时间算法解决的问题看成是难处理问题。例如，排序问题、查找问题、欧拉回路问题等都属于易处理问题，而旅行售货员问题、汉诺塔问题、哈密尔顿回路问题等则属于难处理问题。

有许多表面上看似乎并不比排序或图的搜索等问题更困难，然而至今还没有找到解决这些问题的多项式时间算法。为了研究这类问题的计算复杂性，人们提出了另一个能力更强的计算模型，即非确定性图灵机(NonDeterministic turing machine，NDTM)。在该计算模型下，许多问题可以在多项式时间内求解。

8.2.1   非确定性图灵机

在第 8.1 节的图灵机中，移动函数 δ 是单值的，即对于 Q^*T^k 中的每一个值，当它属于 δ 的定义时，$Q^*(T^*\{L,R,S\})^k$ 中有唯一的值与之对应，称这种图灵机为确定性图灵机(deterministic turing machine，DTM)。

非确定性图灵机定义：一个 k 带的非确定性图灵机(简称 NDTM)M 也可以用一个 7 元组 (Q,T,I,δ,b,q_0,q_f) 表示，与 DTM 不同的是，对于 $Q^* T^k$ 中每一个属于 δ 的定义域的值 $(q,x_1,x_2,\cdots,x_k)$，$Q^* (T^* \{L,R,S\})^k$ 中有唯一的一个子集 $\delta(q,x_1,x_2,\cdots,x_k)$ 与之对应，即可以在集合 $\delta(q,x_1,x_2,\cdots,x_k)$ 中随意选定一个值作为移动函数 δ 的函数值。每个选择包含一个新的状态、k 个新的磁带符号和 k 个磁头的 k 个移动。注意，NDTM M 可能选择这些移动中的任何一个，但是它不可能从一个移动中选择状态而从另一个移动中选择新的磁带符号，或者进行任何其他的移动组合。

$$\delta(q,x_1,x_2,\cdots,x_k)=\begin{cases}(q_1,(a_{11},d_{11}),(a_{12},d_{12}),\cdots,(a_{1k},d_{1k}))\\(q_2,(a_{21},d_{21}),(a_{22},d_{22}),\cdots,(a_{2k},d_{2k}))\\\cdots\cdots\cdots\cdots\\(q_r,(a_{r1},d_{r1}),(a_{r2},d_{r2}),\cdots,(a_{rk},d_{rk}))\end{cases}$$

其中，若 $r \geqslant 2$ 则 δ 映射表示的是 NDTM，若 $r=1$ 则 δ 映射表示的是 DTM。

例 8.9   设计一个 NDTM 接受形为 $10^{i_1}10^{i_2}\cdots10^{i_k}$ 的字符串，存在某个集合 $I \subseteq \{1,2,\cdots,k\}$，有 $\sum\limits_{j \in I} i_j = \sum\limits_{j \notin I} i_j$。 也就是说，如果 w 代表的整数列表 $i_1,i_2,\cdots,i_k$ 能够分割成两个子列表，其中一个子列表上的整数和等于另一个子列表上的整数和，则 w 将被接受，这个问题称为分割问题。

下面设计一个 3 带 NDTM M 来识别这个语言。从左到右扫描输入带，每次扫描一个 0 块到达 0^{i_j}，i_j 个 0 将不确定地添加到带 2 或带 3 上。当到达输入末尾时，NDTM 将检查它是否已经在带 2 上和带 3 上放置了相等数量的 0，如果是，则接受。形式上记作 $M = (\{q_0,q_1,\cdots,q_5\},\{0,1,b,\$\},\{0,1\},\delta,b,q_0,q_5)$，其中移动函数 δ 见表 8.11。

图 8.11 表明 NDTM 对输入 1010010 的操作可能是许多移动序列中的两个。第一个导致接受，第二个则没有。既然至少有一个移动序列导致接受状态，那么 NDTM 接受 1010010。

表 8.11   例 8.9 移动函数 δ

状态	当前符号			新的符号,磁头移动			新的状态	注　　释
	带 1	带 2	带 3	带 1	带 2	带 3		
q_0	1	b	b	$1,S$	$\$,R$	$\$,R$	q_1	用$\$$标记带 2 和 3 的左端，然后转到状态 q_1
q_1	1	b	b	$\begin{cases}1,R\\1,R\end{cases}$	b,S b,S	b,S b,S	q_2 q_3	这里选择是否将下一块写到带 2 或带 3
q_2	0	b	b	$0,R$	$0,R$	b,S	q_2	复制 0 块到带 2.然后，若在带 1 遇到 1，则回到状态 q_1;如果在带 1 遇到 b，则转向状态 q_4，比较带 2 和 3 的长度
	1	b	b	$1,S$	b,S	b,S	q_1	
	b	b	b	b,S	b,L	b,L	q_4	

续表

状态	当前符号			新的符号,磁头移动			新的状态	注　释
	带1	带2	带3	带1	带2	带3		
q_3	0	b	b	$0,R$	b,S	$0,R$	q_3	和状态 q_2 基本相同,只是写到带 3 上
	1	b	b	$1,S$	b,S	b,R	q_1	
	b	b	b	b,S	b,L	b,L	q_1	
q_1	b	0	0	b,S	$0,L$	$0,L$	q_4	比较带 2 和带 3 的长度
	b	$	$	b,S	$,S$	$,S$	q_5	
q_5								接受

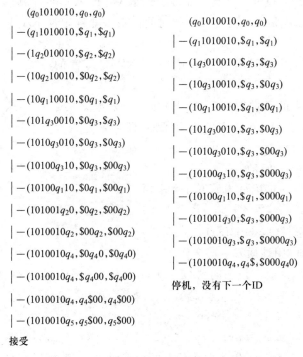

$(q_01010010, q_0, q_0)$
$|-(q_11010010, \$q_1, \$q_1)$
$|-(1q_2010010, \$q_2, \$q_2)$
$|-(10q_210010, \$0q_2, \$q_2)$
$|-(10q_110010, \$0q_1, \$q_1)$
$|-(101q_30010, \$0q_3, \$q_3)$
$|-(1010q_3010, \$0q_3, \$0q_3)$
$|-(10100q_310, \$0q_3, \$00q_3)$
$|-(10100q_110, \$0q_1, \$00q_1)$
$|-(101001q_20, \$0q_2, \$00q_2)$
$|-(1010010q_2, \$00q_2, \$00q_2)$
$|-(1010010q_4, \$0q_40, \$0q_40)$
$|-(1010010q_4, \$q_400, \$q_400)$
$|-(1010010q_4, \$q_4\$00, q_4\$00)$
$|-(1010010q_5, q_5\$00, q_5\$00)$

接受

$(q_01010010, q_0, q_0)$
$|-(q_11010010, \$q_1, \$q_1)$
$|-(1q_3010010, \$q_3, \$q_3)$
$|-(10q_310010, \$q_3, \$0q_3)$
$|-(10q_110010, \$q_1, \$0q_1)$
$|-(101q_30010, \$q_3, \$0q_3)$
$|-(1010q_3010, \$q_3, \$00q_3)$
$|-(10100q_310, \$q_3, \$000q_3)$
$|-(10100q_110, \$q_1, \$000q_1)$
$|-(101001q_30, \$q_3, \$000q_3)$
$|-(1010010q_3, \$q_3, \$0000q_3)$
$|-(1010010q_4, q_4\$, \$000q_40)$

停机，没有下一个ID

图 8.11 对于 NDTM 的两个合法移动序列

　　确定性图灵机的每一步操作只有一种选择,而非确定性图灵机的每一步操作存在多种选择。显然,一台确定性图灵机可以看成是非确定性图灵机的特例,非确定性图灵机的计算能力要强于确定性图灵机。对于一台时间复杂度为 $T(n)$ 的非确定性图灵机,需要用一台时间复杂度为 $O(C^{T(n)})$ 的确定性图灵机来模拟,其中 C 为常数,即有如下定理。

　　定理 8.4　设 M 为时间复杂度 $T(n)$ 的 NDTM,则存在常数 $C>1$ 和 DTM 机 M',使 $L(n)=L(M')$ 和 M 具有时间复杂度 $OT_M(C^{T(n)})$。

8.2.2　P 类与 NP 类语言

P 类和 NP 类语言定义如下：

P 类语言＝$\{L \mid L$ 是一个能在多项式时间内被一台 DTM 所接受的语言$\}$

NP 类语言＝$\{L \mid L$ 是一个能在多项式时间内被一台 NDTM 所接受的语言$\}$

根据上述定义，语言类 P 是能被一台确定性图灵机在多项式时间内所接受的语言，语言类 NP 是能被一台非确定性图灵机在多项式时间内所接受的语言，由于确定性图灵机可以看成非确定性图灵机的特例，所以语言类 P 也可在多项式时间内被非确定性图灵机接受，即有 P$\subseteq$NP。

对于前面的 RAM、RASP 计算模型，也可以通过添加非确定型选择指令定义非确定性 RAM 或 RASP 计算模型。则利用非确定性 RAM 或 RASP 计算模型定义 NP 类语言为：NP 类语言＝$\{L \mid L$ 是一个能在多项式时间内被一非确定性 RAM 或 RASP 计算模型所接受的语言$\}$。

例如，无向图的团集问题可以看成一个 NP 类语言的问题。

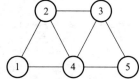

图 8.12　团集问题示意

一个有 n 个顶点的无向图 $G=(V,E)$ 和一个整数 k。要求判定图 G 是否包含一个 k 顶点的完全子图，即判定是否存在 $V'\subseteq V$，$|V'|\geqslant k$，且对于所有的 $u,v\in V'$，有 $(u,v)\in E$。团集问题示意如图 8.12 所示。

解决该问题的算法可以分为如下 3 个步骤。

(1) 问题变换。

(2) 非确定型选择(取 k 个顶点)。

(3) 确定性验证(团性质)。

首先对团集问题编码。设无向图 $G=(V,E)$，具有 n 个顶点 $V=\{1,2,\cdots,n\}$，则也可用如下形式的语言 L 表现团集问题，语言 L 由 $k(i_1,j_1)(i_2,j_2)\cdots(i_m,j_m)$ 组成，这里 $k\geqslant 2$，$i_k,j_k\in V$ 且 $(i_k,j_k)\in E$，$k=1,2,\cdots,m$。

例如，当 $k=3$，可编码为 $3(1,2)(1,4)(2,3)(2,4)(3,4)(3,5)(4,5)$。

也可以采用二进制编码，因为对于任意两种编码语言，都可以在多项式时间内互相进行解释。

设 NDTM M，输入长为 n 的串 w：$k(i_1,j_1)(i_2,j_2)\cdots(i_m,j_m)$，则该机可在 $O(n^3)$ 时间内认知 w，其构成如下：

(1) 若 $k>n$，M 计算 1 步便停机在拒绝指令上(非正常情况)。

(2) 若 $k\leqslant n$，M 在 G 的一切 k 点子集中猜测(选择)一个 k 点团集，并对之进行验证。确切地说，就是要验证所有猜测的 k 点子图的任何两个相异点间均有一条边连接。

因为一个 k 点团集共有 $C_k^2 = \dfrac{k(k-1)}{2} \leqslant \dfrac{n^2}{2}$ 条边,每验证一边可从头到尾看完字 w（长度为 n）,故共用 $O(n^3)$ 步。

需要注意的是,所构造的 NDTM 能同时"并行"地对一切可能的 k 点子图进行验证,如果有 k 点团集存在,则接受 w,否则拒绝 w,整个过程的时间复杂性仅为 $O(n^3)$。

NP 类问题的例子还有背包问题、哈密顿回路问题、k 着色问题、旅行售货员问题等。

8.3 NP 完全问题

NP 完全问题即非确定多项式时间完全问题（简称 NPC）,是 NP 类问题的一个子类,是更为复杂的问题。该类问题有一种奇特的性质:如果一个 NP 完全问题能在多项式时间内得到解决,那么 NP 类中的每个问题都可以在多项式时间内得到解决,即 P＝NP 成立！这是因为,任何一个 NP 问题均可以在多项式时间内变换成 NP 完全问题。

8.3.1 多项式变换与问题归约

假设问题 Q' 存在一个算法 A,对于问题 Q' 的输入实例 I',算法 A 求解问题 Q' 得到一个输出 O',另外一个问题 Q 的输入实例是 I,对应于输入 I,问题 Q 有一个输出 O,则问题 Q 变换到问题 Q' 有如下 3 个步骤。

（1）输入转换。把问题 Q 的输入 I 转换为问题 Q' 的适当输入 I'。

（2）问题求解。对问题 Q' 应用算法 A 产生一个输出 O'。

（3）输出转换。把问题 Q' 的输出 O' 转换为问题（2）对应于输入 I 的正确输出。

问题变换如图 8.13 所示。

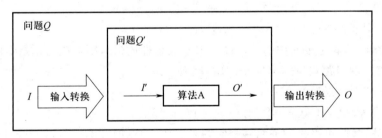

图 8.13 问题变换示意图

问题变换给出了通过另一个问题理解一个问题计算时间上下限的一种方式。

定义 1 设 $Q_1 \subseteq \Sigma_1^*$ 和 $Q_2 \subseteq \Sigma_2^*$,若存在函数 f 满足 $\Sigma_1^* \to \Sigma_2^*$,则有:

（1）若存在一个确定算法 DTM,它在多项式时间内可计算 f;

（2）若 $\forall x \in \Sigma_1^*$,$x \in Q_1 \Leftrightarrow f(x) \in Q_2$。

则说 f 是 Q_1 到 Q_2 的一个多项式变换,记作:$Q_1 \propto Q_2$。

多项式变换的非形式化描述——对于问题 Q_1、Q_2,有:

(1) 对 Q_1 任何具体问题 I,存在多项式时间的确定算法,它计算出 $f(I)$,且 $f(I) \in Q_2$。

(2) 对 $f(I) \in Q_2$ 的解,存在一个多项式时间的确定型算法,得到 $I \in Q_1$ 的解。

则说 Q_1 多项式归约为 Q_2,记作:$Q_1 \propto Q_2$。

定理 8.5(计算时间下界归约) 若已知问题 Q 的计算时间下界是 $T(n)$,且问题 Q 可 $\tau(n)$ 变换到问题 Q',即 $Q \propto \tau(n) Q'$,则 $T(n) - O(\tau(n))$ 为问题 Q' 的一个计算时间下界。

定理 8.6(计算时间上界归约) 若已知问题 Q' 的计算时间上界是 $T(n)$,且问题 Q 可 $\tau(n)$ 变换到问题 Q',即 $Q \propto \tau(n) \Pi'$,则 $T(n) + O(\tau(n))$ 为问题 Q 的一个计算时间上界。

多项式变换具有以下性质:

性质 1:若 $Q_1 \propto Q_2$,则 $Q_2 \in P$,蕴含 $Q_1 \in P$。

性质 2:若 $Q_1 \propto Q_2$,$Q_2 \propto Q_3$,则 $Q_1 \propto Q_3$。

性质 3:若 Q_1 是 NP 完全的,则 $Q_1 \in P$ 蕴含 $P = NP$。

性质 4:Q_1,$Q_2 \in P$,$Q_1 \in NPC$ 且 $Q_1 \propto Q_2$,则 $Q_2 \in NPC$。

这些性质可以说明多项式变换的重要意义。性质 1 说明 NPC 问题看成 NP 中最难的,若某个 NPC 问题能在多项式时间内解决,则 NP 所有问题都能在多项式时间内解决;若某个 NP 中某个问题难解,则所有 NP 完全问题都难解。所以,NP 完全问题具有性质 1 或者说 $Q \in NP \Leftrightarrow P = NP$,若 $P \neq NP$,则 $Q \in NP - P$。

8.3.2 NP 完全问题的定义

定义 2:如果问题 Q 是 NP 完全问题,则有:

(1) 问题 Q 属于 NP 类问题;

(2) 对 NP 类问题中的每一个问题 Q',都有 $Q' \propto_p Q$。

如果某个问题满足定义中的性质(2),但不满足性质(1),则称该问题是 NP 难问题。

定理 8.7 设问题 Q 是 NP 完全问题,则有:

(1) $Q \in P$ 当且仅当 $P = NP$;

(2) 若 $Q \propto_p Q'$,且 $Q' \in NP$,则 Q 是 NPC 问题。

根据上述定理,可以得到证明一个问题是 NPC 问题的基本思想,如图 8.14 所示。

方法 1:若 $Q_1 \in NPC$,$\forall Q' \in NP$,存在 $Q' \propto Q_1$,由传递性可知,$Q_1 \propto Q_2$,$Q_2 \in P$,那么 Q_2 是 NPC 的。

方法 2:若 $Q \in NP$,若已知某个问题 $Q' \in NP$,且有 $Q' \propto Q$,则 $Q \in NPC$。

证明 NPC 问题的步骤如下:

(1) 证明问题 π 是 NP 问题,即 $\pi \in NP$。

(2) 选择某个已知 NP 完全问题 π'。

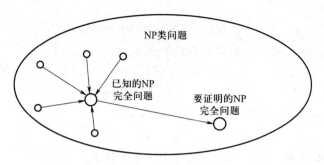

图 8.14　证明 NPC 问题的思路

（3）证明 π' 能在多项式时间内变换为 π，即 $\pi' \propto \pi$。

证明 $\pi' \propto \pi$ 常使用的 3 种方法：限制法、局部替换法和分量设计法。

8.3.3　一些典型的 NP 完全问题的证明

1. 用限制法证明 NP 完全问题

基本方法：已知一个 NP 完全问题，把需证明问题与已知问题之间建立关系，即问题 Q' 包括了问题 Q 的特殊情况。那么，$Q \in NP$，包含一个已知的 NP 问题 Q'，作为它的特殊情况，来对 Q 实例作出一些限制，让它等同于 Q'。

例 8.10　命中集问题是 NP 完全问题。

命中集问题：集合 S 子集构成集合 C，正整数是否存在命中集 $S' \subseteq S$ 和 $|S'| \leqslant K$，使 S' 包含了从 C 每个子集的至少一个元素。

证明：把 S 中的元素与图中顶点对应，用一子集元对应图中有边相连接，对集合 C，每个 $C \in C_0$，限制 $|C| = 2$，所以问题属于顶点覆盖问题。

$S' \subseteq S, |S'| \leqslant K$，限制 $|C| = 2, c \in C$。

$S = \{0,1,2\}, C = \{\phi, \{0\}, \{1\}, \{2\}, \{0,1\}, \{1,2\}, \{0,1,2\}\}$。

限制 $|C| = 2, C = \{\{0,1\}, \{0,2\}, \{1,2\}\}$。

限制法是最简单、最常用的方法，适合已知较多 NP 完全问题时的情况。实际中许多问题是某个已知 NPC 的更多形式。

2. 用局部替换法证明 NP 完全问题

基本方法：选择已知的 NP 完全问题实例某个方面作为基本单元，然后用不同的结构统一地替换每一个基本单元，得到目标问题的对应实例。例如，SAT $\propto$ 3SAT 就属此类，其中 SAT 表示合取范式的可满足性问题（给定一个合取范式 α，判断它是否可满足），3SAT 表示三元合取范式的可满足性问题（给定一个三元合取范式 α，判断它是否可满足）。实例中每一字句替换成一组三元文字字句。

证明：

(1) 因为 3SAT 是 SAT 一特例，所以 SAT∈NP⇒3SAT∈NP。

(2) SAT 可变换成 3SAT，对合取范式中 $K \geqslant 4$ 的合取项 $(x_1 + x_2 + \cdots + x_k)$ 用 $(x_1 + x_2 + y_1)(x_3 + \overline{y_1} + y_2)(x_4 + \overline{y_2} + y_3) \cdots (x_{k-1} + x_k + \overline{y_{k-3}})$ 填 $k-3$ 个新变元 $y_1, y_2, \cdots, y_{k-3}$ 做三多元合取范式。

当 $K = 4$ 时，此式为 $(x_1 + x_2 + y_1)(x_3 + x_4 + \overline{y_1})$。

对新变量，存在某个真值赋值使式子为 1，对每个形如 $(x_1 + x_2 + \cdots + x_k)$，$K \geqslant 4$ 项，可用三多元式替换，替换式长度与原式长度差一常数因子。

对任意 CNF E 都能变成 3CNF E'，E' 可满足$\Leftrightarrow E$ 可满足的，两者之间差一常数因子。所以，SAT$\propto$3SAT

局部替换法指 Q 包括 Q' 作为其特殊情况，用限制法证明给定问题 $Q \in$ NP 的 NP 完全性就是证明 Q 包含一个已知的 NP 完全问题 Q' 作为它的特殊情况。

该证明方法的核心是将对 Q 实例规定一些附加限制，使得所得到问题等同于 Q'。在证明时要求实例之间有明确 1-1 对应关系，$Q' \propto Q$ 比较明显。

3. 用分量设计法证明 NP 完全问题。

分量设计法较为复杂，基本思想是用目标问题实例中的成分去设计一些分量，在添加必要成分后，能把这些分量组合在一起实现已知 NP 完全问题。构造方式为 VC$\propto$HC。

8.4　NP 完全问题的近似算法

到目前为止，所有 NP 完全问题还没有多项式时间算法。然而许多 NP 完全问题在现实中具有很重要的意义，对于这些问题，通常可以采取以下 5 种解决策略。

(1) 仅对问题的特殊实例求解。

(2) 用动态规划法或分支限界法求解。

(3) 用概率算法求解。

(4) 只求近似解。

(5) 用启发式方式求解。

下面重点探讨求解 NP 完全问题的近似算法。

8.4.1　近似算法的性能

一般来说，近似算法所适应的问题是最优化问题，即要求在满足约束条件的前提下，使某个目标函数值达到最大或者最小。在分析近似算法性能时，一般地，假设对于一个确定的问题，其每一个可行解所对应的目标函数值都不会小于一个确定的正数。

对于一个规模为 n 的问题，近似算法应该满足下面两个基本的要求。

（1）算法的时间复杂性：要求算法能在 n 的多项式时间内完成。

（2）解的近似程度：算法的近似解应满足一定的精度。衡量精度的标准可以用性能比或相对误差[7][8]。

性能比定义：最优化问题的最优值为 c^*，算法求解得到的最优值为 c，则该近似算法的性能比定义为

$$\mu = \max\left\{\frac{c}{c^*}, \frac{c^*}{c}\right\} \leqslant \rho(n)$$

其中，$\rho(n)$ 为与问题规模 n 相关的一个函数。

相对误差定义：最优化问题的最优值为 c^*，算法求解得到的最优值为 c，则该近似算法的相对误差定义为

$$\lambda = \left|\frac{c - c^*}{c^*}\right| \leqslant \varepsilon(n)$$

其中，$\varepsilon(n)$ 为与问题规模 n 相关的一个函数，称为相对误差界。

性能比函数 $\rho(n)$ 与相对误差界函数 $\varepsilon(n)$ 具有关系

$$\varepsilon(n) \leqslant \rho(n) - 1$$

8.4.2 顶点覆盖问题的近似算法

1. 顶点覆盖(vertex cover)问题

给定一个无向图 $G = (V, E)$ 和一个正整数 k，若存在 $V' \subseteq V$，$|V'| = k$，使得对任意的 $(u, v) \in E$，都有 $u \in V'$ 或 $v \in V'$，则称 V' 为图 G 的一个大小为 k 的顶点覆盖。

2. 顶点覆盖的 NP 完全性证明

1) NP 性的证明

对给定的无向图 $G = (V, E)$，若顶点 $V' \subseteq V$ 是图 G 的一个大小为 k 顶点的覆盖，则可以构造一个确定性的算法，以多项式的时间验证 $|V'| = k$，及对所有的 $(u, v) \in E$，是否有 $u \in V'$ 或 $v \in V'$。因此顶点覆盖问题是一个 NP 问题。

2) 完全性的证明

我们已知团集(clique)问题是一个 NP 完全问题，若团集问题归约于顶点覆盖问题，即 clique$\propto_{\text{poly}}$vertex cover，则顶点覆盖问题就是一个 NP 完全问题。

我们可以利用无向图的补图来说明这个问题。若向图 $G = (V, E)$，则 G 的补图 $\bar{G} = (V, \bar{E})$，其中 $\bar{E} = \{(u, v) \mid (u, v) \notin E\}$。例如，图 8.15(b)是图 8.15(a)的补图，在图 8.15(a)中有一个大小为 3 的团集 $\{u, v, y\}$，在图 8.15(b)中，则有一个大小为 2 的顶点覆盖 $\{v, w\}$。显然可以在多项式时间里构造图 G 的补图 $\bar{G}$。因此，只要证明图 $G = (V, E)$ 有一个大小为 $|V| - k$ 的团集，当且仅当它的补图 $\bar{G}$ 有一个大小为 k 的顶点覆盖。

必要性：如果 G 中有一个大小为 $|V| - k$ 的团集，则它具有一个大小为 $|V| - k$ 个顶

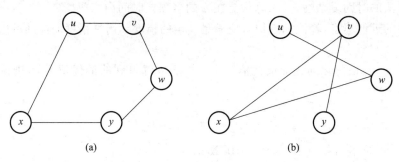

图 8.15　无向图及补图

点的完全子图,令这 $|V|-k$ 个顶点集合为 V'。令 (u,v) 是 $\bar{E}$ 中的任意一条边,则 (u,v) $\notin E$。所以 (u,v) 中必有一个顶点不属于 V',即 (u,v) 中必有一个顶点属于 $V-V'$,也就是边 (u,v) 被 $V-V'$ 覆盖。因为 (u,v) 是 $\bar{E}$ 中的任意一条边,因此,$\bar{E}$ 中的边都被覆盖,所以,$V-V'$ 是 $\bar{G}$ 的一个大小为 $|V-V'|=k$ 的顶点覆盖。

充分性:如果 $\bar{G}$ 中有一个大小为 k 的顶点覆盖,令这个顶点覆盖为 V',(u,v) 是 $\bar{E}$ 中的任意一条边,则 u 和 v 至少有一个顶点属于 V'。因此,对于任意的顶点 u 和 v,若 $u\in V$ $-V'$ 并且 $v\in V-V'$,则必然有 $(u,v)\in E$,即 $V-V'$ 是 G 中一个大小为 $|V|-k$ 的团集。

综上所述,团集问题归约于顶点覆盖问题,即 clique $\propto_{poly}$ vertex cover。所以,顶点覆盖问题是一个 NP 完全问题。

3. 顶点覆盖优化问题的近似算法

上面已经证得,顶点覆盖问题是一个 NP 完全问题,因此,没有一个确定性的多项式时间算法来解它。顶点覆盖的优化问题是找出图中的最小顶点覆盖。为了用近似算法解决这个问题,假设顶点用 $0,1,\cdots,n-1$ 编号,并用邻接表来存放顶点与顶点之间的关联边。

```
struct adj_list{            /* 邻接表结点的数据结构 */
    int v_num;              /* 邻接结点的编号 */
    struct adj_list * next; /* 下一个邻接顶点 */
};
typedef struct adj_list NODE;
NODE * V[n];                /* 图 G 的邻接表头结点 */
```

顶点覆盖问题近似算法的求解步骤可以叙述如下:

(1) 顶点的初始编号 $u=0$。

(2) 如果顶点 u 存在关联边,转到步骤(3),否则,转到步骤(5)。

(3) 令关联边为 (u,v),把顶点 u 和顶点 v 登记到顶点覆盖 C 中。

(4) 删去与顶点 u 和顶点 v 关联的所有边。

(5) $u=u+1$,如果 $u<n$,转到步骤(2),否则,算法结束。

算法的实现过程叙述如下：

算法名称：顶点覆盖优化问题的近似算法。

输入：无向图 G 的邻接表 $V[]$，顶点个数为 n。

输出：图 G 的顶点覆盖 $C[]$，C 中的顶点个数为 m。

```
1  vertex_cover_app(NODE * V[],intn,intC[],int & m)
2  {
3      NODE * p,p1;
4      int u,v;
5      m＝0;
6      for(u＝0;u＜n;u＋＋){
7          p＝V[u]·next;
8          if(p!＝NULL){   /* 如果 u 存在关联边 */
9              C[m]＝u;C[m+1]＝v＝p→v_num;m+2;
10             while(p!＝NULL){   /* 则选取边(u,v)的顶点 */
11                 delete_e(p→v_num,u);   /* 删去与 u 有关联的所有边 */
12                 p＝p→next;
13             }
14             V[u]·next＝NULL;
15             p1＝V[v]·next;
16             while(p!＝NULL){   /* 删去与 v 关联的所有边 */
17                 delete_e(p→v_num,v);
18                 p＝p→next;
19             }
20             V[v]·next＝NULL;
21         }
22  }
```

算法说明：

这个算法用数组 C 来存放顶点覆盖中的各个顶点，用变量 m 来存放数组 C 中的顶点个数。开始时，把变量 m 初始化为 0，把顶点的编号 u 初始化为 0。然后从顶点 u 开始，如果顶点 u 存在着关联边，就把顶点 u 及其一个邻接点 v 登记到数组 C 中。并删去与顶点 u 和顶点 v 的所有关联边。其中，第 11 行的函数 delete_e($p→v\_num,u$) 用来删去顶点 p →v_num 与顶点 u 相邻接的登记项；第 17 行函数 delete_e($p→v\_num,v$) 用来删去顶点 $p→v\_num$ 与顶点 v 相邻接的登记项；第 14 行和 20 行分别把顶点 u 和顶点 v 的邻接表头结点的链指针置为空，从而分别删去这两个顶点与其他顶点相邻接的所有登记项。经过这样的处理，就把顶点 u 及顶点 v 的所有关联边删去。这种处理一直进行，直到图 G 中的所有边都被删去为止。最后，在数组 C 中存放着图 G 的顶点覆盖中的各个顶点编号，变量 m 表示数组 C 中登记的顶点个数。

图 8.16 表示了这种处理过程。图 8.16(a)表示图 G 的初始状态；图 8.16(b)表示选择

边 (a,b)，把关联边的顶点 a 及 b 放进数组 C 中，并删去顶点 a 及顶点 b 相关联的所有边，这里删去边 (a,b)、(a,g) 及 (a,j)；图 8.16(c) 表示选择边 (c,d)，把关联该边的顶点 c 和顶点 d 放进数组 C 中，并删去边 (c,d)、(c,g) 及 (d,i)；这个过程一直进行，图 8.16(g) 表示最后得到的结果。整个处理过程共选择了 6 条边上的 12 个顶点，作为图的一个顶点覆盖，它们是 a、b、c、d、e、f、g、h、j、k、l、m。可以看到，它不是图 G 的最小的顶点覆盖。图 8.16(h) 表示图 G 的一个最小的顶点覆盖，它有 7 个顶点，分别是 a、c、f、h、i、k、l。

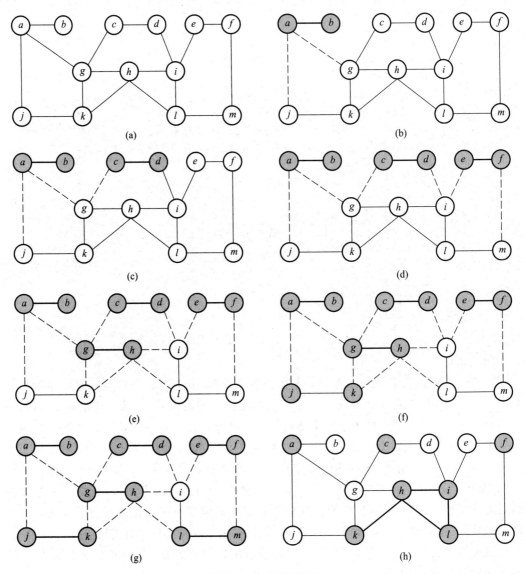

图 8.16　算法处理过程

下面来估计这个算法的近似性能。假定算法所选取的边集为 E'，则这些边的关联边顶点被作为顶点覆盖中的顶点，放进数组 C 中。因为一旦选择了某条边，如边 (a,b)，则与顶点 a 和顶点 b 相关联的所有边均删去。再次选择第 2 条边时，第 2 条边与第 1 条边将不会具有公共顶点，则边集中的所有的边都不会具有公共顶点。这样放进数组中的顶点个数为 $2|E'|$，即 $|C|=2|E'|$。另外，图 G 的任何一个顶点覆盖，至少包含 E' 中各条边中的一个顶点。若图 G 的最小顶点覆盖为 C^*，则有 $|C^*|\geqslant|E'|$。所以有

$$\rho=\frac{|C|}{|C^*|}\leqslant\frac{2|E'|}{|E'|}=2$$

由此可以得到，这个算法的性能比率小于或等于 2。

8.4.3 集合覆盖问题的近似算法

1. 集合覆盖

集合覆盖问题（set covering problem，SCP）是运筹学研究中典型的组合优化问题，工业中诸多的实际问题可以建模为集合覆盖问题，如设施选址问题、资源选址问题等。

设 $E=\{e_1,e_2,\cdots,e_n\}$ 为 n 个元素的集合，$S=\{s_1,s_2,\cdots,s_m\}$ 为 E 子集的集合。所谓 E 的覆盖是 S 的一个子集 C，C 中元素的并集为 E。经典的集合覆盖问题欲求 E 的一个覆盖 C，使得 C 在 E 的所有覆盖中所含元素个数最少。

集合覆盖的形式化描述如下：

输入：集合 $E=\{e_1,e_2,\cdots,e_n\}$，$S=\{s_1,s_2,\cdots,s_m\}$ $s_i\subseteq E$，$1\leqslant i\leqslant m$。

输出：$C\subseteq S$，使得 $\bigcup\limits_{s_k\in C}s_k=E$，且 $|C|$ 最小。

集合覆盖问题的一个典型应用描述如下：要在一个城市建造若干个消防站，使得全城的每一个建筑物都能在某个消防站的 5 分钟车程距离内。在不同的地方建造消防站都有相应的代价，那么在那些地方建造消防站能满足上述条件且花费的总代价最低就是一个待解决的问题。

2. 近似算法

集合覆盖问题已被证明是一个 NP 完全问题，没有多项式时间精度的算法，因此实际应用中，往往采用一些近似算法，如贪婪算法，或者启发式算法，如蚁群算法、禁忌搜索算法、遗传算法来求得近似最优解。

针对集合覆盖问题，下面设计一个简单的贪婪算法，求出该问题的一个近似最优解，这个近似算法具有对数性能比，算法描述如下。

```
set greedySetCover(X,F)          / * X 相当于上面提到的 E,F 相当于 S * /
{
    U=X;
```

```
            C=Φ;
            While (U!=Φ)
             {
                              /＊选择 F 中使|S∩U|最大的子集 S＊/
            U=U−S;
            C=C∪{S}
             }
            Return C;
        }
```

在算法中,集合 U 存放每一阶段尚未被覆盖的 X 中的元素。集合 C 包含当前已经构造的覆盖。算法在循环体中首先选择 F 中覆盖了尽可能多的未被覆盖元素的子集 S;然后,将 U 中被 S 覆盖的元素删去,并将 S 加入 C。算法结束时,C 中包含了覆盖 X 的 F 的一个子集族。

在上述算法中,循环执行的次数最多是 $\min\{|X|,|F|\}$,所以算法的计算时间为 $O(|X||F|\min\{|X|,|F|\})$,因此这个算法是一个多项式时间算法。考虑该算法的性能比,我们用 $H(d)$ 记第 d 级调和数,即 $H(d)=\sum\limits_{i=1}^{d}\dfrac{1}{i}$,可以证明该算法的性能比为 $H(\max\limits_{S\in F}\{|S|\})$,按照下面两个过程来证明。

(1) 给每一个由该算法选出的集合赋予一个费用,并把它分布于初次被覆盖的 X 中的元素上。

(2) 利用得到的这些费用导出所需的算法的性能比,具体如下。

设 S_i 表示由该算法在循环体中选出的第 i 个子集。在这个算法把 S_i 加入子集 C 时,赋予 S_i 一个费用 1,并将这个费用平均地分摊给 S_i 中刚被覆盖的 X 中的元素。对每一个 $x\in X$,用 C_x 表示元素 x 分到的费用,每个元素 x 在它第一次被覆盖时得到费用 C_x,仅获得这一次。若 x 第一次被 S_i 覆盖,则

$$C_x=\frac{1}{|S_i-(S_1\bigcup S_2\bigcup\cdots S_{i-1})|}$$

算法结束,得到了子集族 C,它的总费用为 $|C|$。这个费用分布于 X 中的各元素上,即 $|C|=\sum\limits_{x\in X}C_x$。由于 X 的最优覆盖 C^* 也是 X 的一个覆盖,所以

$$|C|=\sum_{x\in X}C_x\leqslant\sum_{S\in C^*}\sum_{x\in S}C_x$$

容易证明,对于子集族 F 中任一个子集 S,有

$$\sum_{x\in X}C_x\leqslant H(|S|)$$

这样我们可以得到

$$|C|\leqslant\sum_{S\in C^*}H(|S|)\leqslant|C^*|H(\max_{S\in F}\{|S|\})$$

所以该算法的性能比为

$$\left|\frac{C}{C^*}\right| \leqslant H\left(\max_{S \in F}\{|S|\}\right)$$

小 结

本章以计算理论的观点对问题求解进行分析。以计算模型为基础,问题求解过程的复杂性可以通过所需的计算时间量来进行度量。一般地,将存在多项式时间算法的问题称为易解问题(P 问题),而将不能在多项式时间内解决的问题称为难解问题(NP 问题)。

本章首先介绍了在进行算法分析时所常用的 RAM、RASP、TM 等计算模型,在非确定性图灵机的概念之下,引入并讨论了 P 类与 NP 类问题,进一步引入本章的核心内容——NP 完全问题。通过对一些典型的 NP 完全问题的证明和对一些典型 NP 完全问题的近似算法设计和分析,介绍了进行 NP 完全问题研究时的方法和技巧。

通过本章学习,应理解 RAM、RASP、TM 3 种主要的计算模型;理解非确定性图灵机的相关概念;掌握利用 RAM 模型、TM 模型对问题进行指令编程及执行的布局序列具体过程;掌握可判定问题可用非确定性图灵机转化为多项式时间内求解;理解 P 类与 NP 类语言、问题变换和多项式规约;掌握如何将一些典型问题(如无向图团集、背包问题等)归类为 NP 问题。

虽然目前已经得到证明的难解问题有两类:不可判定问题和非确定的难处理问题,但值得注意的是,通常人们在实际中遇到的那些难解且有重要实用意义的许多问题都是可判定的(即可求解),且都能用非确定的计算机在多项式时间内求解。不过,现在人们还不知道是否能用确定的计算机在多项式时间内求解这些问题,而该类问题正是 NP 完全性理论要研究的主要对象。

习 题

1. 给定输入 n,写出计算 $n!$ 的 RAM 的程序。

2. 证明析取范式的可满足性问题属于 P 类。

3. 简述 DTM、NDTM 的工作过程。

4. 为什么说只要两个不同的编码系统是多项式相关的,就不影响算法复杂性的多项式?

5. 如何证明一个问题是 NPC 问题。已知旅行售货员问题是 NPC 问题,试着证明哈密顿回路问题也是 NPC 的。

6. 当前计算机的计算速度越来越高,为什么还要研究时间复杂性更低的算法?

7. 什么是"可证难解性"问题? 试举出两个例子。

8. 对于表 8.8 的图灵机,当输入分别为 0010 和 01110 时,给出格局的变化序列。

9. 试给出表 8.9 中 NDTM 对输入 10101 的所有的合法移动序列,判断 NDTM 是否接受这个输入。

第9章　神经网络智能算法

　　智能算法是人类受自然(生物)界规律启迪,根据其原理,模仿求解问题的算法,是利用仿生原理进行设计的算法,是模拟生物(人或其他动物)神经网络功能的智能算法。人工神经网络(artificial neural network,ANN),也简称为神经网络(neural network,NN),是一种应用类似大脑神经突触连接的结构进行信息处理的数学模型。神经网络具有自学习和自适应的能力,可以通过预先提供的一批相互对应的输入输出数据,分析掌握两者之间潜在的规律,最终根据这些规律,用新的输入数据来推算输出结果。神经网络的应用主要集中在分类、预测、模式识别、逻辑推理、优化与控制、联想记忆和信号处理等领域。

9.1　神经网络简介

　　神经网络是对人脑的模拟,它的神经元结构、构成与作用方式都是在模仿人脑,但还仅仅是粗糙地模仿,远没有达到完美的地步。在生命科学中,神经细胞一般称为神经元,它是整个神经结构的基本单位。每个神经细胞就像一条胳膊,其中像手掌的地方含有细胞核,称为细胞体;像手指的称为树突,是信息的输入通路;像手臂的称为轴突,是信息的输出通路。神经元错综复杂地连在一起,互相之间传递信号,而传递的信号可以导致神经元电位的变化,一旦电位高出一定值,就会引起神经元的激发,此神经元就会通过轴突传出电信号。

　　人工神经网络(后面简称神经网络)是一种运算模型,由大量的结点(或称"神经元",或"单元")和结点之间相互连接构成。每两个结点间的连接代表一个对于通过该连接信号的加权值,称为权重,这相当于人工神经网络的记忆。网络的输出则依网络连接方式、权重值和激励函数的不同而不同。而网络自身通常都是对自然界某种算法或者函数的逼近,也可能是对一种逻辑策略的表达。这种网络依靠系统的复杂程度,通过调整内部大量结点之间相互连接的关系,从而达到处理信息的目的。

　　人工神经网络的工作过程主要有如下两个阶段:

　　第一阶段是学习期,此时各计算单元状态不变,各连线上的权值通过学习来修正。

　　第二阶段是工作期,此时连接权固定,根据输入单元和连接权值计算输出。

9.1.1　神经网络的组成

神经网络模型包含以下内容。

1. 神经元

神经元是以生物神经系统细胞为基础的生物模型,它是神经网络基本的计算单元,一般具有多个输入和一个输出。神经元的基本结构如图 9.1 所示。

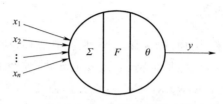

图 9.1　神经元网络结构

图中,$x_1,x_2,\cdots,x_n$ 是输入;y 是输出;Σ 为内部状态的反馈信息和;θ 为阈值;F 为表示神经元活动的特性函数。

若 n 个输入 $x_1,x_2,\cdots,x_n$ 对这个神经元的作用强度分别为 $\omega_1,\omega_2,\cdots,\omega_n$,则这个神经元的综合输入为

$$X = \Sigma w_j x_j \tag{9.1}$$

通常神经元所接受的输入信号的加权总和 Σ 不能反映神经元输入和输出之间的真实关系,需要对综合输入进行必要的调整,即

$$X' = X - \theta \tag{9.2}$$

在综合调整后,还需要用一个特性函数来刻画这种关系,产生新的输出,即

$$y = F(X') = F(\Sigma w_j x_j - \theta) \tag{9.3}$$

2. 激活状态

神经网络的激活状态是由全体神经元的激活状态构成的状态向量,表示系统的激活模式,刻画了系统在时刻 t 所表示的某一对象。单元的激活值可以是连续值,也可以是离散值。

3. 连接模式

连接模式是指各单元之间的相互连接,构成了系统所具有的知识,体现神经网络的分布式能力。

4. 激励函数

神经网络中,单个神经元的输入与输出之间的函数关系叫激励函数,它可以是线性

的,也可以是非线性的。常用的激励函数如下:

(1)线性函数

$$x' = F(X) = kX \tag{9.4}$$

(2)硬极限函数

$$x' = F(X) = \begin{cases} 1; & X \geqslant \theta \\ 0; & X < \theta \end{cases} \tag{9.5}$$

(3)饱和线性函数

$$x' = F(X) = \frac{1}{2}(\mid X+1 \mid - \mid X-1 \mid) \tag{9.6}$$

(4)高斯函数

$$x' = F(X) = \mathrm{e}^{\frac{X^2}{\sigma^2}} \tag{9.7}$$

(5)Sigmoid 函数

$$F(X) = \frac{1}{1 + \mathrm{e}^{-\lambda X}} \tag{9.8}$$

9.1.2　神经网络的分类

神经网络有几种不同的分类方式,从网络结构角度可分为前馈神经网络和反馈神经网络两类。

1. 前馈神经网络

前馈神经网络具有递阶分层结构,神经元分层排列,每一层的神经元并不相互连接,每一层的神经元只接受前一层神经元的输入,并向下一层传输结果,可用一个有向无环图表示。一种常见的多层结构的前馈网络由三部分组成:输入层、中间层和输出层,如图 9.2 所示。

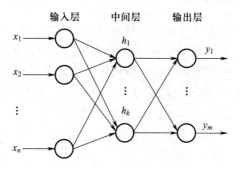

图 9.2　多层前馈神经网络

输入层神经元负责接收来自外界的输入信息,并传递给中间层神经元;中间层(又称隐含层,简称"隐层")是内部信息处理层,负责信息变换,根据信息变化能力的需求,中间层可以设计为单层或者多层结构;输出层神经元接受最后一层中间层的输出作为输入信息,并进一步处理输出,由输出层向外界输出信息处理结果,完成一次处理过程。

多层前馈神经网络是指网络有一层或多层隐层,相应的结点称为隐藏神经元。隐藏神经元用以介入外部输入和网络输出之间,提取高阶统计特性。隐藏神经元可以有多层,通常使用一层就可以达到高质量的非线性逼近效果。

2. 反馈神经网络

与前馈神经网络不同,反馈神经网络至少有一个反馈环,可以是自反馈环或非自反馈,其中隐藏神经元可以是 0 个或多个,如图 9.3 所示。在该网络中,每个神经元的输出都和其他神经元相连,从而形成了动态的反馈关系,有些神经元的输出被反馈至同层或前层神经元。从而使得信号既能够正向流通,也能够反向流通。

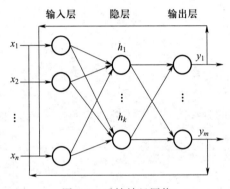

图 9.3　反馈神经网络

9.1.3　神经网络的学习规则

学习能力是神经网络的重要特征。在神经网络里,学习是一个过程,通过这个过程神经网络的自由参数在其嵌入环境的激励下得到调节。也可以说,神经网络的学习过程就是网络的权值调整过程。神经网络连接权值的确定有以下两种方式:

(1) 通过设计计算确定,即死记式学习。

(2) 网络按照一定的规则学习(也可以称为训练)得到。

大多数神经网络使用后一种方式来确定其网络权值,与一般的机器学习分类方法类似,神经网络的学习方式有以下 3 种类型。

1. 监督学习

监督学习(supervised learning)又称有教师学习,这种学习方式需要外界存在一个"教师",他可对给定一组输入提供应有的正确输出结果。这组已知的输入/输出数据称为训练样本集,学习系统根据已知输出与实际输出之间的差值(误差信号)来调节系统中各个权值。整个训练过程需要由外界提供训练数据,相当于由一位知道正确结果的教师示教给网络,故这种调整权值方式称为监督学习,如图 9.4 所示。这种学习方法主要针对样本集类别标签已知的训练样本进行神经网络分类器设计。

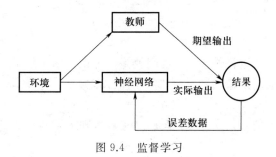

图 9.4　监督学习

2. 非监督学习

非监督学习也称无教师学习,是一种自组织学习,此时网络的学习完全是一个自我调整的过程,不存在外部"教师",也不存在来自外部环境的反馈来指示网络期望输出或当前输出是否正确,如图 9.5 所示。在实际应用中,很多情况下无法预知样本的类别,也就是没有训练样本,只能从原先没有样本标签的样本集开始进行分类器设计,这就是非监督学习。非监督学习方法用于寻找数据集中的规律性,这种规律性并不一定要达到划分数据集的目的,也就是说不一定要"分类",比如分析一堆数据的主分量,或分析数据集有什么特点等都可以归于非监督学习方法的范畴。

图 9.5　非监督学习

3. 再激励学习

再激励学习又称强化学习(reinforcement learning),如图 9.6 所示,这种学习介于上述两种情况之间,外部环境对系统输出结果只给出奖或惩的评价信息,而不是给出正确答案。学习系统通过强化那些受奖的动作来改善自身的性能。

神经网络的正确操作取决于结点的安排,以及激励函数与权值的选择。在学习期间,结点的安排往往是固定的,激励函数的选择也是固定的,主要是通过修正权值以产生希望的响应。

在训练开始,通常会将权值设为很小的随机值。因此,当一个样本第一次提供给网络时,网络不可能产生正确的输出。网络的实际输出与期望输出间的差异就构成了误差,使

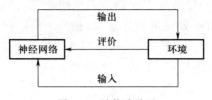

图 9.6　再激励学习

用这个误差就可以对权值进行修正。δ 规则就是一种误差修正规则,对于具有单个输入权值的输出结点,激励(也即是输出)y 与目标 t 间的误差为

$$\delta = t - y \tag{9.9}$$

若输出结点的输入信号是 x,学习率是 η(实数),则需要调整的量为

$$\Delta w = \eta \delta x \tag{9.10}$$

此时,新权值为调整值与旧权值之和,即

$$w_{\text{new}} = w + \Delta w \tag{9.11}$$

9.1.4　神经网络的特征

目前,神经网络被广泛应用于知识处理、市场分析、通信运输、信号处理及自动化控制等方面。尽管这些神经网络结构各不相同,但它们都具有以下共同特征。

1. 容错性与非线性

在神经网络中,要想获得存储的知识可以采用"联想"的办法,即当一个神经网络输入一个激励时,就会在已存的知识中寻找与该输入匹配最佳的存储知识为其解。当然,在信息输出时,不会直接从记忆中取出,而是需要经过神经网络计算。这种存储方式的优点在于若部分信息不完全、丢失或者损坏,甚至出现错误,但它仍然能恢复出原来正确的、完整的信息,保证系统的正常运行。

神经网络并不是各单元行为简单的相加,而是大量神经元的集体行为,这种行为在数学上表现为一种非线性关系。使用具有阈值的神经元构成的网络具有更好的性能,可以提高容错性和存储容量。

2. 全局性

一个神经网络通常是由多个神经元连接而成,因此该神经系统的整体行为不仅取决于单个神经元的特征,同时还由单元之间的相互作用、相互连接决定。通过单元之间的大量连接来模拟大脑的整体联动性,并且在信息处理时网络中大量单元是平行且有层次地进行,其运算速度快,大大超过传统的序列式运算。

3. 变化性

神经网络具有自适应、自组织、自学习能力,组成神经网络的各神经元之间的连接也是多种多样的,且各神经元之间连接强度具有一定的可塑性。这样,网络可以通过学习和训练进行自组织以适应不同信息处理要求。

4. 多样性

神经网络是一种变结构系统,能完成对环境的适应和对外界事物的学习能力。一个系统的演变方向,在一定条件下取决于某个特定的状态函数。由于这种函数通常有多个极值,故系统具有多个较稳定的平衡态,这就导致了系统演化的多样性。

9.2　反向传播模型及其算法

反向传播(back propagation,BP)神经网络是人工神经网络中应用最广泛的一种神经网络。很多专家认为,神经网络之所以能够成为计算的主流,BP算法起着重要的作用。BP神经网络是 1986 年由 Rumelhart 等人提出的,也被称为误差反向传播神经网络,它是由非线性变换单元组成的前馈网络,它的学习是典型的有教师学习。一般的多层前馈网络也指 BP 神经网络。

BP神经网络通过迭代地处理一组训练样本,将每个样本的网络预测与实际类标号比较进行学习。对于每个训练样本,通过修改权值使得网络预测值与实际类之间的均方误差最小;修改过程采用“反向”进行,即由输出层,经过隐藏层,到输入层,因此称为反向传播。总之,反向传播是神经网络的一种学习算法,它通过训练大量的历史数据确定网络中的参数,从而确定整个网络的结构。

9.2.1　BP神经网络学习算法

BP学习算法是训练神经网络的基本方法,它也是一个非常重要且经典的学习算法,其实质是求解误差函数的最小值问题,利用它可以实现多层前馈神经网络权值的调节。这种学习算法的提出对神经网络的发展起到很大的推动作用。BP算法的主要思想是将学习过程分成两个阶段:从输入层到输出层的正向传播过程和从输出层到输入层的反向传播过程。

首先,将输入信息从输入层经隐藏层到输出层逐层计算处理,给出每个单元的实际输出值(正向传播)。

其次,在输出层如果不能得到期望的输出,则逐层计算实际输出与期望输出之差(误差),根据误差逐层向前算出隐层各单元的误差,并以此误差修正前层权值(反向过程)。

再次,对于给定的一组训练样本,不断用一个个训练样本重复正向传播和误差反向传播过程,直到各训练样本的实际输出与期望输出在一定的误差范围之内时,则 BP 网络就学习好了。这时网络中的权值即可用于新样本的预测计算。

具体过程如下:

（1）选定 p 个样本。

（2）权值初始化（随机生成）。

（3）依次输入样本。

（4）依次计算各层的输出。

（5）求各层的反传误差。

（6）按权值调整公式修正各层单元权值和阈值。

（7）按新权值计算各层的输出，直到误差小于事先设定的阈值。

在实际应用中，学习时要输入训练样本，每输入一次全部训练样本称为一个训练周期，学习要一个周期一个周期地进行，直至目标函数（一般是误差函数）达到最小或小于某一给定值。

用反向传播算法训练神经网络时有两种方式可供选择，一种是每输入一个样本就修改一次权值，称为单样本训练。这种方法只针对当前样本产生的误差进行调整，难免顾此失彼，使整个训练的次数增加，导致收敛速度过慢。另一种是批处理方式，即一个训练周期后计算总的平均误差。

算法 9.1　BP 算法[9]。

```
/ * 初始化网络的权和偏置 * /。
while 终止条件不满足{
    for 训练样本中的每个训练样本 X{
        / * 向前传播输入 * /
        for 隐藏或输出层每个单元 j{
            Iⱼ = ΣᵢwᵢⱼOᵢ + θⱼ;                / * 相对于前一层 i, 计算单元 j 的净输入 * /
            Oⱼ = 1/(1 + e⁻ⁱʲ);               / * 计算每个单元 j 的输出 * /
        }
        / * 后向传播误差 * /
        for 输出层每个单元 j
            Errⱼ = Oⱼ(1 - Oⱼ)(Tⱼ - Oⱼ);      / * 计算误差 * /
        for 由最后一个到第一个隐藏层, 对于隐藏层每个单元 j
            Errⱼ = Oⱼ(1 - Oⱼ)Σₖ Errₖwⱼₖ;     / * 计算关于下一较高层 k 的误差 * /
        for 网络中的每个权 wᵢⱼ{
            Δwᵢⱼ = (l)ErrⱼOⱼ;                / * 权增值 * /
            wᵢⱼ = wᵢⱼ + Δwᵢⱼ;                / * 权更新 * /
        }
        for 网络中每个偏差 θⱼ{
            Δθⱼ = (l)Errⱼ;                   / * 偏差增值 * /
            θⱼ = θⱼ + Δθⱼ;                   / * 偏差更新 * /
        }                                    / * for * /
    }                                        / * for * /
}                                            / * while * /
```

由于反向传播模型具有良好的健壮性和对大批量数据的训练能力,因此在数据分类和预测方面得到了广泛的应用。在数据分类中,反向传播模型可以将数据库中的数据映射到所给定的类别。在预测中,则可以从历史数据中自动推导出给定数据的推广描述,以便对未来数据进行预测。

9.2.2 BP 神经网络的设计

BP 网络的设计主要包括输入层、隐含层、输出层结点数,各层之间的传输函数,以及网络参数几个方面。

1. 输入层和输出层设计

输入层和输出层结点数的选择由应用要求决定。输入层结点数一般等于要训练的样本矢量维数,可以是原始数据的维数或提取的特征维数;输出层结点数在分类网络中取类别数。

2. 隐含层结构设计[10]

1) 隐含层数设计

1989 年,Robert Hecht-Nielsen 证明了对于任何闭区间内的一个连续函数都可以用一个隐含层的 BP 网络来逼近。因而,一个 3 层的 BP 网络可以完成任意的 n 维到 m 维的映射。只有学习不连续函数时才需要两个隐含层,故一般情况下最多需要两个隐含层。最常用的 BP 神经网络结构是 3 层的,即输入层、输出层和一个隐含层。

2) 隐含层结点数设计

隐含层结点数对神经网络的性能有一定的影响。隐含层结点数与求解问题的要求、输入输出结点数多少都有直接的关系。结点数过少,容错性差,识别未经学习的样本能力低;隐含层结点数过多会增加网络训练时间,并且将样本中非规律性的内容(如干扰、噪声)存储进去,降低泛化能力,往往需要设计者的经验和多次试验来确定隐含层结点数。

根据经验可以参考式(9.12)进行设计

$$l = \sqrt{n+m} + a \tag{9.12}$$

其中,l 为隐含层结点数;n 为输入结点数;m 为输出结点数;a 为 1~10 的调节常数。改变 l,用同一样本集训练,从中确定网络误差最小时对应的隐含层结点数。

3. BP 网络参数与函数选取[9]

(1) 初始化权。网络的权值被初始化为很小的随机数(例如,由 −1.0 到 1.0,或由 −0.5 到 0.5)。每个单元有一个偏置,偏置也类似地初始化为小随机数。

每个样本 X 进行向前传播和向后传播误差计算。

(2) 向前传播输入。计算隐含层和输出层每个单元的净输入和输出。

首先,训练样本提供给网络的输入层,对输入层单元 j:输出对应输入,即对于单元

j，$O_j = I_j$。

隐含层和输出层的每个单元的净输入用其输入的线性组合计算，其实，单元的输入是连接它的前一层单元的输出。净输入为连接该单元的每个输入乘以其对应的权，然后求和。隐含层或输出层的单元 j 净输入 I_j 是

$$I_j = \sum_i w_{ij} O_i + \theta_j \tag{9.13}$$

其中，w_{ij} 是由上一层的单元 i 到单元 j 的连接权值 O_i 是上一层单元 i 的输出；而 θ_j 是单元 j 的偏置。偏置充当阈值，用来改变单元的活性。

隐含层和输出层的每个单元取其净输入，然后将一个赋活函数作用于它，如图 9.7 所示。为了加快收敛速度，在反向传播算法中通常采用梯度法修正权值，为此要求输出函数必须可微，比如可以采用 Sigmoid 函数，给定单元 j 的净输入 I_j，则单元 j 的输出 O_j 可用式(9.14)计算。

$$O_j = \frac{1}{1 + \mathrm{e}^{-I_j}} \tag{9.14}$$

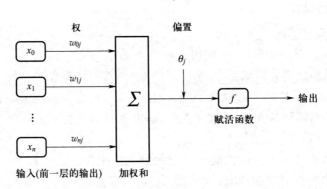

图 9.7　一个隐层或输出单元 j 的输入和输出

该函数可以将一个较大的输入值域映射到较小的区间 0 到 1。

（3）后向传播误差。通过更新权值和偏置以反映网络预测的误差，即向后传播的误差。对于输出层单元 j，误差 Err_j 用

$$\mathrm{Err}_j = O_j (1 - O_j)(T_j - O_j) \tag{9.15}$$

计算，其中 O_j 是单元 j 的实际输出，而 T_j 是 j 基于给定训练样本的已知类标号的真正输出。

为计算隐藏层单元 j 的误差，考虑下一层中连接 j 的单元的误差加权和。隐含层单元 j 的误差是

$$\mathrm{Err}_j = O_j (1 - O_j) \sum_k \mathrm{Err}_k w_{kj} \tag{9.16}$$

其中，w_{kj} 是由下一较高层中单元 k 到单元 j 的连接权，而 Err_k 是单元 k 的误差。更新权

和偏差,以反映传播的误差。权由下式更新,其中,Δw_{ij}是权w_{ij}的改变。

$$\Delta w_{ij} = (l)\text{Err}_j O_i \tag{9.17}$$

$$w_{ij} = w_{ij} + \Delta w_{ij} \tag{9.18}$$

式(9.17)中变量l是学习率,通常取 0 到 1 之间的一个常数值。后向传播学习使用梯度下降法搜索权值的集合。这些权值可以对给定的分类问题建模,使得样本的网络类预测和实际的类标号距离平方的平均值最小。

4. BP 算法的训练过程

训练期间的每个输入样本都会有一个与之相关联的目标向量,训练的目标是找到一个网络权集,使所有输入样本的期望输出和实际输出误差在一定范围之内。但由于函数不能得到精确的 0 或 1,所以有时分别使用 0.1 与 0.9 来代替 0 和 1。一旦所有的输出落在目标值所指定的容许范围内,就可以认为网络完成了学习任务。

算法 9.2 反向传播算法的训练过程。

```
while 终止条件不满足
    for 每个输入向量
        / * 执行正向传播找出实际的输出 * /
        / * 通过比较实际输出与目标输出获得误差向量 * /
    end for
    / * 根据误差调整 while 中的判断条件 * /
end while
```

上面是 BP 算法的基本计算过程。总体来说就是提供给网络一个样本并计算一个误差向量,以确定权值如何改变;对其他样本也重复这个过程。

9.2.3 BP 神经网络的缺点

虽然 BP 网络得到了广泛的应用,但自身也存在一些缺陷和不足,主要包括以下几个方面的问题。

首先,由于学习速率是固定的,因此网络的收敛速度慢,需要较长的训练时间。对于一些复杂问题,BP 算法需要的训练时间可能非常长,这主要是由于学习速率太低造成的,可采用变化的学习速率或自适应的学习速率加以改进。

其次,BP 算法可以使权值收敛到某个值,但并不保证其为误差平面的全局最小值,这是因为采用梯度下降法可能产生一个局部最小值。对于这个问题,可以采用附加动量法来解决。

再次,网络隐含层的层数和单元数的选择尚无理论上的指导,一般是根据经验或者通过反复实验确定。因此,网络往往存在很大的冗余性,在一定程度上也增加了网络学习的负担。

最后,网络的学习和记忆具有不稳定性。也就是说,如果增加了学习样本,训练好的网络就需要从头开始训练,对于以前的权值和阈值是没有记忆的。

9.3　BP 模型示例

结合神经网络基本知识和 BP 神经网络模型给出了使用 BP 模型解决问题的示例。

9.3.1　神经网络字母识别过程

神经网络首先要以一定的学习准则进行学习,然后才能工作。现以神经网络对手写"m""n"两个字母的识别为例进行说明。规定当输入为"m"时,输出为"1";而当输入为"n"时,输出为"0"。

则首先需要给系统提供若干个手写的"m"和"n"模型,系统提取手写字母"m"和"n"模型的特征,然后输入这些特征到神经网络模型进行学习。学习规则是:如果网络做出错误的判决,则通过网络的学习,应使得网络减少下次犯同样错误的可能性。先给网络的各连接权值赋予(0,1)区间的随机值,将"m"所对应的图像特征输入给网络,网络将输入模式加权求和、非线性运算,得到网络的输出。在此情况下,网络输出为"1"和"0"的概率各为50%,也就是说是完全随机的。这时如果输出为"1"(结果正确),则使连接权值增大,以便使网络再次遇到"m"模式输入时,仍然能做出正确的判断。如果输出为"0"(结果错误),则把网络连接权值朝着减小综合输入的方向调整,其目的在于使网络下次再遇到"m"模式输入时,减小犯同样错误的可能性。

同样,将"n"字母所对应的图像特征输入给网络,如果输出为"0"(结果正确),则使连接权值增大,以便使网络再次遇到"n"模式时,仍然能做出正确的判断。如果输出为"1"(结果错误),则把网络连接权值朝着减小综合输入的方向调整,其目的在于使网络下次再遇到"n"模式输入时,减小犯同样错误的可能性。

然后再将所有"m"和"n"字母模型输入到调整好的网络中,进一步调整权值,直到对所有训练样本都能判断正确为止。则此时"m"和"n"的分类器训练好了。网络对这两个模式的学习已经获得了成功,它已将这两个模式分布地记忆在网络的各个连接权值上。

则此神经网络就可进行使用,当输入任何一个"m"或"n"模式时,如果计算输出为"1"或接近"1",则此字母为"m",否则为"n"。

9.3.2　用 BP 神经网络实现两类模式分类

两类模式的训练样本集为 $P = \{\{1,2,0\}, \{-1,1,1\}, \{-2,1,1\}, \{-4,0,0\}\}$。从图9.8 看出,分类为简单的非线性分类。1 个输入向量包含 2 个输入元素;1 个输出元素即可表示两类分类模式。所以该网络的输入层结点数为 2,输出层结点数为 1,根据式(9.18),解决该问题的隐含层结点数应为 3~12,设隐含层结点数为 8。在程序设计时,通过判决门限 0.5 区分两类模式[2]。

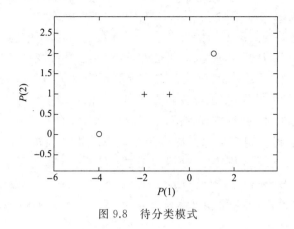

图 9.8 待分类模式

9.3.3 用神经网络实现医学影像乳腺癌分类

乳腺癌是妇女常见的恶性肿瘤,全世界每年约有 120 万妇女患乳腺癌,50 万人死于乳腺癌。尽可能地早期治疗无疑是降低乳腺癌死亡率的有效方法,然而早期治疗需要能早期检测乳腺癌的能力。乳腺 X 线检查是现在普查乳腺癌最有效的方法之一。

乳腺癌的计算机辅助诊断需要一个准确的、可靠的诊断方法,以帮助医生确定病人的乳腺组织是正常还是异常,对异常组织进一步确定是良性还是恶性。

分类器首先对一组训练样本(已经对样本标注好是"良性"还是"恶性")提取异常组织特征,然后将这些特征输入网络进行加权学习,则学习过程和字母识别过程相同,规定"良性"输出为"0","恶性"输出为"1"。则用大量已知类别的 X 线检查片子进行训练得到分类器,就可以针对新的片子进行判断是"良性"还是"恶性"了。

9.4 深度学习模型

深度学习(deep learning,DL)是机器学习领域中一个研究方向,是学习样本数据的内在规律和表示层次,这些学习过程中获得的信息对诸如文字、图像和声音等数据的解释有很大的帮助。它的最终目标是让机器能够像人一样具有分析学习能力,能够识别文字、图像和声音等数据。深度学习是一个复杂的机器学习算法,在语音和图像识别方面取得的效果,远远超过先前相关技术。

它通过设计建立适量的神经元计算结点和多层运算层次结构,选择合适的输入层和输出层,通过网络的学习和调优,建立起从输入到输出的函数关系,虽然不能 100% 找到输入与输出的函数关系,但是可以尽可能地逼近现实的关联关系。使用训练成功的网络模型,就可以实现对复杂事务处理的自动化要求。

区别于传统的浅层学习,深度学习的不同在于:

(1) 强调了模型结构的深度,通常有 5 层、6 层,甚至 10 多层的隐含层结点。

(2) 明确了特征学习的重要性。也就是说,通过逐层特征变换,将样本在原空间的特征表示变换到一个新特征空间,从而使分类或预测更容易。与人工规则构造特征的方法相比,利用大数据来学习特征,更能够刻画数据丰富的内在信息。

深度学习在搜索技术、数据挖掘、机器学习、机器翻译、自然语言处理、多媒体学习,以及其他相关领域都取得了很多成果。深度学习可以使机器模仿视听和思考等人类的活动,解决了很多复杂的模式识别难题,使得人工智能相关技术取得了很大进步。

典型的深度学习模型有卷积神经网络(convolutional neural network,CNN)、深度信念网络(deep belief network,DBN)和堆栈自编码网络(stacked auto-encoder network)模型等。

9.4.1　典型的深度学习模型

1. 卷积神经网络(CNN)

CNN 是一类包含卷积计算且具有深度结构的前馈神经网络(feedforward neural network),是深度学习的代表算法之一。卷积神经网络具有表征学习(representation learning)能力,能够按其阶层结构对输入信息进行平移不变分类(shift-invariant classification),因此也被称为平移不变人工神经网络(shift-invariant artificial neural network, SIANN),广泛应用于图像数据。

CNN 中有几个重要的概念:滤波器(filter)、卷积、填白(padding)、池化(pooling)。CNN 网络主要包含卷积层、池化层和全连接层。

CNN 和传统神经网络的区别有两点:参数共享机制和连接的稀疏性。

2. 深度信念网络(DBN)

DBN 由 Geoffrey Hinton 在 2006 年提出,它是一种生成模型,通过训练其神经元间的权重,可以让整个神经网络按照最大概率来生成训练数据。不仅可以使用 DBN 识别特征、分类数据,还可以用它来生成数据。

DBN 可以解释为贝叶斯概率生成模型,由多层随机隐变量组成,上面的两层具有无向对称连接,下面的层得到来自上一层的自顶向下的有向连接,最底层单元的状态为可见输入数据向量。

3. 堆栈式自编码网络

堆栈式自编码神经网络是由多层稀疏自编码器组成的神经网络模型,即前一个自编码器的输出作为后一个自编码器的输入。整个网络过程主要分为:编码阶段和解码阶段。

堆栈自编码网络的结构与 DBN 类似,由若干结构单元堆栈组成,不同之处在于其结构单元为自编码(auto-encoder)模型。

9.4.2 深度学习图像应用

1. 物体检测和分割

利用深度学习算法可以从图像中检测和分割出具体的物体(图9.9)。

图 9.9　物体检测示例

2. 图像标题的生成

利用深度学习技术融合计算机视觉和自然语言,对一幅照片进行标题文字生成,如图9.10所示,第一张照片生成了"A person riding a motorcycle on a dirt road",翻译过来为

A person riding a
motorcycle on a dirt road

Two dogs play in the grass

A group of young people
playing a game of frisbee

Two hockey players are
fighting over the puck

图 9.10　图像标题生成

"在肮脏的道路上骑摩托车的一个人"。

3. 图像风格变换

深度学习可以"绘制"带有艺术气息的画。如图 9.11 所示,输入两幅图像后,一个称为"内容图像",另一个称为"风格图像",则可以自动生成一幅新的图像。

图 9.11　图像风格变换

4. 自动驾驶

自动驾驶技术中,正确识别周围环境的技术尤为重要,而要正确识别时刻变化的环境、自由来往的车辆和行人是非常困难的。

在识别周围环境的技术中,深度学习的发展备受期待。比如,基于 CNN 的神经网络 SegNet,可以高精度地识别行驶环境(图 9.12)。

图 9.12　自动驾驶

9.4.3 深度学习应用案例

1. Face2Face

斯坦福大学的一个研究小组开发出一款名为 Face2Face 的应用,这套系统能够利用人脸捕捉,让使用者在视频里实时扮演另一个人。简单地讲,就是可以把使用者的面部表情实时移植到视频里正在发表演讲的美国总统身上(图 9.13)。

图 9.13 Face2Face 应用示例

2. 给黑白照片/视频自动着色

图 9.14(a)是原黑白图,通过深度学习算法,图 9.14(b)呈现出自动着色后的效果。

(a)   (b)

图 9.14 给照片着色

3. 灵魂画师

运用深度学习技术,可以让 AI 对某一幅画的风格、色彩、明暗等元素进行学习,然后将这幅画上的风格移植到另一幅上,而且效果非常不错。如图 9.15 所示,从左到右依次是毕加索、梵·高和莫奈风格的蒙娜丽莎。

图 9.15　毕加索、梵·高和莫奈风格的蒙娜丽莎

9.4.4　不同领域深度学习的具体模型和进展

1. VGG Net

VGG Net 是由牛津大学视觉图形组的研究人员引入的图像分类网络（因此有了 VGG 这个名字），整个网络的构成呈现金字塔（图 9.16）形状，最接近图像的底层是宽的，而最顶层深且细。

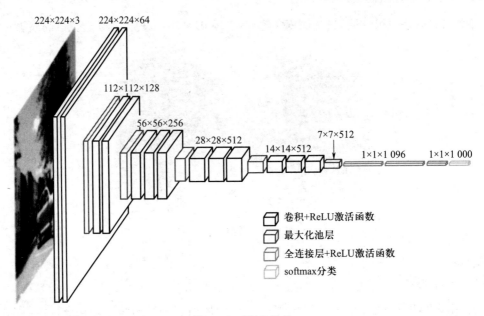

图 9.16　VGG 结构

2. SegNet[11]

SegNet 是一种用于解决图像分割问题的深度学习架构,由一系列的处理层(编码器)和相应的一组解码器组成,按像素分类,SegNet 结构如图 9.17 所示。

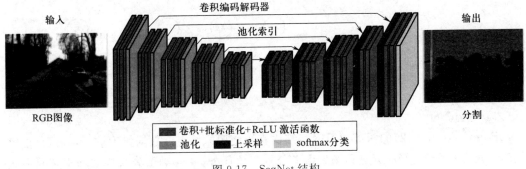

图 9.17 SegNet 结构

SegNet 的一个关键特征是保留了分割图像中的高频细节,这是因为编码器网络的合用索引连接到解码器网络的合用索引。简而言之,信息传递是直接的而不是卷积的。SegNet 是处理图像分割问题的最佳模型之一。

3. RNN

循环神经网络(recurrent neural network,RNN)的主要用途是处理和预测序列数据,如自然语言声音与文本处理。在之前介绍的全连接神经网络或卷积神经网络模型中,网络结构都是从输入层到隐含层再到输出层,层与层之间是全连接或部分连接的,但每层之间的节点是无连接的。考虑这样一个问题,如果要预测句子的下一个单词是什么,一般需要用到当前单词和前面的单词,因为句子中前后单词并不是独立的。比如,当前单词是"很",前一个单词是"天空",那么下一个单词很大概率是"蓝"。循环神经网络的来源就是为了刻画一个序列当前的输出与之前信息的关系。从网络结构上,循环神经网络会记忆之前的信息,并利用之前的信息影响后面结点的输出。也就是说,循环神经网络的隐含层之间的结点是有连接的,隐含层的输入不仅包括输入层的输出,还包括上时刻隐含层的输出。

图 9.18 等号左边是 RNN 模型没有按时间展开的图,如果按时间序列展开,则为图 9.18 等号右边的部分。

4. PointNet/PointNet++/PointCNN(三维网络)

近年来,三维点云分析在自动驾驶和机器人等领域有着诸多的应用,因此得到了广泛的关注。然而,由于三维点云数据的无序性、非结构化、类别不变性的特点,使得深度学习对其操作具有一定的挑战性并形成研究热点。目前三维深度学习网络主要有 PointNet、

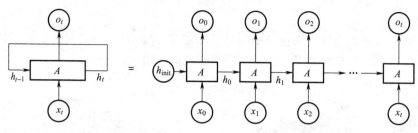

图 9.18　RNN 网络结构

PointNet＋＋和 PointCNN。

1) PointNet[12]

PointNet(图 9.19)的深度学习网络结构直接使用原始点云数据作为输入,该网络能够同时实现目标分类、部件分割和场景语义分割三项任务,并且对于输入扰动和损坏具有很强的健壮性。对于分类任务来说,就是输出整个点云模型的类别;而分割任务则是输出点云中每一个点的分类结果。PointNet 在这两种任务中都取得了很好的结果。

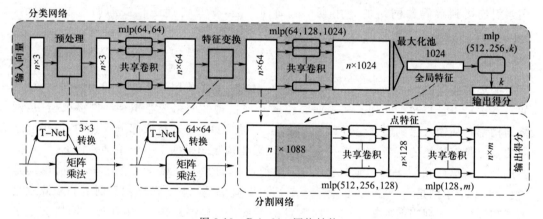

图 9.19　PointNet 网络结构

PointNet 网络架构的 3 个关键点:① 对称函数(symmetry function);② 局部和全局信息的聚合(local and global information aggregation);③ 联合对齐网络(joint alignment network)。

2) PointNet＋＋[13]

虽然 PointNet 在目标分类和分割任务方面都取得了很好的结果,但是 PointNet 只使用了全局点云特征,没有使用局部点附近的特征信息。为了解决这个问题,PointNet＋＋在网络中加入了局部信息提取的方案,并且取得了更好的结果。

PointNet＋＋就在 PointNet 基础上,提取了局部相关性的特征,这种局部特征被认为是距离尺度空间所展现的性质,比如点的密度信息。距离不仅仅局限于欧氏空间,mesh网格上的流形距离等也可以使用,因此,网络不仅对刚体变换的物体能够更准确地分类,还能学习到非刚体变换的物体特征(如站立的猫和蜷缩的猫)。同时,设计了层级的特征提取结构,并提出了 MSG/MRG 结构,适应非均匀分布的点云数据。PointNet＋＋网络结构构如图 9.20 所示。

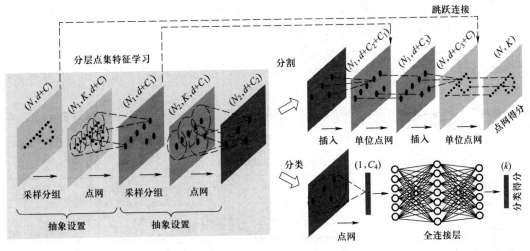

图 9.20　PointNet＋＋网络结构

3)PointCNN[14]

卷积神经网络在二维图像的应用已经较为成熟,但 CNN 在三维空间上,尤其是点云这种无序集的应用现在研究得很少。PointCNN 是一个从点云中进行特征学习的简单而通用的框架。

小　　结

本章介绍了神经网络基本知识、BP 神经网络模型及举例、深度学习网络模型。在若干神经网络模型中,BP 网络模型是人们认识最早、应用最广泛的一种模型,它是前馈网络的核心部分,也是神经网络的精华。它将学习过程分成两个阶段:从输入层到输出层的正向传播过程和从输出层到输入层的反向传播过程,主要涉及网络层数、每层结点个数,以及网络权值和各层之间传输函数的选取。神经网络学习方法的一个重要特点就是它能够较有效地解决很多非线性问题,而且在很多工程应用中取得了成功;但也有很多重要的问题尚没有从理论上得到解决,因此实际应用中仍有许多因素需要凭经验确定,比如网络结点数、初始权值和学习步长等的选择。

深度学习网络模型能够自动从原始数据学习特征,极大地增强了学习的智能性,加速了人工智能的发展,深度学习在图像领域的成功应用更是进一步激起了人们对它的研究兴趣,现在音频、文本和三维模型等领域对深度学习的研究都在飞速发展,本章对其内容进行了简单介绍。

习　题

1. 神经网络有几种不同的学习方式? 主要应用在什么情况?

2. 简要地描述 BP 算法的学习过程。

3. 设计一个 BP 神经网络分类器进行分类。输入向量集 $P = \{(-0.5 \ -0.5 \ 0.3 \ -0.1 \ -4);(-0.5 \ 0.5 \ -0.5 \ 1.0 \ 5)\}$,输出向量 $T = (1 \ 1 \ 0 \ 0 \ 1)$。

4. 表 9.1 为某种应用中提取的特征值和类别,设计并训练一个针对这些数据的 BP 神经网络分类器。

表 9.1　特征数学集

ID	特征 1	特征 2	特征 3	特征 4	特征 5	类别
1	5	1	2	1	1	2
2	5	4	7	10	2	1
3	3	1	2	2	1	2
4	6	8	3	4	7	1

5. 有猫和狗两类图像,设想对新来的图像自动识别出是猫还是狗,或者其他图像,应该如何做? 分类器应如何设计?

6. 设计一个简单的深度学习模型。

附 录　试　题

一、简述概念(20 分)

1. 算法设计与算法分析的任务。

2. 概率算法的基本思想。

3. 给出 P 类、NP 类问题的定义。写出证明一问题属于 NPC 问题的基本步骤。

二、回答与证明(15 分)

说明 O、θ、Ω 3 种函数阶的定义。

设 $f(n)=n\log_2 n+n$，$g(n)=\log_2 n$ 给出 $f(n)$ 和 $g(n)$ 间的函数阶证明过程。

三、构造结果(共 30 分)

1. 给出 4 个顶点的图如下。

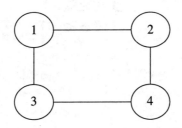

只给出 3 种颜色，如何给 4 个顶点着色，使之有连边关系的顶点颜色不同，一共有多少种着色方法? 请绘图说明。

2. 给定 $n=5$，代价矩阵如下，用分支限界法给出其状态空间树，找出最小代价周游路线。

$$\begin{bmatrix}
\infty & 20 & 30 & 10 & 11 \\
15 & \infty & 16 & 4 & 2 \\
3 & 5 & \infty & 2 & 4 \\
19 & 6 & 18 & \infty & 3 \\
16 & 4 & 7 & 16 & \infty
\end{bmatrix}$$

3. 要计算矩阵连乘积 $M_0M_1M_2M_3$，其中各自的维数为 $r_0=10,r_1=20,r_2=50,r_3=6,r_4=80$，按动态规划算法步骤，给出计算结果最优解的表示。

四、解下列递推方程，并给出解析及证明（10 分）

$$T(1)=1$$
$$T(n)=aT(n-1)+bn,$$

其中，a、b 是正常数。

五、设计算法并证明（10 分）

给定数组 $a[0:n-1]$，设计一个算法，在最坏情况下用 $[3n/2-2]$ 次比较找出 $a[0:n-1]$ 中元素的最大值和最小值，并给出相关算法分析与证明。

六、RAM 程序设计和说明（15 分）

给定 n，给出一个在 $O(n)$ 步内计算 2^n 的 RAM 程序，说明 RAM 程序在均匀耗费标准和对数耗费标准下各自的时间耗费。

参考答案

参 考 文 献

［1］ 董荣胜.计算机科学导论——思想与方法［M］.3 版.北京:高等教育出版社,2015

［2］ 耿国华,张德同,周明全等.数据结构——用 C 语言描述［M］.2 版.北京:高等教育出版社,2018

［3］ 张铭,王腾蛟,赵海燕.数据结构与算法设计［M］.北京:高等教育出版社,2013

［4］ Thomas H C,Charles E L,Ronald L R,等.算法导论(原书第 3 版)［M］.殷建平,等译.北京:机械工业出版社,2012

［5］ 郑宗汉,郑晓明.算法分析与设计［M］.3 版.北京:清华大学出版社,2017

［6］ 王晓东.计算机算法设计与分析［M］.4 版.北京:电子工业出版社,2007

［7］ Anany Levitin.算法设计与分析基础［M］.3 版.北京:清华大学出版社,2013

［8］ Wisnu Anggoro.C＋＋ Data Structures and Algorithms［M］.Birmingham:Packt Publishing,2018

［9］ Han Jiawei,Micheline K,Pei Jian.Data Mining:Concepts and Techniques［M］.3rd. San Francisco:Margan Kaufmann Publishers,2011

［10］ 张德丰,等.MATLAB 神经网络应用设计［M］.2 版.北京:机械工业出版社,2012

［11］ Badrinarayanan V, Kendall A, Cipolla R. SegNet:A Deep Convolutional Encoder-Decoder Architecture for Scene Segmentation［J］. IEEE Transactions on Pattern Analysis and Machine Intelligence,2017:1－1

［12］ Charles R Q, Su H, Mo K, et al. PointNet:Deep Learning on Point Sets for 3D Classification and Segmentation［J］. CVPR2017

［13］ Charles R Q, Su H, Mo K, et al. PointNet＋＋:Deep Hierarchical Feature Learning on Point Sets in a Metric Space［J］. NeurIPS2017

［14］ Li Yangyan, Bu Rui, et al. PointCNN:Convolution On X－Transformed Points ［J］NeurIPS 2018